THE BIG BOOK OF
JIGSAW SUDOKU

1200 PUZZLES

EASY TO EXTREME

Rules

A Jigsaw Sudoku grid consists of 9x9 cells and the cells are divided into 3x3 irregular jigsaw-liked shapes. The goal is to fill in the empty cells so that each row, each column and each jigsaw-liked shape has no repeat digits from 1 to 9.

Here is an example of a solved puzzle:

7	4	2	5	3	6	1	9	8
8	2	4	6	1	9	3	5	7
9	3	1	8	7	5	4	6	2
3	1	9	2	4	7	5	8	6
5	6	8	7	9	4	2	3	1
6	7	5	4	2	3	8	1	9
4	8	7	3	6	1	9	2	5
2	9	6	1	5	8	7	4	3
1	5	3	9	8	2	6	7	4

If you have a moment, your review on Amazon would be appreciated.

Contents

Easy - Puzzle 1

	2			3		5		1
	5			7	9	4		8
	8	6	5		3	9	7	4
	1		3	9				
			4	1				2
		9		8		7	5	3
		2	1	4		8		
	9		8	5	4		2	
						3		

Easy - Puzzle 2

	1	8		9			4	6
	9	4	2	5				1
2	8	5						
4	3	9				8	2	
		6				9		4
1	2				7	5	8	
9								
8	7	1	9	2			6	3
5		2		3				

Easy - Puzzle 3

2		8	1		5	6		3
	8	6					3	5
	4					8	1	
		5	4					7
			8			4	2	6
			2	3				
9	6	2	3	1	8		5	4
	5	1	9				4	8
			6		4			1

Easy - Puzzle 4

8				2			5	
	3			7		8		
		8	3			9	4	
7		4	6	5	8		2	3
1		3		4	6	5		
					7	2	3	8
	8	7	2					4
	7				4		9	6
3		6					7	

Easy - Puzzle 5

8	3			1	6			5
		8	3					
	5		9	6				
5	4	6	2	7	3	8		
	7		6		5		1	
3		9	1		7		8	
9		1	5			3		8
6			8					
2			7	9	1	6	3	

Easy - Puzzle 6

					9	6	2	
	1	2	6	9	4	3		7
	8		3	6	1			4
2				5				6
6						9		8
		3					4	
	9		5			1		3
	4	5					9	
3	2	4	9		5	7	6	

Easy - Puzzle 7

5						3		6
	1		8		6	2	4	7
		9	7			1		
		7	4		5			
8	6	1					2	
			6	5	7			
	7		1		8	9	5	2
	8		3	2	9			1
		6		1	4	8	7	

Easy - Puzzle 8

7		5	6	9			2	1
9	1	4	7			2		8
					9	1	7	
3			8					
	8				7		5	
	7	9	1	2		8		
5							8	2
		2					4	
6	3	8	4		2	5		7

Easy - Puzzle 9

6		7			4		8	
7			6	5				3
9		3		4	7	6	2	
	6	5	9		1			2
3	2	1						8
					6	7	9	1
8	7				5	9	3	
			7	8				6
	5	6						7

Easy - Puzzle 10

			5		6			2
	3		7	2				
			2	6	8	1		7
2		1	8	3	9			
		5	3	9		2	1	
7			4			9	2	
	6	9	1	4	2		8	3
	2	7	9	8			4	1

Easy - Puzzle 11

	1					6	4	2
	2		1	9	8	5	3	
	6	3					1	
5				6	2	3		
9	7						8	6
3		2	6		5		9	1
6	8	4	2				5	
7	3							
1	5		7			4		

Easy - Puzzle 12

5	4	8	1	2			6	
			8		1		7	
		1		7		8	9	6
7			2		8			
2		4	3			9	5	1
9		5				3		7
					4		1	
		9		4	7			8
		7		6			3	4

Easy - Puzzle 13

			8		3	6		
8	6		3		4		2	
9		5	7	6	8	4	3	
	7	3		4		1	8	
		8		9	1	2		
		4						
	3		9	1				8
2		6	4	3	5	7		
			2			3		

Easy - Puzzle 14

			2	6				5
		7	6	4	3	2	9	1
5			7	1		9	2	
	1			7		3	5	
1	9		4	3				7
3	7		8				1	
6		8	1		7			
7	6	9			5	1		

Easy - Puzzle 15

	1	8	9		6	5	7	
8		6		9		7	4	1
5		9		7			8	
			3		5			
1		5		2	7	8		9
7	9			4	1			6
3		1			4			
			2			3		7
	7							3

Easy - Puzzle 16

	2			9		6		
		5					2	9
4					2		6	
8				4	9	7		3
9	5	3	1	6	8	4	7	2
5		2					1	4
2	4				1			
1		4				3		5
		8	4	1				

Easy - Puzzle 17

	7	1	4					
2	5	8	6			7		9
			8	9	4		2	5
		9	5		3			
8		6			7	9		4
		7		4	8	3		
3	6	4		7		2		1
4			1	5				
					6	4		3

Easy - Puzzle 18

				7	2	4	5	
2				9	4	6		7
4	7			3	9		8	
		7		8	6			
	1		2	4	3	5		9
					1	8		4
	9			5	8		1	2
7			4		5			8
	8					9		

Easy - Puzzle 19

	9			1				
7	5	3	9					
6	8				4		5	
			7	9	8			
	2		4	7	6	1	3	5
3			5	4	9			8
	3		2	8	7	9		
2	7		1		5			4
	4	8						7

Easy - Puzzle 20

5				4	9		3	
1	3	6	2		8			
2		5		8				9
	1	8			2		5	3
9		1	7	5		4		2
3	5			1				
	4	2		6		3	9	
7					1	2	6	5
					5	8		

Easy - Puzzle 21

8			6	9	1		7	
		4			2			6
9	7			4			6	
	1	8	4	2	6	3		
3	8	1				2		
	2	7	5		4			8
2			8			6	4	
	6	9	1					
	3				9		1	

Easy - Puzzle 22

	8		3		2			
7				3	6	2	1	8
1	3	2	5		7			
		8		5				
	6	1	2			4		3
		5				9		
		6	7	4		1		5
8	1	7				3		4
5			6		1			9

Easy - Puzzle 23

	7			8	9	2		6
			3	2			7	5
	5				6	3	1	
			7			1	2	
	2	1	6					4
	4	7				5		3
5		8	4	1	2		3	
2	6	3				8		
	1						5	2

Easy - Puzzle 24

1	9			2	3	6		
7		9						1
	2	1			7	4	9	
2		7			5			
			7	3		8		9
	5	2		1		7		3
				7	2		6	
5	7	6		9	8			2
	1		9		4			6

Easy - Puzzle 25

5	9		6		3			
6		3				9		
3	6			4	2	8		
			8	6			7	1
		2	3			5		
		9	5				3	8
	3	7	2	5	4		9	6
1				8		6		
9		6			8	7		

Easy - Puzzle 26

		1		3		7		2
			1					
	4		8	2	1	6	5	7
	1		7		3	9		4
7			3		2	1	8	9
9	2			1	6			
	3			4		5		6
				8	9	3		
		8		7	4			

Easy - Puzzle 27

1			9		8		6	
	7	2	3		1			8
8	5			6	7	9		
9					2			
		8					4	
	3		1	7			2	5
5	1	9	7	3			8	
	2	4	6		5	1	7	9
								1

Easy - Puzzle 28

	9	3				6	5	
			2				6	
		8	4	7		2	1	9
3			7			5		8
4	8		3	6				
9	2		6			3	7	
2	3		5					1
		6			9	4	2	
1	7	2			4			6

Easy - Puzzle 29

4	2			7		3		8
	7				4	8	2	1
			2	3				7
	9		8			4		
8			4	1	5	9	6	
6	4	2			3		9	
		3	9	4				
2	1			6			8	
9		8					3	

Easy - Puzzle 30

				6	1	5	9	
8	9			2		7		
	7			4				6
	8						4	2
6				9		3		
	5	4	6	8	9			
	6	8			2		5	1
		1	2	5	3		6	
9	2			7	6	4	8	

Easy - Puzzle 31

9	6	7				8	5	
	3	8						
	1		5				2	
		3	1		9		6	
2	7		3	6		5	1	
4		6		5	1		3	
	5			9				
	4	1	9	8	5	2	7	6
					7	1		

Easy - Puzzle 32

1		9		4	7	8		
8	6	4				9		3
		7		1				4
			2	7	9	1		
5	7	2					1	9
			9	5	3		2	
7		5	1	8		4	3	2
			6					
3		8				6		1

Easy - Puzzle 33

	1		5	4	7	6	8	
	2	7	6	1			4	
				9			7	
	6			7				
9	7				3		6	
5	9	4	3	8	6	7	1	
		2	7					6
6		9			4	8	5	7
					1			

Easy - Puzzle 34

		7					6	
9		5		3		2	4	
		2	5	7	3		9	
	8	3				6		
					6			3
7		6	3	2		4	1	
	3	9		4		5	2	1
2			1		9			
1				6	2	7	3	

Easy - Puzzle 35

6	7		1					4
1	3	4	9					
					6			
9		1	6	7	3	2		8
3	8			4				9
2	6	5	7					
8		9		1				
	5		4	6	9	3	8	
5			8	3		9		2

Easy - Puzzle 36

4		2			1			
		6	3	5		1	2	
3	8	1		2	9		6	
	7	5	8		4	2		
		7	1			9		3
				3	8	4	7	6
	5				6			
7	1	4	2	8	3	6		
5	6	3						

Easy - Puzzle 37

		6		3				
7		4	5			3	6	
		3	4	1		7	9	
8	7			9	3			1
	9	7		5	4	2		
4		1			9			
	2	9			8	5	7	
						1	3	7
3	6		1			9	8	

Easy - Puzzle 38

		2		1			7	
8		1	4		7		6	
5	4					2	8	1
		4	3	8				
	1	8	5					
7				4			3	2
1	6			3		7		
	9	3	7	2		8		
2	5				1		9	3

Easy - Puzzle 39

				2				7
7	6	1	9	5		8		
4		2	3	1		7		5
	5	8			9	4	3	1
	4				2		5	9
							1	2
1	3		2					8
6					7	3		4
9	8				1			

Easy - Puzzle 40

			5			9	2	
6	7				5	1	8	4
1		8		9			6	
5		6	3	7		2		
						7		
9			8		6	3		
2					7		9	
	9	5	4	6				
8	2	1	7	4	9			5

Easy - Puzzle 41

	6	7						
			7	6	8	1		9
4	9	3	6		2			
		1		7		3		
	4			9		2	7	
9	8	4		1				7
	3				7	8	1	4
			4		6			
7	1		3		5	6		8

Easy - Puzzle 42

		2				4		9
		9		2		3		
7		8			4	2		
3			9		8			
	5		8	6			4	
		3	2	8		9	5	7
8	7	6		5		1	2	
5	1			3	2	6	9	8
				4				

Easy - Puzzle 43

5			8	6	9	3	2	4
4	5		3		6			
9			7		2		1	3
	2			4	3		5	
7	3	4			8		9	5
					7			
1				5				7
8					5	2	4	
2					1	7		

Easy - Puzzle 44

2	4	5			1	6		
					8			
1	3	9				5	8	6
5	8	7		6	9	3	4	2
	9	2		1				3
9	5	6		7				
	1		4	2	3		7	5
		3	8			4	6	1

Easy - Puzzle 45

2		7	4				8	
6					4		2	
		8				5	7	4
	7			4		6	9	
		2	1		3	4	5	
	4	6		1	7	2	3	8
9			3				4	
	2					9	6	7
8					9			6

Easy - Puzzle 46

8			4		2	1		9
	2				8	7		
9			8		1			
6	4	1		2		8	3	7
3	8							1
5			7		3	4		
				1			4	
		7	6	8		3	1	
	5	8	1	3			9	

Easy - Puzzle 47

	6		2		3	7		
	9		6	4	2			
		7	5				8	6
4			9	6	7	5		
		8			5	9		4
8		6	7	2	9		5	
	5					6	4	
6	3		4		8			5
	7		1			4		

Easy - Puzzle 48

5	8			7	3			1
	2	1				8		6
1				6	2		3	
9		2	4					8
	4			2				
7	3	9	5	1				2
		5					6	
	7	3		5		9		
6	1	4			9	3	2	

Easy - Puzzle 49

6		2			4		9	3
	3	9			8	5		
2		5	3	6				7
4					2		6	
7			5	3	6	2	4	
					5		7	
	6	3	1					2
		6	2		3		5	
	2	4		8		6	3	

Easy - Puzzle 50

	3	5	9			4	6	
	2				5	3		8
	6							5
3	5		8	6		7	4	9
6	7		2				1	3
5			3	2				
9	8						7	
2	9	7	1	5				
	4			9				1

Easy - Puzzle 51

2	4	6	7		8			5
3		5	9		4	8		7
1	8			5			4	
4			5		1			
6						1		9
9		1	2			7		4
8							7	6
7	2			3	5			
				7	9	4		

Easy - Puzzle 52

	3		9	2		7		6
2	1							7
		9		6	8		1	
9	8	7			3			
3					2			
						8		5
4	9		7		5	2	6	
8	5	6	1	7	9			
		2	3	8		5	9	4

Easy - Puzzle 53

1	3						9	
5						1	2	
8	7	6	2			5	4	3
	4		9		3	7		
9		8	1	5	2	3		4
			4	3	5			
7		3			9			1
			7		6		1	
				1			3	8

Easy - Puzzle 54

				1	3			
8	4	9	1	7			2	
6	5		9		7	2	8	
		4	5	6	1	7		2
			3	8		4	5	6
	1	7						9
4		2	6	9	5			8
	6							
	9			2				3

Easy - Puzzle 55

9	1				4		3	
				7			6	9
1		6	8				2	4
		2			8	7		
8				4	3			1
						1		6
			7	3	9	4		2
	2		3	6				
3	5	4	9	1	6	2	8	7

Easy - Puzzle 56

	5	6				3	7	
9				7	5			4
4	9			8	6		3	2
		4	5	1				
7		8	6			4		
		5		3		2		
5	7		4	2		1	6	3
6								
	4	1		6	2	8		7

Easy - Puzzle 57

5	3	7					8	
	1	6			8		7	
8	2			3	6		5	4
		3		1		5	4	9
3	9	8			5	1	2	
				7	3	8	9	
		4				9	6	
	5			8			3	
9			3	6		2		

Easy - Puzzle 58

	3	4	2		1	5	6	7
	6		9				2	3
4	5	7	1		2	3		
		3	8	1	5		4	9
1					7		8	
			5	3				
7	1		6					
		9			3	1		
	7		4		9			2

Easy - Puzzle 59

		4	7	8	1			2
		8	2	7		4		
					2	7		
	6		4	1	3			7
		9		5	8			
4	3	7						9
	7	1		3	9	5		
9	2							3
7	1			6		3	5	8

Easy - Puzzle 60

				2	6	1		
9		6		8	1	3		7
				6		4		
		5		9		8		6
1	6			7	5	2	9	3
	5		6			9		2
6				5			3	
	8	1	7	4	3		6	
		9						8

Easy - Puzzle 61

2		5					6	1
			5			2	3	
6					2	3	8	4
1			3	8		4		
4			6			1	2	8
7		4	1	6			5	
		3	2			6	4	9
3			4	2			7	
	6				5			

Easy - Puzzle 62

1			6			9	3	5
	7	4	2		1		8	
			5	1	2			
3		6	1	9				
	1	8					4	
8	5			4	9	7	1	
4	6			7	8			1
	3	5		6	7	1		
			8					2

Easy - Puzzle 63

3		1			9	4		
1	5				3	6	7	
	7	5	3				8	9
	9		6	3		7		5
	1	3			7	9		6
		9	1		8	2		
	2				1	3	6	4
		7				8		
	8					5		

Easy - Puzzle 64

9			7			1	3	2
			5					4
1		9					6	5
4	9		8		1			6
				2			9	8
				8		3		
6			9	4		2	5	1
		2	3	6	5		1	9
7	5		1	9				

Easy - Puzzle 65

9	5		2			3		
3		4				9	5	2
				3			8	
		3		2		8	1	
7			8	4	9	5	3	
1			3	8	7			5
		5		1	3			
	7		5					3
4	3	9	7			6	2	1

Easy - Puzzle 66

7	1	3	2				9	
	3				7			
6	4	7					2	9
	2						7	3
		9		4	6			7
3			9	8		7		
	9		3		2		8	
2		1				8	5	6
9					4	3	1	5

Easy - Puzzle 67

4		3	9			8		6
1	6				8		3	
							9	
6	9	4					1	8
8	2		1		5			4
3	8			4	2	9		
9	4	5	8	1			7	
		1	2					
	1			8	6			9

Easy - Puzzle 68

4		2	5	9				
			3		4	6	5	
	6	4	8	1	5	7	2	
	9			2	3	5		
2	5				7		6	
5		3	4			9	1	
8	2		6			1	4	
		1						5
			2	7				

Easy - Puzzle 69

2								
7	4	3	9	1			8	
				8	2	3		
		1	5	3	8		4	9
	3				4	1		
	9	7	8			6	2	3
8	1	2						4
3							1	
4	8	6			9	5		7

Easy - Puzzle 70

	1				4	7	2	
	9	5		1		6		
			8	7	6	4		
8				3	7			9
			4	6	9		3	2
	2	6		8				4
9	8				5	3		
	7	8	5					
1		4		2			9	7

Easy - Puzzle 71

3	8			6	9	7		
	2	1						7
9	6		7			8		5
4	1	2		9		5	8	
	9		4	5	1			
2	5				8		6	
	3	6	8	2			7	9
	7			3	6		5	
								3

Easy - Puzzle 72

					5			1
	4	5				7		
1	2	3	9	8		5	6	
	6	4						8
				2				9
9	8			6	7			
2			5		9	4	8	3
		9		5				2
3		8	6	4	2		1	5

Easy - Puzzle 73

4	2	8	5	9			7	1
3	5	1	7					8
		3	8	4		9		5
					8			3
2		9		7		8	3	4
		5			7	6		9
			4				1	6
6				5	4			2
5	3						8	7

Easy - Puzzle 74

8	5				1		6	4
4		2		5				3
6	2						5	
		3		9			1	8
9				7			4	2
		6	4			5	8	1
5	3	9	1				2	6
		4	7			9	3	
					5		9	7

Easy - Puzzle 75

	1			6		2	5	3
3					6			8
2		6		9	4		7	5
7				5	3	4		
			5			6		7
1				7	9		3	
		4		8	1			
9	2				7	5	4	
	3			1		9	8	

Easy - Puzzle 76

	8		3	6	9	2	7	
	1						6	
			9	5	8			7
	5	7	8					3
	2			3	5	8		
7	3	8		9	2		5	6
			4		1	6		
1	9	2				7	8	
	6	3						4

Easy - Puzzle 77

		3	7	6	2	1	4	
		1			5			7
	9						1	
	1	4	8	3		9	7	
	4			8				6
7	3		1					
	2		9	7			8	4
4	7	5	6			2		3
9							2	1

Easy - Puzzle 78

8		2		3				1
		4	8		2			5
6				2		7	1	
		8		6		9	4	
	6			9			8	7
				4		8	9	6
5		7				1	2	
4		9		5	1	3	6	
		6	3		4	5		

Easy - Puzzle 79

			1	2		4	3	
					2			
4	9		8		6	5		1
3	5		2				4	
	2	9	7				1	
				4	3	1		
1		4	3	7	5	2	9	
9		2	5	8				
			9		7	3	5	

Easy - Puzzle 80

		5			4	6	3	7
	5	6		7	3	1		
		7				5		
	3				6	7	1	4
6			5		8	2		9
8	1				9	4	6	
	6			9				
			4		7			
7		8	6	1	5	9	2	

Easy - Puzzle 81

			8				7	5
	3		9	4	1	7	8	2
7	8	3		5				
1					9		4	
		5	4			2		7
2	6	7	3	1				
	4	1		7				
3	5	4	1		7	8	2	
							5	4

Easy - Puzzle 82

4	1				2	6		
5				3	9	2	4	7
		4	3		1	8		5
	6				5	4		1
9		3	4		6			8
2	5			9	8			
				4			8	6
		2			7		6	
		7	9		4			

Easy - Puzzle 83

9	7		4	6	1	2	5	
3	2	8	5	1			6	9
1				8	4			
6			8	2		5		1
	8	4			3			
7				4	5		8	2
8	1			3				7
5						1	2	

Easy - Puzzle 84

6		9	3		7	5	8	1
		6			3		7	4
1	8	7					3	9
2		4	6		8			
				6			4	5
			9	8			2	
9	5			3	1			
3			1		6		5	8
4	6					8		3

Easy - Puzzle 85

1				4	2			6
3	9			6		1	2	4
4		7						8
8	5		2				4	
2	3							1
7		6	3				8	
			7	8	3		1	
9		4	5			7		2
5	8		4	2				

Easy - Puzzle 86

	5	2				8	7	1
7			8	5		4		
	6	8						5
		3	7		8	9	1	4
3	4	9	1				8	
4	8	6				1		
1	9				4		2	
		5			1	6		8
			5				3	

Easy - Puzzle 87

	2					9	5	1
	5				4			8
				4	3	1	9	
6			4	3	1	5	2	
3					9		8	
2	6			1	7			5
1	8		2				7	3
	4	6			2	7	1	
			1		5			

Easy - Puzzle 88

	7			8		9	5	
9					4	7		
	3	9		6			2	4
5	2	4	6			3	1	
	5				8			
	9			4		5	7	
	4		8			2		7
7			9			4		5
2	6	5	4	7			9	1

Easy - Puzzle 89

3	7			8		2		
5	3			1	2			6
7			2	6		9	5	
6	5	8	9		3	4	1	7
4	8						2	5
		3					6	
	9		3	4		8		
8			5			1	3	
1	6	2						4

Easy - Puzzle 90

				6			4	5
	7	6	2	1	3			9
	2				9	5		
		5	1		7	8	6	
			6	3		9	2	
8		9	3					
9	6			4	1			
		1		5				
2	1	3	8		5		9	4

Easy - Puzzle 91

6				5			7	8
8			6		1		4	
	6	1		4				2
	8			7		1	5	
		6				3	8	9
2								
			5	9		2		7
1	2	5	9		7			
5	9		8	3	6	4	2	

Easy - Puzzle 92

6		9	8				7	5
5	9	3	2	7	4		8	6
				1				
1				8	6	3		
			6		9	7		1
	4			9	2	5		8
9		4		3			1	
	2			5		6		
	5					2	9	7

Easy - Puzzle 93

	6	1	7	9		4		
3	9	5						
	7		5	1				6
	8		3	7	2		9	1
5	1	7		6				
7			9		6	1		4
6	4	8			5			7
1		9					2	
	2					3	6	

Easy - Puzzle 94

5				6		9	4	1
	6	8					5	3
	9	7	4		1		2	
		9						
6	4			1			8	
		4		8			9	2
4		1	8			6		
	8	6	9	4	5	3	1	
7			3	9			6	

Easy - Puzzle 95

7			1	2				8
9	3	1	4	6		5		2
		8	3	1				9
6		5			1		4	
4		9	5					
5	2		7	3			9	1
	1	4			6		2	5
					9	7	3	
				4			5	

Easy - Puzzle 96

	8	4	3	6	5	9		1
7		1	2	5			8	
			6			1		5
1						7	9	2
	4	9		7		5		3
	2				9	4		
3	1					6		8
				3		8	1	9
	5		9		3			

Easy - Puzzle 97

	7		8	4	2			
	8				1			
4				3	7	9	8	
7	6		9					3
1						8		2
5	4	9		2	6		7	8
2		7		8	3	4	1	
	9			5			3	
		6			4			1

Easy - Puzzle 98

1	8		9	5			2	
4	6	9		7		1	5	
3	2		8					
8	5		1	2			6	4
	9		6		1	5		2
9		3		1	5			
6			4		9		1	
2		1		8				
			7					

Easy - Puzzle 99

3				5		6		7
4	7	5	8	3		9	2	
		2		4				5
5	2				4	7	9	1
	6		7	1				
						1	8	
	4					3		8
1			4	2		5	6	9
9	5					4	1	

Easy - Puzzle 100

			5	4	6	3	9	
							2	4
9		4		7		5		
3					1		5	
	5		2	9	4			
1	8						6	
4	6	2		5			1	8
5		7		1			3	2
7			9	8		6	4	

Easy - Puzzle 101

		7	9		6		2	8
8	2		6	9	5		4	
6	7	4	5		2			1
	6		8	4				
2			1	7				
7	3			6				
		2		1	3			9
	1		3	8	9	4		2
				2			6	

Easy - Puzzle 102

5		3	9	8		4		6
		6		5		2	7	
7	9				1	8	5	2
	3	2	8		5		6	
	7	5	4	2				
2		7					8	
	4	8			6		2	7
					4			8
					2	5		

Easy - Puzzle 103

	7	4		5	2	9		6
	4	6	9					
1		8			7	2	5	4
	9		7	6	4			
3			5	1		4	6	
		1						
			8		9			3
	5		2	8	6			7
	8			4		6	2	

Easy - Puzzle 104

2		4				1		7
	8		5		4		3	1
7	1		3	2	8			4
								6
9						6	8	3
	6			7			2	9
				5	2	4	1	8
	2	7			3			5
	9		4	1	6		7	

Easy - Puzzle 105

1		3	2				5	9
	1	5				9		
		8	1	9	2	3		6
2					8		4	
	2	7				5	6	
7	8	9	6			2		
9	6	1					2	5
			7				3	
6		2	5	4		7		8

Easy - Puzzle 106

9								
7			3	1	4		2	
3		5		7	6			1
2	5	7	9		1	6		
8								
				9	3		5	4
5			8				1	6
	7		5		9	3	8	2
4	9		1		5		3	

Easy - Puzzle 107

		9		5		2	1	
1		8		2		6	4	
	3		2		4	7		
7	1	4					2	5
2			4	3				1
8			7		1	4		2
		1	9	8	7			
9	4	2		7				
						1	7	9

Easy - Puzzle 108

3			2	5		4	7	9
5				1	2	6	8	
					4	2	5	8
4					9			5
	2	6					3	
9	1		6				2	4
	5					8		2
		3		9	6	5		7
				8	5	7		6

Easy - Puzzle 109

3			5					
1		4				5		8
5	6	3	9	7				
		7		9	8		6	
				8			7	2
	2	6		4				
	8			5	6	9	3	4
4				6	1	7		
8	4	9	7	1			5	

Easy - Puzzle 110

	6	1		8		7		5
8	5	7	6					1
		9						
3			5	2	1	9		
		6			8			3
6	1			9	4			7
		3			9	6	1	2
	8			3	6	1		
		4			5		3	8

Easy - Puzzle 111

8		5	1		3		6	
6			7	4	9	8		1
5		3				7		2
4	5	7						
7	6	4	8	3			2	9
1	9		3	5			7	4
					6			
3		6	2	7				5

Easy - Puzzle 112

				9				5
5	8	1	7	4				
9	2	5		6			1	
7								
	4		2	1	5	8	9	7
6		4		2	8	1		
4						2	6	1
2		9			4	7		
8	1			7				4

Easy - Puzzle 113

	9	8	7	6			3	
				7			6	4
3						9		
5	4	9		3		7	8	6
8		6	4			5		
	1		8				7	
6		2	3			8		
		7		4	6	3		8
	6	3	5		9			

Easy - Puzzle 114

	8			6	3		5	2
4	6	7		2	8	5	3	9
1	5		2	9		3		7
		5				2	8	
	2							
2		6	3			9		
		2	8		6	4	7	
8	9	4					2	3
			7	5				

Easy - Puzzle 115

		6	8	3				9
	3		6	7		2	5	4
	6							7
3		1		9	6		7	5
	5					6		
			9	1	5	4		
	4	5	7	2		9		8
	7		1	8				
4	9					3		1

Easy - Puzzle 116

						3		2
	1	6	2	5	4		7	
						1		
2	7						5	4
6					2	9		
		1		2	7			6
1	5		9		6			
8		2			9	4	1	5
9	4	7		3	1	2		8

Easy - Puzzle 117

2					9	4	5	
		5	3				2	7
1	8		2	9			4	
	3		4		7	2	6	
5		9	7		2	6		
	2	3	8				7	
	5	2			8			4
4		8		6			1	
	1			2	5		8	

Easy - Puzzle 118

	9	7	6	4	1	2	5	
		2		3	5		1	4
	4	8			7	3		
1	5		8	6		4		
	7			8		5		
	2			5	8			1
9	8	5	7					
			4			8		5
	3	4			6	1		

Easy - Puzzle 119

2		4		9	3	7	5	8
			5	8	2	1		
		7	9					
	4	9	2	7			3	1
	6	5	3			9		
			8		1			
	3	1	7		8			2
		8		2			6	
6	8	3				2	1	7

Easy - Puzzle 120

			3			2		4
	2					3		9
4		6	9		1			
1	4	2				6	3	7
9	6	7	2		5	1	8	
							5	
	5	8		2	6			
	8	4			7			
	1	3	7		2	8		6

Easy - Puzzle 121

1			8	3	4	9		
	5	9	1		7		2	3
	1			8			5	
6				9	5		7	
2	7		9					
8	6	2		4				5
			5		6		4	8
	4		2				9	
7		6	4	2				1

Easy - Puzzle 122

		2			9			5
	7							2
			1	3			8	9
	4	3		9			6	7
6	1		9				2	4
		4	7		6	8		3
7	3	8		2	4	9	1	6
3					5		9	
			8				3	1

Easy - Puzzle 123

5	9			8	1	6		
1		7	2		4			
	4	6		5			1	
2	7	1	5				9	3
		5	4		2	8		9
		9	8	1	3		5	4
3				4		7		
9								
	5		1		6	9		

Easy - Puzzle 124

			3	5			8	
	7	1		2			3	4
6		5		1				
		9	1		8		6	
4		7	5			2	1	3
	8	2	4	7	3		9	
7	1	6	8			3		
		8		9		6		
9			7			1	2	8

Easy - Puzzle 125

		3				4		
8			4	2	5			
		7	9	1	8		4	
			3	8	7			5
		4	2			1		
3	9							8
4		6	1	3	9		5	2
	5		6		4	7	3	
9			8				2	4

Easy - Puzzle 126

	2			6	7			5
		3	5			1	9	
8	4		2		1			
2	7	4	1	9	5			6
	6	9			2		1	
1	5							9
6				3	9		4	8
9	3		6		8			4
				2	3			

Easy - Puzzle 127

		6						9
	3	1		7				
		8	2	9	1	4		5
			7				6	3
9	1		4			8	2	6
	5		9		6	2	3	8
	8	5		3		7		
6	2					5		
8	9	7	1	6	2			

Easy - Puzzle 128

	4	7		2	1	5		9
	9	8	7		3	6	1	2
8	7	2	4	9	6			
	2	9			7	4		8
	8					3	2	5
	6		9					4
				3				
					5		9	
2					4			7

Easy - Puzzle 129

5		9	1		3			
8	4	7			2		5	1
7		4	2		8	6		
			9					
9			8	3			1	6
	2		4				3	
3	8	5	6		4		7	2
	9	3	7	2	6			4

Easy - Puzzle 130

		6	5				1	9
		4			9	1		
3		9	6	1	8	2		
		2		5	7		8	
		5	8	7	3	4		1
	8						9	
4		7	1		2	8		6
5				6		9	4	8
9					6			

Easy - Puzzle 131

			6		2		3	8
4		6			3	8	1	5
	1	8	2	9			6	
	4	9	3				7	1
2	8				4			3
8					7	1		6
1	6					7	4	2
6			8	4	1			

Easy - Puzzle 132

				1		8		
				5	2			3
3	9		7	4	1	6	8	
						7		9
	4	6			8	9	7	
					9		5	1
2		8		7	5		6	
9		5	1	8				
6		3		9	7		4	8

Easy - Puzzle 133

			8		2		5	
		8	1	3	7	6	2	9
	1	7				5		
	9		2		4			
8	2						9	1
	8	9	4			7		
	5			4	1	2	7	8
	3						4	
4	7				5	3		6

Easy - Puzzle 134

1	4	7			3			
7	8	6		2	5		4	1
			3			5	7	
8	5		7				9	
		9						7
	7							
5	2		4	7	6	8	1	
9		8	6	3				4
		4	5	9	1		8	

Easy - Puzzle 135

		5						1
				3		7		
		7	2	8		6	1	
	2		4			9		8
		1	8		6	4		
				1	8	5	7	
	3	4			5	1	8	7
	1	3	6		7		4	
	7			9	4	3		6

Easy - Puzzle 136

	3		9					1
6				5			3	2
	1							
	7	5	1	2		4		
	8		3		5	2		9
		6	5	4		3	8	
1	9			8	2		7	
7	5	3			6	8		4
8	6			7		9	2	

Easy - Puzzle 137

	3		6	7		2		
			2		4	3		
				9		1	8	
	2		5		1			7
1	7		4				2	3
	9	7	1				5	
	8	3		1	6	5		
6	5		3		2			8
2	4						3	1

Easy - Puzzle 138

5					2	1	3	
4		1						9
		6		2	9		7	
		7		9		3	6	1
8	9	2		6	3	7	5	4
1			2					
		4	7		1		8	6
7		8		4				
	3				7		4	

Easy - Puzzle 139

		4			9		2	
2		9		4	3	7		1
9	3	5	4			8	6	
			3	7	2		4	
4	9							
			1			2	9	4
6			8		4			9
7		2	9					
	1	6		9		4		2

Easy - Puzzle 140

	8			7	2		3	5
6		4		2				8
7	2	5	3		1		8	
		1						6
			4			7		2
2	9				6		4	3
	4	3		6	7			
						1		
4	6	2	7	3		9	5	

Easy - Puzzle 141

1			5					
			8	3	7		2	6
9	7				4	2		
						1	8	
8	6			2	1		5	9
5		8		6			4	3
			1					8
6		7	2		3	5	9	1
3				1	8		7	2

Easy - Puzzle 142

	5	8	1					
					3	5	1	
3	9		5	7			8	
	2	3	7	9	5		6	4
8				6			9	
					2	3		7
7				8		6		
	3	7	8	2	1		5	6
			4		8	7		

Easy - Puzzle 143

5	2		3			4		
		8		1				
9		3		4		2	5	
					2	8		1
7		2	4	8	9	5	3	6
8	5		6				4	
	8							
	7			3	1			4
1		4		9	5	7	6	

Easy - Puzzle 144

4			3	9	8		2	1
						6	4	7
	4		7	8			9	3
2		3		5			7	
				4	9	7		
	5	9	8		2			
8	2						1	9
	6	4	1		3			2
5		7	2			9		

Easy - Puzzle 145

	6					9	4	3
3		9	4	8	7			
7				3				8
		5		9	6			
	5			1		7		9
		3	7		8	2	5	
4	3	6	9		2	5		1
	7			4				
	8		1	5	9			

Easy - Puzzle 146

			9					5
1			8		2		7	
5			2		7	6	1	8
8	2		6					
	1		3	7	6		5	
			7			5	2	
7	4	2					3	
6	5				8	3	4	
9	6		4		1			7

Easy - Puzzle 147

					9		3	5
			5			2		7
	8	2		7			9	
	9	5	7	8				2
2		3	4		7	5		
7		6	8				1	3
		1	2	3	4	6		
	6			5			2	
	3	8			2	7	5	9

Easy - Puzzle 148

	6		2	4		9	1	3
1	8			2		6		
9		3	4			1		5
	9	2		8	1			
		6	1		5			
					9	5	6	2
	2		6				8	1
6				1	2	8	3	7
8		1						

Easy - Puzzle 149

				8		4	3	
2	6			9		7		1
4	3					1	9	5
							5	
9	2				1		4	
			4	2	3	6	1	
		1		3			7	
5	4	6				8	2	3
	7		5	1	8			4

Easy - Puzzle 150

8					9	1		
2				4			6	
9	3	4	7				2	8
1	6	9		8				7
		1			3	7	8	9
	9			1			3	
						3	7	4
		6	9		2		1	5
6	4				7		9	

Easy - Puzzle 151

	3	4			6	9	8	1
	7	5	9				3	6
	8	3	1	9		2		
						3	9	
				5		1		
4			8	6	1	7		
2		7	5		8			
			7	2	3		4	
3	1	8					7	2

Easy - Puzzle 152

3		4		6		1	9	
6		7		2	9			5
	8		6	3	2			9
		5			7		4	
	3	6				5	2	1
7	4					9	6	3
					3	7		
1	7		5			6		
9	5			4	6			

Easy - Puzzle 153

	5		7	2				8
1	7			6	3		5	2
9	6					8		7
3			2	8				1
	1		3	7			2	4
			6	1				
5		2	8	4		6		9
7				9				6
6	8		1		9			3

Easy - Puzzle 154

1		6	3	2	8	7		4
			8		2	6		
4	9							7
5	4		1		6		3	
	7	3				9	8	
8	6			5		3		
	8				5	4		
9	2	4		8	1			
3			9					5

Easy - Puzzle 155

	7	8	1		9	2		
					7	9		3
	5			4	3		8	1
3			9	2	6	5		8
5	9		8	1	2			6
		9			5		3	
4		2	5				6	9
						3		
7					8	4		2

Easy - Puzzle 156

						1		
1	6	4	9	5		2	3	
		8	3	7				5
3	2	5		9	6			1
9		7	1	4				3
7				3			2	8
	3		5		7			2
6			2				5	
8		9	4					6

Easy - Puzzle 157

		6	9		5	2		8
2				4	3			
		7		8	1			4
		8	7		9			
	8	1				9		7
1	9	5						2
7	4	3	5		2			1
	5	2	3	7	8			6
		4		5				9

Easy - Puzzle 158

		5		4				7
	2	4		1	7	9		5
1	4	9	7		3	8	6	
5					1			
	1	6			4		8	
4	8			2			9	6
2			1					4
9		1				5	2	
		3	9		2		7	

Easy - Puzzle 159

	4	9		6	1	7		
7			2		8	5		4
					3	9	4	
		5			6			9
9					4	8	3	6
	8	2		3		1	6	
				4		2		
		4		9	7	3		1
3	9		4	8	2			

Easy - Puzzle 160

1	8	9	3			6		
	5	3	6		4			
9		2		8		3		
	6		2	9	3		5	
6	3	4						
2	7	5	9			8		
				2	5	9	7	
5			1	3	9			8
	9				7		2	1

Easy - Puzzle 161

4	8							
1	3	5		9	8	6	2	
3			9	6	7		5	8
		3					7	
8		7	1	4	6		3	2
			6		1	5	8	
	6	2	3		9			1
		9		3	2		6	

Easy - Puzzle 162

	7		2			9		5
2	5		8		9			4
	4	9			2	7	8	3
8		6	3					2
	8	2					9	
				9	8	5	2	
6		5		2			4	7
	6			5	4			
	2				1		7	

Easy - Puzzle 163

5				8	9			2
				2			4	
3			4		1		5	7
			5	1	4	3	2	
2	4							
8		5	3	9		6		
9		8	2					3
1		4		7	5		3	8
	3		7	5			9	

Easy - Puzzle 164

			4				9	
9	1	4		8	2			3
4				9			8	5
					9		7	6
6	2	9	1					7
2				1		6	3	8
8	6			4		2		
3			2					1
1		8	7	5		3	2	4

Easy - Puzzle 165

6	3		7	9			8	1
5	9	8		1				
3	2				5	1	7	
					6			
2			9	7			1	
		6	2	4		8	9	
			3	2		4	5	
9	4				8	7	2	5
				3	2			

Easy - Puzzle 166

	6			3	4	7		
9	3	8			6	1	4	7
1		6						3
8		4		6	5	2		9
		3						2
7	9			1		6	3	
		7	6	4			9	
						5		6
6		5		7	9		8	

Easy - Puzzle 167

	1		9	2		3	7	6
3	5	9			1	6	4	2
2								
				9		5	8	
			3	5		2	9	
7	8	2	5	4				
6		5	2	7				
	2					8	5	9
9	3		8				2	

Easy - Puzzle 168

7			9	3	4		1	
		8	6	2	9	4	5	
					1	3	9	
		3		1		2	8	6
	4	1	8			5		9
			1	8				
	2		7	6		9	3	1
	8		5					
			3		6	8	2	

Easy - Puzzle 169

	1	5	6				3	8
	2	4	5					6
	3	9					5	
7	6	1	9	8	2	3	4	5
					9	8		
		3	1	2		6		
2	7			9				
4		7					6	
	9	2	4			7		

Easy - Puzzle 170

1	5		2	7				
5	6						2	7
2	7			3		5	9	
	4		6	1				3
	2				3		1	6
3			9	5		4		
		2		6	1			5
6				4	2	8	3	
			3			6	4	9

Easy - Puzzle 171

	5		3		2			9
	1		6	2	4			5
5		8		1		2		
2		7		6	9			
	6		5	9			3	8
3	4	9	1			6		
						9	1	
1		6		4		5		2
					7	8	4	

Easy - Puzzle 172

7	3	5	8			1	2	
9	1							
			6					
2	5					9		3
		4	9	1	3	7	8	
			7	3		5	9	1
3					8	4	1	6
	8				9		6	4
	9			2		3	5	

Easy - Puzzle 173

	8		6					
	5		3				8	4
7	2				6	8	5	1
6	3		1					7
9	4						6	
		2		3	1			
4	1	8			9	6	2	
8	7	6		4	3			
3				1			4	6

Easy - Puzzle 174

3		8	5	7		2		
	8	4	2			5		
				8				
4				5		1		
	5					9		
5			7	2		4		6
8	4	7		1	5	6	2	9
2	9		1		7	8	4	
6	2			9		7		

Easy - Puzzle 175

8	1		5	3	6		7	
				6	9	3	8	5
2	6			8		4		
7					8		6	3
	8		6			7		
3		5	2	9		8	1	
					5	9	4	7
				1		5		2
			4	7			3	8

Easy - Puzzle 176

	9	8	6			1		
6	3		9			4		2
		3				5		8
	5	2	7	3			1	4
3			8		1		5	
			5		7		6	
4				7	2		3	
	1			6	8	9	4	
	2						8	6

Easy - Puzzle 177

							5	
		8	4		2	6		7
								6
	6	2	5			4	1	9
			7				3	
8	7	5	6	9		3	4	2
6				4				3
	5	3	8	7			2	
7			2		4	5	6	8

Easy - Puzzle 178

7	1	9		2	3		5	
	4			1			6	9
5	3				4	9		
			8		1		7	
4	8		9	7		5		3
				5		1		
3	2							5
1				4	2		3	
		2		3	5	8	1	4

Easy - Puzzle 179

				6				5
	6			3	9	4	1	
	7						9	6
8				4	6	2		
5		7	8		1	6	4	
		4	7		8	5	3	
	8	6			2	1	5	
3			2	8			6	
4			6				8	

Easy - Puzzle 180

2	8			5	9			6
4				3	2			8
		1	4					5
3		6		9		7		1
7		9				4		
						5	3	
5				7	1	6	9	
	1	4	9	2				
8			3	6	5	2		4

Easy - Puzzle 181

				8	3		4	5
		6		7		9	8	
		4	3	9		8		
			1		8			9
	4		8			7		
3		8		1				7
8	2		7	6	9	1	5	4
		7	6	3				
6	8	9					2	

Easy - Puzzle 182

3			1		4			
5	4			6	3	7		
8		3	2	5			7	9
		5	3		2			
	8		7	3				
1		4	5	8		3	9	
9	1							7
7		8	6	1				4
6		7				1		

Easy - Puzzle 183

5			8		6		2	4
4	6	7		1		9		8
3		2	5		9			
8	2	4		3		1	9	
		6	3					
9	3				1			2
6	5				3		8	
2			9	6	4			3
		3	1					

Easy - Puzzle 184

		1					4	5
		7	3	9				8
5	4			1				
6		8		5	7	9	3	
				7	1		2	9
2	9	5	1	3			7	
	2		5	4		7		
		3		8	6	2	5	
7		9					8	1

Easy - Puzzle 185

	1	7		4				
	9	2		3		6		5
8		1			9		4	6
6	2					1		
5					7			3
	7	6	2			5		9
2	5					3		
	4		9	7	1	8		
	6	3	7	8			5	

Easy - Puzzle 186

		7			6		9	
	1	3					5	
6		4	3			5		
	2		6			4		
					1	2		
7		8	2	9		1		3
4	6			1	3	9	8	5
	3	6		4	5		1	7
		5	8			6	4	

Easy - Puzzle 187

9			4	7		6	5	
				4				
		7		6	2		3	
	3	4	1	5			7	
1			8				6	5
4		1	6		8			
3	5	2	7			1	9	6
							4	3
	6	3	5		1		8	

Easy - Puzzle 188

	8	9		3	4	2	1	7
2			1		9		4	3
				2			6	
					2	8		1
6			3			7	5	2
		5		8				4
8			9	6	7			
9							8	6
4	6		5	1		9	7	

Easy - Puzzle 189

	9	8			5		7	
1		7	5		2	9	3	
8					7			3
9	3	1	8		6	2		
5						6	8	
4			6	2	3		9	7
	8	6		1			2	5
2	5				8	7		
3								

Easy - Puzzle 190

			8					
			5	9		2		
	1	5		6		8		3
2	9	4	3					1
8					3	9		
5			4	7		1	8	2
		1			5	4		
4		9	1	3		7	5	
	5	8		1	2	3		

Easy - Puzzle 191

1	2							
	5	3	4		7			
2	9		8		1		3	
	4			7	8	6	2	
7	3		6					
3	8	5			2		4	6
	6		1				8	7
9	7		5	2	4		6	
6			2	3				

Easy - Puzzle 192

8					3	1		
			2			7	6	
6		1	5	3		8		
4	9		7			2		8
		5	9			3		2
		4	3	7	8		1	9
	8	9			2			
		6	8			4	7	1
7			4				3	

Easy - Puzzle 193

			9	5		7		
	9	4			6	8	7	3
			3			2	4	
			4					9
	7	9			3			
4			8	6	9		1	7
3		5	7		1			
		3	6	7				2
	8	7	5	3		6		4

Easy - Puzzle 194

3	8	1			6	5	7	
	7				3		5	
4	1			2	8	3	9	7
5		2		7				
	6		4		1		3	
	2	8					4	5
6	3					7		
		3			2		8	
1	4	5	2		7		6	

Easy - Puzzle 195

2	6	7	9	5	3	8		1
		1						5
9		8		2		6		
8			3			7		
	4		2					9
4				1	7	9		
	7			8				
3		9		4		1		8
1	9	4		7	6		5	

Easy - Puzzle 196

		1	3	4		6	2	
				7		4	8	
		7	6		3			5
	3		1	6			7	2
4	1	8	7		2		3	
6	2	3	5	1		7		
7	9		8				6	1
		9						4
	6							

Easy - Puzzle 197

	7			3	8	1		
1	2			9		6		3
7					2		3	5
	3							6
	8	3	7	4	6			1
4			8	1				9
6	4		3		1			8
3	5		9					7
2		8	1		3			

Easy - Puzzle 198

	9		7	3				
		3	4				9	7
7	8				9		3	
	6		2		5			
				8	7		2	
	3		5	9	1	7	4	
	4	7		2		9	5	
4		6		1	2			
			8	4		5	6	1

Easy - Puzzle 199

				7		3		8
	7	4	8					
8	6					4		9
			2		6		9	7
	3	7		1	4			2
2		6	3					5
9			1	6		5	7	3
		9	7					1
7	2		6		3	9		4

Easy - Puzzle 200

2	6		7	5			1	
	9	1	8			7	3	2
9			4			5		
1	8	9					6	7
7				1			9	4
		2	3		7	6		
8	1	7			9			
6		4			3	1	5	
							7	

Easy - Puzzle 201

3	9					6		
		6		9	8			
8		9	2	3	7	1	6	
5				2				
9	7	3		1	4		2	6
2			6	4	5			9
					2	3	9	
		2	5		3		1	4
6		1	3		9	4		

Easy - Puzzle 202

9	4		6	5	1	7		
	2		4	9		6		1
			9	4			1	
			3			8		5
	7	6	8	2	3	9		4
2			5	6				
	1	7	2			5		
			7		4	2	6	
		9		8	6			

Easy - Puzzle 203

9	6				5		8	
7	5			1				6
1			6					
		1				6	4	
6	3		2		8			
	4	9				8		7
3			1	8			7	5
4	7	5	3	2	9	1		
			7	5	4		2	

Easy - Puzzle 204

4	3	2	1			7	5	
1				9				8
6	4				3			
			3	1	8	6		2
		9	5		7			
		8		4	5		2	
		6	8		9	4	1	3
				3	2		7	5
2	8	3			1			6

Easy - Puzzle 205

		6	8		2	1		9
				4			8	
2		9			1		5	8
4	8				6		7	2
1	5		2	6	4	3		7
	4	7	9					5
7		4				5	3	
				7		8	2	4
	2	5					6	

Easy - Puzzle 206

				8			4	9
		3	9				7	5
		7	6	9		5	3	2
		4	3	6				
	3		2		8			1
		9	4			2		
		8		4	5		2	7
	1						9	6
5	9	2	8		7	1		4

Easy - Puzzle 207

8		6		4	7		1	
6	9	1		7	8	2	3	
	4		3		9			
7		4	1	5				
9	6	2		1				
							8	
4	1	7	9			3		
5	8		7	2			9	
	5		6			1	2	7

Easy - Puzzle 208

		6		3	7			
			1		4		7	
		7	3	2	5	6	8	9
9	5		7					8
2		5	6	9			3	1
				7		9		
					1	7	2	
3	6			8	2	5		
	3		8				4	6

Easy - Puzzle 209

	3				4	8		
4	1							
8	7					4	2	5
		3		4			9	
3	5	6	1				4	
		7				3		
	9	4	3	2	8	5	6	
				1		2	7	3
	2		7	3	6	9		4

Easy - Puzzle 210

		7		5			8	
7	1				5			
2	3							
6			4		1		3	9
1		3	7		8		2	4
8		2	3		9	4	7	6
						1		5
		6	5	9		8	1	7
	7		1			2		

Easy - Puzzle 211

	1		9	4				
	6			9	1	2		4
9	2	7	5	8		6	4	
3	8		2	6			5	
						5	1	2
	7						8	
2					6	3	9	5
1		9					6	3
4				1				8

Easy - Puzzle 212

5			1	9	8	6		7
			4		7			1
4		7		2				
6		2			9		3	8
			2	7		8	9	
	4	8			6		1	
					5	7	8	
3			6					5
	5	1			3	9	2	4

Easy - Puzzle 213

5	2	6			7		3	4
	8	9			4	2		7
3		1		7				
		2	3	8		4	1	
2			6				9	
		4		9			5	2
6	1			4	2			3
	7	5			3	1		
	5				6	3		

Easy - Puzzle 214

	1	9	4				6	5
	2			9		1	3	7
	4	8	5		9	7	2	
		7	1					
	5		2	8			1	
1						9	4	8
4			9					6
9		4			3	8	5	
			3	5	2		9	4

Easy - Puzzle 215

9		8		6	7	4	1	
4		3		5				
7	2	1			4	6		8
2	4	9						
3		4						5
5		6		9				
		5		2			7	1
8	7			4	6			
1	9		6		5	3		4

Easy - Puzzle 216

			3		8	1	6	
			1			5	3	4
	8				3			6
6	7		8	4	1			3
		1		7			4	9
	9	6	7	1				
	2	4				6		1
	5			6	4	7	1	
	1		6		2	3		5

Easy - Puzzle 217

9				2	4			
2			9			7	1	
7					9		2	6
					2	3	8	9
	2				3		5	1
	3						9	2
4	1		5					7
3				1	7	6	4	
8	7		3	4		2	6	5

Easy - Puzzle 218

		8			9			3
		6			7		8	5
1		2	3		8	9	5	
				8		5		6
	6	3		7			1	
	9	7		5		3		1
7	3	5		9			6	
6		9		1	5			
3	5					7		

Easy - Puzzle 219

					4			6
7			4	8	3	9		2
6	9	4	5		7	8		
							5	
	3	6	9		1	2		5
5							4	
	5		2	1		6		4
		9		5			8	7
1	6				5	4	2	

Easy - Puzzle 220

				2	4	7		
	8			4	3	9	2	6
5		2	9	3	7			4
3		8			6			
9		4	3		2	6		
						5	6	
8			5					
4		1		7	5	2	9	
	5			9	8	3		7

Easy - Puzzle 221

	7	3	2					
3					1			8
				5			4	3
9		5				8	7	1
	1		8	7	3			
1			7	8		5	3	2
	2		5					
5			6	2	7		8	4
	3		4	9	5	2		

Easy - Puzzle 222

5			1	6				
9			6	1	5		4	
4		7			2			1
	8					1	5	6
	9				8	4	3	
8		9	4					3
		4		8	1	6		7
1	3	6	9	5		2		
	1		8					

Easy - Puzzle 223

2				3			6	
4		2		6			9	
3				5	7	4	2	6
7	4		2		3			9
			3		2	8		7
8					6		7	
	3		7	9				
5		3	4	7	9		8	
	8	7					3	2

Easy - Puzzle 224

				6			9	1
	9	7	2	5				3
	3					2		
	4				3			
			7	3			5	8
7		9	5	2	6	8	3	4
	5	3	4	8	7		1	2
		6		7	1			
4			9					7

Easy - Puzzle 225

								1
4		7			9			
8	1			7	3		2	9
	6	9	2	4	8	5	1	7
				2				
9		2				6	4	
5	8			6	2	1		
				9	7		3	
1	2	3	7	5				6

Easy - Puzzle 226

9	3					1		7
	7						5	8
		6	5	8		2		
2	9	7	1	5		6	3	
	1	4						9
				9		8	1	5
				7			4	6
4	8			1		5		3
1	5		6	3				

Easy - Puzzle 227

8	3		7					
			8	3	9		1	2
3			6	8		4	2	
5							6	
7		4		1				9
6			9					
	8	3		6	4			
		8	3	7	1	9	5	6
	5			4	8	2	7	3

Easy - Puzzle 228

5		9	2	8			1	
7		3					6	5
		8						7
8	9	1		7			2	3
3	1	4	9	5	6			8
6			7			9	8	1
1	8	6	3					
2	7			1				9
						5		

Easy - Puzzle 229

5	7		8	4			3	
1		2		8	4		7	9
4	9	3	1	7	5			
	4	6					5	
	3	8	7		1	4		
	6	1			2	7		
	8				3			6
				5	8	9		
		5			7			

Easy - Puzzle 230

9	7			3			4	
		4			9	8	7	
8	4				3			6
3	5	8		7		9		
7	6							1
		1		2	8	6		
6	8		4				1	
1	9	2			4	3		8
	2	7	6		1			

Easy - Puzzle 231

6	7		3	1				
5	4		7	2				9
				9	7	5		
	6	7	1					3
	8	3					2	7
7	9				1	3	6	
	1		6			2	7	
3	5	6	8				4	
	2				8	7		4

Easy - Puzzle 232

2	1	3				4	6	
			1		9	8		
		8			3	1	5	
1		2	5	9		3	7	
	3	6	9	2	8		4	
5	8			7			2	
9		1		3			8	5
								4
3			8		2	7		

Easy - Puzzle 233

1	9	7	6		2	5		
			7		1	3	6	2
	2	5		1		6		
	3		4	7	6		9	
			8		5	9		
7	1	9			4			
				5		7		
9	7	3				2		1
		2		3		4		

Easy - Puzzle 234

1		8	6	9				3
3		4	8			1	9	2
	5	1			4	7	3	
4	9			3	7	8		
	8	6			5		2	1
	3			1				
	2	9	5					
5	6		9		1	4		7
								6

Easy - Puzzle 235

2				4		6	1	
		1		3	9	2		
6	1	5	4	9	2		7	
	3				8			
				1	4			
	8	9				4		5
3			8	6	1	7	2	9
	2			5	7		4	
		2	1				9	

Easy - Puzzle 236

8	1	7	9	4				
3	5	2	4			6		
2	7			9			8	
5		4	2		3	7		
1			3	5				
	9			3		2	7	5
6		8	1				4	
	3	5				4	9	
				2	1		3	

Easy - Puzzle 237

1		4	8			2	7	
	9				5	1		
			6		7		2	
	5	7						1
7	1	3	2	9			4	5
9			5		4			
5	8	1	3		6	4		
4	3			7			8	
			9	4	1			

Easy - Puzzle 238

	5	3		9		1	6	
		8	9	2			4	3
6				8	4			
1						9		
5	8	4	1	7				
					2	7		
		7	2	4		8		1
4			8	3		5	2	6
3			6	1			8	7

Easy - Puzzle 239

4	6		9			8		1
9					6			4
5				4	7		2	6
7	3		6		8		5	
				1		6	4	
6			5	7		4		3
	7	2	1					
1			2	9			8	
	5		4	8			6	

Easy - Puzzle 240

4	8	6		3	7	5		
2	7		8	5	9			
	2		5		8			
	3				6		2	5
9			4	7				
		4	2	6		1		
7				8	1			9
		5					8	7
8				9	5	2	4	

Easy - Puzzle 241

			1	4	3	9	6	
	7				4	8	2	5
	8	6				1		3
2				8		6	1	
6				2				
	3		5			4	8	2
		2				7		
1		4	8	3	5			6
7			2		8		5	

Easy - Puzzle 242

		5		1		8	9	2
2	9					7	4	
	3	4	6	5				9
				2	7	4	6	3
		3		8	6			5
		2	3	7		5		
4							5	7
9	1		7				3	
		7				6	2	

Easy - Puzzle 243

	8	3				1	5	2
2	6				4	7		
	2	7		9	5		4	
			8	2				
		1	6		7	2		4
					8		6	7
	7	5	9	4				
		9		6		4		8
4		6	2	8		5	7	

Easy - Puzzle 244

				1		2		
9	5	6	8			3		4
	8	7	3	4	1			
4					3		7	
1		4		2	6	9	3	8
				3	7		4	9
5	6			8	9	4	2	3
		2		6				
8								7

Easy - Puzzle 245

1	2	5	9	4	3			
	6		8		1			3
	9	6			2	8		5
	8		4					
3	1				5			
9		3	6	1		4		
			2	9		5		7
	4							
	7	8	5	6		1	3	9

Easy - Puzzle 246

4				8	3		6	
	3				7		2	
	1					4		
	9	2		7	4	8	5	1
6	8	4			1	5	9	
		7	4		8	3		
1	5				6			3
				1	2		4	
2		3	8		9	1		

Easy - Puzzle 247

					9	5		4
1		7	6		4			
3	5				7		4	1
	8			3				
	7			2	3		8	6
4		8			1			
	6	5			8			9
8	2	4	9	1			5	
			1	6		8	9	7

Easy - Puzzle 248

6	4	1						7
3	9					1	6	8
9	7		4		8			5
2			5	8	7			6
	8	5				6	2	
		2	9			7		
								2
		4			9	2		3
			3	9	6	5	4	1

Easy - Puzzle 249

8	1		9	7	5	6		
9	2				8			
	4							
5			7		4			
7		9	2	3			1	
		2			7	3		8
	3			9	1		5	7
	7	5	4	8		1		2
1	8	3			2			6

Easy - Puzzle 250

5	4		6			2	7	
8	9			5	2	3	1	6
7	3	5					4	
6	1		9		4	7	5	8
	7		5		3			
		8	1			6		
4			7			5		
	8		2	7				
2				9	1	8		

Easy - Puzzle 251

			1					
1	8	5		7	6		9	3
	5	6	3		1	8	2	
4	9			8			7	
	2		6	4	7	9	5	
				3		6	1	8
	6							
3	1	8	9		5		6	
	7	9				5		2

Easy - Puzzle 252

1				4		8	3	2
	4				6			
	7	8			4			3
		6	9		1	4	2	7
		2	6				4	5
	5	1	4		8			9
				6	2	9		
6		4			5			
4	3		5			2		6

Easy - Puzzle 253

	8	6				3	1	
1		9	8					
			4			1	9	
				6	1		8	5
				8	9	2		4
		4	5	9	7	8	2	
		3	6		5			
			2	3	6		7	1
7		1	9		2	6	3	

Easy - Puzzle 254

7		4		5		3		
		3		8	2		1	
	5	6	7		8			4
3	7	8	4	6				
9	8	5		2				
	4							
6		9		1	5	4	7	
	3		5		4			9
		7	1				3	8

Easy - Puzzle 255

		3	7					9
4	9	2	8			6		1
2			4					
					6		7	2
6	7	8	2	4				
	8	6	9	2	4	5	1	
					5	2		8
9					8	7	4	3
		7		9			6	

Easy - Puzzle 256

1	3				4	6	2	7
4		6	3	1		7		
	9	2				3		6
	7	3				9	8	
	2		6	7				4
2		7	8		9	4		1
	4				5			
					7	1		
7				9		2		3

Easy - Puzzle 257

9		5	1			3		
4	6	3	8	2		1	7	5
1				6	7			4
8								9
5		8			6	9		1
2				4		8		
	1	9	7					2
6				9			1	3
	4	1				2		

Easy - Puzzle 258

			7	5				
		3		8		7		
6	7		2				9	
			9		7	3		6
7	2		3	1				5
		6		9	2	8	3	
8	6	7			9		1	3
		2	4	7			8	
3		5			1			2

Easy - Puzzle 259

				9				
5	6	9	8				3	1
	7	4			1	9	2	
9			6				1	
4		1		2		5		
			9	4	8	3	5	6
	5	6	4				7	2
		5	1			6	4	8
6		7	2					

Easy - Puzzle 260

	7	1	3			8		4
	1	7	2	4			8	
	6	4	1					7
			4	7	8		9	
		8		9		6		1
3			8		4			6
	8				7	4	6	3
8							1	
			5			2	4	8

Easy - Puzzle 261

9		3		4		6		
2			5	7	9	1		3
6		2	4		3	5		
	6		2					
4	1	8		5		3	6	
	2				4	7	1	5
		5	6		7	8		
7	5	4					2	6

Easy - Puzzle 262

				6	7	1		
8						2		9
	9	5		1		3		7
		2			5	8	6	4
2							9	5
9	8		4	5	6			
	6	9	5		2			
	4		7				3	8
5	2		3		4	9		

Easy - Puzzle 263

6	5	8		4			2	
7			2	5				
						9		1
		7		3		4	1	5
							7	8
	1	6			3			
3	8	4	5	1		2		
		9	3	6	4		8	
9	4	2		7	5		3	

Easy - Puzzle 264

8	7			1		5		6
7			4			9		
2		8		9				
4	9				5		3	
	6	4		3	9			5
			2	6	7		1	4
9		3			8	1	6	
	4		1			2		9
	1	5	9		2			

Easy - Puzzle 265

		4		2			8	
	4			6	1			8
2			8					
6		2		3	7			4
		6	9	4	8			
				7		8		
4	3	9	6	8			5	7
	7	8	4	1		2		3
			2	9	3	4		

Easy - Puzzle 266

7		5	9		6	3	4	8
				9		7	3	
	3	7	1	5	9			
				7		8		
	8	6						9
	6	1			3		9	
			7	6	5		8	2
			8	2		5	6	3
		8				9		1

Easy - Puzzle 267

	3				8		2	
	8				9			3
7	2			4	5	9	1	6
5			6			4	9	8
9	4	6						5
1	9	5	8		6		4	
			7	9		8		
8					2	7	5	1
	1					5		

Easy - Puzzle 268

2		5			9		1	3
4	8	3		7	1		2	
					8	2		7
					3		6	8
6			8			9		4
	5	2		8			3	6
8		9	2			3		1
		8		2				5
	9		7			6	8	

Easy - Puzzle 269

							1	
			6	4	8	7	2	
1	5	6			4	9		7
8		3	7			4		
	1		4		6		7	8
6		7		1		5	4	3
		5		6				4
		8				6	5	9
9	6			8		1		

Easy - Puzzle 270

8			9				7	2
1		4	2		6	3		
								4
4	6	8			9	2		
6	8				7		3	5
2		1					6	
				7	1		4	
		7		6	3	1		9
7	1	6	5	4	8	9		

Easy - Puzzle 271

		1				7	5	4
5	8	7	1		4		9	
	3		5		7	8		1
6			8			1	2	3
2			4	5		9		
9	7		3					
			9	1			4	
1		8				4		2
			2		8		1	

Easy - Puzzle 272

	6			2	1	7		9
9	2	3		7		6		
				8	4			2
		8		5	9			
4	9	1		3				
		6	9		7		5	
6	4	5		9		1	8	
	1				5		9	8
8	5			1				6

Easy - Puzzle 273

	1		6					8
6		4		9	7	1	8	5
	7	5	9	4				6
				3		8	7	2
1			7	6	9	2		
4	6			7	3	5		9
7				2	8	6	4	
9	4							
			5					

Easy - Puzzle 274

5			3					4
6		9	5	1				
8	3	1				9		2
1		7			6		3	9
		5	4	2	9	8		
2	6	8	1		3	7		5
	5		7					6
		6				3		
4				6			9	

Easy - Puzzle 275

5		2	3	8	1			6
		6			3			
		4		5				
	7	1		2	5	8	4	3
8	2			6				9
3	5	8	4		2	6		
6		9				1		
				3			8	5
4	8	5			7			

Easy - Puzzle 276

	9	2		1			7	
4		6	2	9		3		
	1	7			3		4	
6	3			7	5			
		8	4	2	6			1
		1	9			4	6	
	6		8		2	1	9	4
1	2	5	3				8	
			7	6				

Easy - Puzzle 277

7	6	2		8				3
	1	3	5	2		4		
		7						
3	4	1				8	7	
8	2				3			
		4			5	7		1
2			6	3	4		9	
4			1			2	6	5
	5	8	2	6				7

Easy - Puzzle 278

				6	4			7
3	7	9				5	8	4
8	5	4		3			9	
1		3		4				5
9	4						2	6
		1	9			4		2
4	3					8		
			4	7	8			
2	1	6				7		8

Easy - Puzzle 279

	5		3			4	2	
				5		1		
	4		8	1	5	6		
7	9					2	5	
			1		8			2
4		1	5		6	3	7	
9	2	3					6	5
	3			7		5		
5		2		9		7	8	

Easy - Puzzle 280

	5	1	4		3	7		9
2			7		4			3
4					2			
1			2			4	8	
6			1	4		3	2	8
	3		9	7			4	1
3		4		6	1	9	7	2
								4
7						2		

Easy - Puzzle 281

		8					7	9
		7			8			3
9	8				4		2	
7	5			3			1	
	2	9					4	7
8	4		7			3		5
	7			4				6
	3	4		9	5	7	8	
		1	8	5	7	2		

Easy - Puzzle 282

			6	3	4	9		
9		3	7			5	1	6
	6	9		4				5
		8	9		1	4	5	2
8	1		3					
					9	6	4	3
	3						8	
		5	2		3			
2	8			1		7		9

Easy - Puzzle 283

								2
6	4	9		3				
	3	7		1	8	6	5	
	8			2			4	
	5	8		6		2		9
	2		5		4	8		1
	1		6		7	5	9	
3	6		1					5
		3		5		4	2	

Easy - Puzzle 284

		5	6			1		
1	4	9	8	3	7		2	
	6	2		1				
9	8	1		7		3	6	2
4	1		7		3	8	5	
2			5	9				
7	5				6	2		1
		7	2	6				

Easy - Puzzle 285

					8	3		5
	5	4			7		9	8
					2		5	1
	6		3		9	8		4
	3		1	8		7		
5				4			7	
9			4	7	3	5		6
	1		6	2				
		3		9	6	4		2

Easy - Puzzle 286

8	6	1		9				3
7							1	
	5			7		4		
1		8					2	6
4				6	2	8		
	1		6	4	5		8	9
	8	4		1				
9		6			8		5	4
	3	7	9	8	6			

Easy - Puzzle 287

2			4			8		
	1	2				4	3	
	8	4			5			1
		6	5	9	1	3	8	
9	7		3		8	6	5	2
		7	2	8			6	
								6
5	9	3		7	4	1	2	8
4	6		7					

Easy - Puzzle 288

6	2	1	7	8	9	5		
	5	8					7	
			1	9	5	4		2
9								
4	7				8	9		1
		9			4		2	
	1	7			6			
		6		7			5	9
5			3	6		7	1	8

Easy - Puzzle 289

5	2		6		1		4	
9		6			7			8
	6					7	8	3
	9			8			3	
	4							
3			8	5	6	4		9
		3			9			2
1	8	9	7				6	4
	5	4	2		3	8	9	

Easy - Puzzle 290

	5	6		8		2	4	
			9			5		
	7	1			2		9	
	1		8				2	6
	9	3	2	4	6			7
		9		3		7		4
		8			7	4	1	
6					5	9		
9		7	5	1	4		6	

Easy - Puzzle 291

6	4		7	1	2	8		
		4	2		7			6
	5				3	7		
		1		8			4	3
			3	7	9		2	
4	8	3		6		2		
	1							
	2		8	4	1	6	7	
7	9		5	3				

Easy - Puzzle 292

		2				7	3	6
	8			9			1	
	7	4		1		2		9
	2		9		7		6	5
9	5	1		4				
		7	5		8			
			2		9	3	5	
2		9				6	4	1
	6	5		3	1			

Easy - Puzzle 293

	2		1				4	
9	6	1		4			5	2
3	5		4		7			1
	7	6		9	2			
		8	9			4		6
	9					1		5
7		5	3	1		2		
6				2	1		3	
2		9	6				7	

Easy - Puzzle 294

9	5					4		8
	1			9			6	2
	8				2		5	
	6	5		1	8	3	9	7
1	9		4	8	7			5
	3		7		1			
6			5		4		8	3
	7					5		
	4	3				2		1

Easy - Puzzle 295

		8		5	6		7	9
		6		8		3		
7	9			2	8		4	
9	8				4			3
			9	7	3			4
4	3					1	9	
		9				6	3	
	2	4	5	3	7	9	1	6
3		7					5	

Easy - Puzzle 296

4	9				3			
	1		3	7		2	4	
5			9	6			2	
7	6					9	5	8
			2	8	7			
		4	6		2	8	3	5
	2	7						
			7	3		5	1	2
	3				5	6		7

Easy - Puzzle 297

				3				
3	4		6		9		1	8
	6		5		7		8	
	7			2	3			6
1	3				6		7	2
	9			7	5		3	1
		3	7		1	8		9
6		1	2	4	8	3	9	
			3	9		6	2	

Easy - Puzzle 298

		4		1	9	8	3	
		5	9	4	3			
							5	
	4	8		5				
3	9		7	6	8	4	1	
6			4	9	2		8	7
5			6		1		4	8
9	8	3	2		4			
						2		

Easy - Puzzle 299

				7	6			
	8			1		2	7	
9	7	1		5	8	4		2
5	2		6	3			4	9
7	4		1			6	9	
	1				5		2	7
8		6					3	4
						3	8	6
3		7					5	

Easy - Puzzle 300

7	5		1				9	2
8					4			
		9					6	
3	4		7	8		9	2	5
6	3	2			1	8		
2			5			1	4	
1	6		4		5			
9		7	3		2		5	
4	8	5		7				1

Medium - Puzzle 1

					9		4	8
4						7	9	
	9	8	6		7			
9	1			5	2		6	
			5			4	7	
	5	3			1	2	8	
			9		8			
		6					5	
		5			6	8		

Medium - Puzzle 2

	8			7	3			
3				9			5	2
			2					8
6	7	5	3		1		2	
					9	8	6	
		7	9				3	4
	9			1			8	
			7	2				
		6						

Medium - Puzzle 3

						8		
					9			6
			3					
9	8		5		3	7	1	
4				9		5	3	
	1		8					
			9		8			2
					7			
1		5		4	2	9	8	

Medium - Puzzle 4

		6		9				
	8		6				4	
	1	5		8	9			7
	7				4			
7	2	8						
		2		5			8	
		9				4	2	1
			8	7				
6	3			2	7	8		9

Medium - Puzzle 5

4					7	6	8	9
		9		5				
					2			
				9	3			
7				8	5	9		3
	3						9	5
					8			2
5			1	3			2	4
	1						5	

Medium - Puzzle 6

		3		9				7
	4		5		9	1	3	
	8	5						
8		9		4			6	
			6		7	3		
6	3							
			4	7	6			
5			9		8			
7			3			8	9	

Medium - Puzzle 7

	1	6			4			
				5			2	
					3			
2			5			4		
	5	4	6	9	8			
		3	2		9	6	5	
		5		8	6	2		
							4	
			3			8	7	9

Medium - Puzzle 8

	5	8			6			9
							8	
8				4				2
	9							
			4		3	5		
					4	7		
				8		2		
			3		2			4
	1	2	9	3	7		6	

Medium - Puzzle 9

	2			9			4	
3	6				1		8	
5			4					
		9						2
		6						8
				6		7		
9				1		6		
	3				4		9	
4		3	1				2	

Medium - Puzzle 10

2				9	7	8		
		8		6				2
				1			4	6
	6			8	4		2	
8	4			2				3
3								
6	9						3	4
	2							
4			9	3				5

Medium - Puzzle 11

1	2	3		5		6		9
		7	3		2	9	5	
				6	3		2	
	3	4			9			
4						8	1	
			7				9	
				7				
3	9				5			

Medium - Puzzle 12

					1		8	7
								3
7		8					9	5
		2		9				
6			9					
9		7				5		
4		5		8				
2				7			3	
8		3	5		4	9		1

Medium - Puzzle 13

		9	2				8	
	7		6					
1	4							2
7								
9				7	6		3	1
	3							6
8				6			4	5
	5	2	8		9		7	
			7			1		

Medium - Puzzle 14

							5	
				1		6		2
	8	6			4		7	
5	9			8				
	2	9			8			4
9					1			5
6					2	7		
	7			5			4	
4		5		2		9	1	8

Medium - Puzzle 15

				7	5		4	
							3	
		2	8			3	1	
			4			2		
				4		1		
		8				7		
4		1	2	9	6		7	
	7				4			
	3	4		2	7	9		5

Medium - Puzzle 16

5		2			6			
2				3	9	8		6
8	1	6				2		
6			3					2
		4				9	6	
			7					
	2			1				
9	8			6		5		
						1		

Medium - Puzzle 17

7					3	1	4	
	4			1				9
8					6	2		
				2				
2	3		8			6		
	6		4	7			8	
				8			5	
	9					4		
	8	1		6		5		

Medium - Puzzle 18

		2	8	1				5
1				9	7	8		
	5		7		2			
8		9				3		
9			1					
		3	6	7			2	
		7		3				4
					4	2		9
							7	

Medium - Puzzle 19

								5
	6	8		9				3
	9	3	7				6	
6	7		4				8	
			8		4			
	4		3	2				
3						6		1
			9					
4		9					7	2

Medium - Puzzle 20

1	4			9		5	6	
					1			8
				8			2	6
8			3	5				
		6					5	
			7			2		
	8		2		4	1	7	5
	5	8				7	4	9

Medium - Puzzle 21

4						7		9
		6		3	4	8	2	
	3		2	9	7			
1	7	4	6		8			
							4	
		7			5			3
			3	7				
	9							5
	1							

Medium - Puzzle 22

9			8			4	7	
							6	
	6	1	7			2	9	
1	7		5					
8							1	
	5	6						
3							4	
7			4			6	5	
				2	5			

Medium - Puzzle 23

7	1	6						
2		8	7		6	5		
		9				2	6	
8					4			3
			2	6				7
	2			5		1		
					1		4	
	6				2			9
1			3					8

Medium - Puzzle 24

3				4			9	
	5			8	7		4	2
		8						
	6		1					
			4	5				1
4	3		2					
		5		1	8	2	6	
	2					8		
1	7	4					5	

Medium - Puzzle 25

6	5	3				9		
					9			
3				1			2	6
8		6	3		2	1		4
4	7	1						
2	8			4	1	3		5
					5			
			4				1	
								7

Medium - Puzzle 26

				1		4		8
7	6			8				
		7						
		1	5	9	6			
					1		6	4
2				3	4			
		4			8		1	
			3				2	9
8				7		5	4	6

Medium - Puzzle 27

					5	3		
	7			4		8	2	3
	8			2	9		4	
		4		5		2		
7	5				4			
2		8			7			
	4	9		6		5		
					3	7		
8								

Medium - Puzzle 28

	5		1				2	3
			3					
3				6		1		9
	9	8					3	1
	4		6					
4	3		9					
5				1	9	3		
						8	5	
	8	2	5	7				

Medium - Puzzle 29

			9					
1		5			3	6		9
	6			2		3		
4							3	
	5	7			9	8		
				9		5		
				1				7
	9		6	7		4		
			2			1		4

Medium - Puzzle 30

		3			9	8		
6		7	2	1		3	4	
9	8			4				
				6				1
	6							7
	5	6		2	1			
				3		1		
	4				6			
4		5				7		

Medium - Puzzle 31

		7	3		9		6	
4	5						7	
		8						
8	2			3	6		4	
				7			1	6
2		4			3			
1				4		7	3	
			9		2			

Medium - Puzzle 32

7			9	3				8
	3							
9			6	7				
	9						3	
5			4			2	6	
1					9			
3		8	7					
6		4	5				7	9
		7	3		1		2	

Medium - Puzzle 33

9			2	4				
3				2		4		
8	1	5	7	9				
	4	9			1			
	6				7		2	4
		2					1	3
4			3		8			7
			9					
				5	2			

Medium - Puzzle 34

			9	5	6			
		4			1	7		
					3			
		6	4			3	2	
		5		2				9
		8			9			
	1				2			6
	6				4		8	
		3	2	6		9	1	

Medium - Puzzle 35

					1			
	2					4		
	8				5			
	6		7	9	8			
2			6		9			
	5					9		2
		3			7		6	
8		9	1					5
		2	3			1		

Medium - Puzzle 36

			4	7	2	5		
3		7		8		2	4	
		2					6	
	3							
5	4	8	2					
						9		
	1			5		8		
7			9			6		8
6		9		3			5	

Medium - Puzzle 37

	5			9	2			
		3		7	9		4	
	1		5					
			6	1	7	3		2
	7	8			3			
6				4				
		9			1	2		5
	2		1	6				9

Medium - Puzzle 38

	4						9	5
		5		3				
1	6					8		
					8			2
						9	6	
		9	5	4		7		
	2				7		3	8
7			4	5				
	3		9			4	8	1

Medium - Puzzle 39

		5		7				
2	8	7		5				
			7	8	9	2	5	
					5		4	
	6	2		3				5
							2	
		8			7		3	
		6		4				
	5				3	1		6

Medium - Puzzle 40

1	2	8		3				
		5						2
3								
			5	7			3	9
2	3		1					
		3		6	9			
	8		7			3	4	6
		4		2				1
9								3

Medium - Puzzle 41

				7	6	8		1
7			5					
		8			7			3
9					4			
3	4	1	9		8			
6				2	9	4		
8		4		3	2			
	7	9				1		8

Medium - Puzzle 42

		2	9		1			
								8
3	7	1	4	2				5
	4		3	9				7
	5					3	4	1
8				4	9			2
6		7	1					
			6				8	
				3				

Medium - Puzzle 43

5	3							
2	6				5			
	4	7					5	3
		3					8	
3			8	5	1	7		9
7						3	2	
	7	9				8	3	
		2	3	9			1	

Medium - Puzzle 44

	6			1				3
				8	4			1
4		9	2					6
			5				2	
					6		7	
	2		9	3		7		
		4		5	3	9		2
3			7			5	6	9

Medium - Puzzle 45

	4		6			8		
				5				3
5			8		3	9	2	1
1			5					7
	3						8	
	6	9			2		5	
	8	5						
		7			8			
	1		3	6				8

Medium - Puzzle 46

	2	8			6			
4				8		9		
2	4				5			
			3	4		2		
			1					2
6			8	5				
		4	9	3			1	8
8			4	6				
3	5							9

Medium - Puzzle 47

	6			3	5	1		
		6				7		
								7
4		2	6	7				1
5		4					8	
				5		4	1	
		7						
9	4	3			2			
		1		4				

Medium - Puzzle 48

4	7			1		2	3	
3	2		1			6	4	7
	6				7			1
			2			7		
					2		7	8
	5			6		1		
				7	4	5		
6		5						
	4						1	

Medium - Puzzle 49

1			9	6		3		
8				4			5	
		6	3				4	
7			5		3		8	
	6							2
				2		7	3	
2	3	5	7		6		1	
			8					
	1							

Medium - Puzzle 50

2			1	7			5	6
		5	9		8			
	2		7		6			1
	7	1						
						7		
	8	4					3	
		7		2				5
9						3	7	8
	3					5	6	

Medium - Puzzle 51

6		8					2	
1	4		7		6	8		5
2		7				1		
			6		1	5		
	3				4		7	
			3				1	
								2
3		4	8		2		5	
9	6				8	3		

Medium - Puzzle 52

			4					
2		3				4	6	7
			5				9	
3						2		
7	9						1	
6	4					7	2	
						8		9
	3		2	1	8	6		
	7		8	5				3

Medium - Puzzle 53

	6			9		3		
3		2	7					1
		5			6		2	4
		9	3					
					3	5		6
					1	8		
		1			4			
				7		9		
1			6	8	5			

Medium - Puzzle 54

		3		9				
4						3		5
		9	4		6		2	
			6	3			7	
2	8							4
	1		5	8			9	
	4			2		8		3
			3	6	5			7
8								

Medium - Puzzle 55

7			5		4		8	
5		4	3	6		7	2	
	6	8	7					4
		5		7				
	1		8			5		
		7			6	3		5
			4				9	
2	5		9					

Medium - Puzzle 56

		1		6			5	
5							6	2
1				5	7			
8			5			2	9	1
		2	1	3				8
	8			1		9		4
					8	7		5
		5			2	6		

Medium - Puzzle 57

					7	1		
			6			5	4	
		7						
8	7	5	4	2				
		2						
6		8	9				5	4
5	6	9			2			
		1	7	3				9
			1					5

Medium - Puzzle 58

7	1	8	6					
		6						
					7	8		6
	4	9		1		7	3	8
3					1	5		
				8	4			5
			4	3	2	1		
			7					1

Medium - Puzzle 59

8	3		9					
	1			2			7	
						9	3	
			3	1	2			
		2			5		1	
		8		9		4		
1		6			4		8	
	4		7		6			5
	7						6	8

Medium - Puzzle 60

8		2		6	4			
1			9		2	7		3
	1	9						2
		5						
		3						7
	6						2	
3				8				
2			4			6	7	5
		8	2	9				

Medium - Puzzle 61

8	2		3	5		1		
		6						
	7					9		5
5				9				
		9		3		6		
2			6				9	
1	8			6	3			
7			2		9		3	
6			1		2	4		

Medium - Puzzle 62

6	4			1				
				2		6		
	2	9	7	5			6	
9		7	6				3	
5				9				
					6		9	
		6	9		7			8
						9		
	1		2					6

Medium - Puzzle 63

	4		6	1		5		3
			7		1	8		
9		6	2	3			4	5
	2				3			
			8			2		7
			4					1
2		5						
		8			7		1	4

Medium - Puzzle 64

	3		2			9	5	
			8			5		6
		5		7		2		
		7	4	6				8
	5	8						
				4	6			
					9			
				5				
3	8	4	5	9	2		6	

Medium - Puzzle 65

	7							
			8		1		6	
3						5		
			4	8	7		5	1
			5	1		8	3	
	2			3			8	
			2	5			4	6
					5		1	
1								5

Medium - Puzzle 66

			9					6
		5						
						1	4	
	4							2
	2	6					5	3
2	9		4		7			
		7		9	2			8
7			8				9	
9	6		5					7

Medium - Puzzle 67

5					6			
		9						
1		3						
				1				7
				7	3	5	1	8
							6	2
4			3		1	2		9
		6				1		3
3		1	2	8				

Medium - Puzzle 68

		9	4					
		7				5		
		6						7
4			8	1	7		2	9
							9	1
				4		2		6
	3		6		4			8
7			2		8			3

Medium - Puzzle 69

		2				9		
			6			2	7	3
	6		7	2				
		5		8	1		9	
			8			6		
8	7	9			6		5	
				1				9
	8					1		6
2						4		

Medium - Puzzle 70

4	9		8		2			
	5		4		6			
				7				
7					4	6		3
			2				8	
6			9					1
5	7						4	6
			7	2				
8				1			2	9

Medium - Puzzle 71

	7	5	8			4		6
		2	4	5	3			7
				9		2	5	1
		7						
8			2	6			7	
5	2					7		
								4
	8	6						5

Medium - Puzzle 72

4	8					5		
	4	7	5	9				
							6	2
5	1	6				9		
	7	2				6	4	
6							9	
		8				2		
	2	5			9			
				8			1	

Medium - Puzzle 73

	5							3
		4	5		2			
	6		8	3	4			
							4	9
6			3					
								8
8		6	2	1			5	
3	4	8			6		7	
5				2	9	3	8	

Medium - Puzzle 74

		1		2				
4						9		
		7		8				
7	4		2				6	
	3			7			9	8
9		4		5	2		1	
					9			
3			8	4		1		
	1	9						5

Medium - Puzzle 75

	4							6
7								1
	1							
1	3				4	6		2
		9	1					8
	5				2			
5	2	8	7	1			9	3
			8		3			7
				4		8		

Medium - Puzzle 76

7	9			3		1		
	5	3	2	8	6		9	
			1			5		8
		9					1	6
							7	
			8	5	4		2	7
				6	5			
	7			4			8	1

Medium - Puzzle 77

		8	2	4			3	
				7				4
	4			6		7		
		5			7		6	3
		1						
	1		9					
7		4					9	6
2				8			5	
			4				7	

Medium - Puzzle 78

	3	2				4		1
		7				6	5	
		8		9	4			
							4	
	2	4		1				8
			9					
	9							
7		1		6	8			
2	6		3		9			4

Medium - Puzzle 79

	8							
		6	4		3			1
	7		6	8				4
	6				7			
8	1			4		9		6
4	9	3	5					
	2			6		8		
					9			7
7					6		2	

Medium - Puzzle 80

		4		3				8
						6	9	
	7	8				9		5
8				2				
7				1	5			
		7				3		1
						4	1	
		1	2	6		5		7
2	1	9		5				

Medium - Puzzle 81

6			5	7		2		
2			7		1		3	
9					5			
1			3		7	8		
			2	9			6	1
		2	1		3			
					2			9
	5			6				2
							5	

Medium - Puzzle 82

		1	2	5	9		8	3
4				7		1		
		4			8		6	
	4	8		3			5	
		9	5				7	
		7			4	9		
1							9	
					5			
			4		6			5

Medium - Puzzle 83

				5		8		
				2				
5								2
7	2	9				3		
	9				4			7
9	4		8	7		5		3
4		1	7		2			
					3	1		
		8					1	5

Medium - Puzzle 84

3		5						
1			7	2				
	9		2			3		
5								4
8					9		6	7
			1			9		
4					1		3	
9	2	8				7		
7		1	4			2		

Medium - Puzzle 85

					1	9		
	2		3	9				
							3	2
3	5					1		9
7		1	8	3		6		5
				1			9	
		7	5		2			4
	1			8				
	4					5	8	1

Medium - Puzzle 86

1						6	3	2
		5				8		9
						9		5
			2				1	3
3	1				9			
		7						
					4			
		6	5		3	2		1
	9			2	8			

Medium - Puzzle 87

					4		6	
	6			3				
		1	6					4
					6	7		
		8				2	4	
9	3	6	2	4				
	4	2					8	
	8			9	5	3	2	
		9			7			8

Medium - Puzzle 88

				1		9	7	
	2		5				9	
	6					1	2	
9	5		2					6
					7	2		
3		7	9				8	
			8					9
6					4			
			1		3			4

Medium - Puzzle 89

	7			9	8	1	4	6
	4							
	9		1					
							3	1
7	3							
			2		4			8
4		1					9	
		7	9		2	8		
9			6	4	1	5	7	

Medium - Puzzle 90

								2
7	2					4	3	
3						7	6	
			4					
	3	5		9	8		2	
6								
8		3		5		9		7
2	5							
			3	2	5		7	1

Medium - Puzzle 91

		7	1			9	3	
4		3			1	6		
	4	9	5	7	8			
		1						5
			7				9	
5						1		4
					5			
				1		4		8
7	8				9			

Medium - Puzzle 92

		1		6	9			
1	4	8		7				5
	7	4						
			5				1	
		9		3			5	
7	6	5	4					2
	8	3		5	7			
		7			1	2	6	
				1				3

Medium - Puzzle 93

	9		8			4		
		6	7				2	
		7				1	4	
9	4			3		6		7
	1			4		9		2
	7				1	8	5	
	5							4
3	8	4				2		

Medium - Puzzle 94

1							8	
				1		4		
8				9	2			1
		5		2	7	1	4	8
9			1	7			5	
		8		6			9	5
			2		5	9		
	6		4					
					9			

Medium - Puzzle 95

1		8						3
	5			3			6	1
	3	9		5	6		1	
5						9		6
								5
9					7			
		2						9
		6		7	9		8	4
							2	

Medium - Puzzle 96

					4		2	
8				6	9			3
								5
	8				1		7	9
9			2		5			
	1		9				4	8
1			3				9	
7					6			
			6			4		7

Medium - Puzzle 97

6	7	1	8					
			3		1	7		
5				7				
			7					
4		2				1	9	
		7	6	3	4		2	
8			9	1		5		6
	1	5		9		2		

Medium - Puzzle 98

8				6		4		2
		2				6		
4	9				8		5	
	1	5			9	7		
	6					5		8
2	3	1		4				
				8				9
						9	3	
9								

Medium - Puzzle 99

2								1
		5	3		9			
		4	5		6	7	2	
	4			1	5	9		
			1	7				5
9		3						
	9		6				5	7
				5			1	
				8	1			9

Medium - Puzzle 100

		9				7		
	5			3			2	
6				1		4	3	
			1			6		8
	6		8	2			4	3
		4			2			
			4	7		9	1	
1	7							

Medium - Puzzle 101

	7			8			3	
5	2				7			
6	1							
		5					4	
	8					7		1
		1		7		8	6	9
7								
8	5		1					
2			7	4	8			

Medium - Puzzle 102

		4	1					3
							3	
		3	8		7			
2		8			1		9	
		2		8	5			
	3				9			7
7		9	6	1				
		1			3	6		
3				7	8	2		

Medium - Puzzle 103

	4			6			5	8
		8						1
9						2		
6			7				3	
	9						1	6
		7	2		5			
	3	9	8			1		
				7			8	
		6		9	7			2

Medium - Puzzle 104

				5		2	3	
			6	8				
		7		3		1		
	2							4
7		8	5	1	2			6
		3		6	1			9
				2	9		4	
						5		
			1	9				2

Medium - Puzzle 105

5			2					
			5	1	6			8
					4		5	
		3			7	2	4	9
	8			7		5		2
			1	3				
8			9	6		1		4
		9			2	6		5
	6						9	

Medium - Puzzle 106

2		1	4	7			3	6
	5			6				1
		3					8	
	1			8	9			
	9							
	4				2			
	2	8	7	4	3	5	1	
					1	3		7
		5					4	

Medium - Puzzle 107

				7		6	3	
		9			8			
8				5		1	2	
	2							
7	3		6					
		4		3				
			9		3	2	5	
	6	8	1				7	
					6		9	8

Medium - Puzzle 108

						7		6
4					8			
1		3	2					
			7	5		8	3	
			8					
8						9	2	7
			6	2		3	7	4
3	2				7			
	4							

Medium - Puzzle 109

	7	9	6					8
								4
						3		
1	6			4	8			7
3	9	4		8	2	6		
	5		7		4		8	
					7	5		
	8		5		3			6

Medium - Puzzle 110

					8			
9					4	3		7
		9	7			1	6	4
								5
1	2				3			8
8	5	7					1	
		5				2		9
		3		8			4	

Medium - Puzzle 111

		1		5	3			
			6	3				
	3		7	4			2	9
	7				6	3		
	5		1	6				
					2			4
	2	3		7	8			
	6		2			4	3	

Medium - Puzzle 112

2							9	
		6	1					
9		1						
5		9	8	7				
1	7			5				
					5		7	
					1	8		5
6		4			8	3		
	8	5		4				7

Medium - Puzzle 113

3	2		9			7	6	4
		6	5				2	
		1		2			5	
		9			7	5		
			2	3			4	
7			1	5				
	6	3	4		2		7	
							3	2
		4						

Medium - Puzzle 114

			1	2	8	9	4	
								1
		4						
		5	6	7	2		8	
	4		5			8	1	
						4		
			8			2	6	7
9			7		4			2
4	7					1		

Medium - Puzzle 115

4		5	9					
	7		8	5			4	
	2					1		8
	1							
		9	1			6	5	
6				2				
8			6		7		3	
5								
7		8		1		9		3

Medium - Puzzle 116

		2	9	8		7	1	
				3			2	
7								
		9				2		
2	1	6		5	9			
5		3						
								6
	8		1		6			
	9	5		7		1	3	

Medium - Puzzle 117

								1
9		8		2	6			
	3		9				8	
							2	
			8					
3		9		6		8	5	
					2			7
7				4		1		5
2		4	3				6	8

Medium - Puzzle 118

		4						2
				1		4		9
								5
2						9		
				3		7		
			5		6		9	
6	4		9		3	8		1
8		9	2			5		6
			3	6				

Medium - Puzzle 119

			6	5				1
	2	6			1		7	
7		5		2		9		4
		1			9	4		
	5				2			
	4	9	5					
	1					7		3
9		2		3				
					8			

Medium - Puzzle 120

	1							2
	2	5	7	3	4			
	5				2	7	3	
6				9	5	1		
	8	6						
	7			5			4	1
				1				
	3			4				
	6		5					

Medium - Puzzle 121

	7			1		9		
						6		3
				8				6
8	1				5		2	4
5		7			6			8
	6				9			
			5			2	8	
	3						6	1
6			1			4		5

Medium - Puzzle 122

6		9				7	1	2
	4		8	9	6			
						5		4
5			2		7	6		
		8	6					
					8		6	
8		7	9		3			
	1				2		3	
4							7	8

Medium - Puzzle 123

5		6				7	1	9
			8		3		4	
			3					7
6						8	2	
			5	4	2	6		
	2			8				
	8		7					
8	3		6		1		7	
			1			2		

Medium - Puzzle 124

7			2		8			4
1		9					2	
4			8				7	
						3		
					9		5	
	9	1			3		6	5
9			3					2
					7		3	
		8		7				

Medium - Puzzle 125

			8		1	6	4	3
			1					
		1						
	6			3		5		4
		4		6	3		1	
3				9				5
		7		4	2	9		1
7					6	8		

Medium - Puzzle 126

						4		8
5	9		1		4	2		
	3					1		
		7				3		
			3	1			9	
1					2	7	4	5
	2			6	9	5		4
7				9				

Medium - Puzzle 127

7						2	1	
1	9							8
		3				8		
			1	2		4	3	
		1		9	2			4
					8			9
	7					9	8	5
9	3			6			4	

Medium - Puzzle 128

			9	8		6		
							2	
					8			
		2	8				9	
6		5	3					
	9		7	3	1	4		
8		3						
	1						3	7
		9	1	2	5	8	6	

Medium - Puzzle 129

					8			
	9						5	
		3	9	2			8	
	1	9						
		5	2	1				
1			6	7	5			
			7					6
				5	9		3	4
	2			9	1	5		

Medium - Puzzle 130

							7	
	4	5						
		6				9	1	
		7		4		1		
			7		1			
	9	4	6	7	8		5	3
6	7	1		5	2	3		
							8	
		2					6	7

Medium - Puzzle 131

		8			3		4	
6		7		2				
1	9	6			5		2	
					2			
		3	1		4			5
	1			3		6	9	8
								7
					1		3	
			4		8			

Medium - Puzzle 132

6				2	8		1	
						1		3
				3			2	7
	8			5	2			
		2						6
		1	8		3			2
	3		2		4	9		
				6			3	
		3				5		4

Medium - Puzzle 133

		4						8
		5						
4			8			5	7	
		8			9		3	
	2			8				
8	1		5	3				
			3		7	8	5	9
9		6						
3	8			1		9	2	

Medium - Puzzle 134

	5	6						
		4			7			
		1				8		2
	8		2		9		4	
	3		4	2	6	1	9	
				6			5	
5		3		8			2	
4				5	2			
3						9		

Medium - Puzzle 135

	2	8					5	
	5	6	1		9			
5	9			7		6	8	
	6						2	5
8						9	4	
			9				6	7
				2	6	1		
6	4				3			

Medium - Puzzle 136

	1		9	3				
		6					1	
9			1		6		2	
				5				
		9		1		2		
4				6	1			
		8	7				3	
5	9			2		1	6	
	3	1					7	

Medium - Puzzle 137

	5							7
	3			2	8	5		
5			3					8
	6	4						
3	1	8	6			2		
	2		5			3		9
			4					
2		9						
			8	5				1

Medium - Puzzle 138

		3			6			
1	2					9		
9								
	4	1				6	8	
		2	1			3	5	9
8	7						2	
2						4	9	
		5	9	4				
	9	4		3			7	8

Medium - Puzzle 139

3						9	4	
	6				3	4		
		8				7		
		4				6		
7					6	1		9
			4		2	5	7	
8			1					
		2	9			3	1	4

Medium - Puzzle 140

		2						
	6				7			
9	3		6	5				
	8		7			4		
1				3	4			6
7		3					6	5
3			4					
2				7	6		8	
			2			6		

Medium - Puzzle 141

				8		3		
2	4						5	3
			3		8	9		
	6					4		
			2	4	3			
		4		7	5		2	9
			9					
	1			6		2		
3				9	2	7	6	

Medium - Puzzle 142

				6		9		4
1		6	8	4		7	5	2
8				2				
							1	7
2		1	7	9			6	
		8						
9	6	4					8	5
4		3						6

Medium - Puzzle 143

	3			8				
		1	5	4				
2	4						3	8
			8	5	9			
	9				8			7
6							2	5
						1	9	6
			6		4			
5			1	2		4		

Medium - Puzzle 144

			2		3			8
3			8		1	5		
2		1						4
	4							3
	3				5			1
7		8	3		4			
				3		4		6
						2	9	
	5							2

Medium - Puzzle 145

				5		1		
	2			7				5
1	5	6						2
	8		3					
6		3			2			
5		2		6	7	4		
	4	7	5		1	3		
					8	5		3

Medium - Puzzle 146

		8	2		9			
7		6		4				
5	9	2	6					3
	8							
6		7		2		5		1
			3	8		1		7
								5
	3	1	7		4			9

Medium - Puzzle 147

9				5			4	6
						6		
	6		9	4				
3				1				
5				3		2	6	
	3	2	6		5			
	9	4				5		
		5		8				
	4							5

Medium - Puzzle 148

					8	1		
3				9			1	4
						8	6	
	4	8		2	7	5		
		5						
9		2	5			4		
							4	2
2		6		5				
		4		3				

Medium - Puzzle 149

		9	1			8		
6	1	5			2			
7								
		1	6					
	4			1	5			
					6	7		
		7			8			
2		4	8		7			1
		6	2	4			5	3

Medium - Puzzle 150

2			9	8	7			
7			1				4	
3		8				2		7
						5		
	6			9	5		7	2
		5		7				3
			8				2	6
4								
				3		9		

Medium - Puzzle 151

		8				4		3
8				6				
		4			5		2	
		2					4	8
			9	2	4	1		
4		9	2			3	6	7
	2					8		
	4							2
		3	7			2		

Medium - Puzzle 152

4		6	2	1				
			6				5	
		2				8		4
3								5
				9				
1	4		5		3			
		8	3				4	
		3	4			7		
9			1		7			8

Medium - Puzzle 153

1		2		8			3	
				5	7		1	
3	6	8						
		7	5		8		6	3
9					3			
		6						9
		5		9			4	2
		9		3				1
			6			9		

Medium - Puzzle 154

			3	9		8	5	
								8
5			9					7
	5	8	4	6				
			1			6		
		2			5	4		
6	1				7	3		
9	8				4		7	
				7	8		6	

Medium - Puzzle 155

5	1							4
					3		6	1
	4		7	5				
			4		8			
4	6				2			7
	9	6		1				
	7					8		
9								6
				9		2	7	3

Medium - Puzzle 156

5		7	3	4	6		2	
	4							
						7		6
					2		7	
	5		7			6	3	2
		5				8	1	3
		8	9		7	5		
		4		5				7

Medium - Puzzle 157

				5	6		9	
			3			7		
9				1	4			
	4		2		8		3	
	3	9		4			5	2
7	6	2	5	3				
			6		2			3
	5							

Medium - Puzzle 158

	9				2			
	4	2		3				
		8		1		2	7	4
4			9				5	
				9		7		
				8	5			9
3		9		4	7		1	
	3				9			
	7			2				

Medium - Puzzle 159

6				4			5	
3	8			6			7	
		1	5			6		3
	2				1			
1			9	8			4	
	3						2	6
	6		2		8	4		
	4		7			3	9	

Medium - Puzzle 160

	2	5		9			7	1
	9				3		8	
								9
		4	5					
				5				7
			6		8	2		
	6			1	2		9	
	3		2	4	5	9		8
	5	6						3

Medium - Puzzle 161

9	4		3					
			9	3				
2			7			3		
	3	9		7	1	4		
	9			4		8	3	
				1	6	9		4
3				2		1	5	
			6					
	2	6						

Medium - Puzzle 162

8	5				6	7		1
			3					
2			4	3				
6	1				8			9
4	6	1	2					5
					3		1	4
9	3			1	4			
	2			5				
		4						

Medium - Puzzle 163

			8				9	
9	2					7	6	4
7		6		9		3		
1				3				9
	6			7			5	
4								
	9	2			7	5	4	6
2								
5						2	3	

Medium - Puzzle 164

		1	2					
				5				
8	5			6				
						5	3	
						9		1
2		4				7		
	6	8	9				7	
9	2		5	8				3
	3			1	7	6		9

Medium - Puzzle 165

				9		6		
1	5							
	1		6	4				
4			5	1	6	9	2	
							9	2
6		7			3			
							8	
9	6							
7		5	2	3	4	1		

Medium - Puzzle 166

			2					5
			7	1		6		8
		9	8	6	7	4		
5		3				1		2
7					8	5		4
							3	
1						9	2	
6		2		5				
			4			3	1	

Medium - Puzzle 167

7		2		3	8	4		5
							9	
5			6		9	2		
	1	7		9	2			
				8	7	6		
9		4				3		6
		1			4			3
							6	
	7	6		5				

Medium - Puzzle 168

1		6	2		5	7		3
			3					1
		5					9	
				3	6		8	4
	3							5
		4	8		3			9
	2							
		3		4	1		6	
	7		6					

Medium - Puzzle 169

3	7	9	8	2				4
5					1	8		3
								6
			6					
	8		5	1				
7	4			6				9
	5	3		9		2		
							8	
	2		4			6		

Medium - Puzzle 170

		8	3				6	
3								5
5			2					
				3	6		4	
	3	2	9					4
		1	6	8	2			3
7							1	
8	2			4				
		7	4					2

Medium - Puzzle 171

1	9					5		
					7			
	3		9		4			
5	2							9
		9	8		1		3	
				4	5	7	9	
						1		3
	8					3		5
9		2						1

Medium - Puzzle 172

8		2		4				
	4					8		1
9				1				
7					1	2	9	
				9				3
				6		7	8	2
				7	4			
		3	1		8			9
	8			2		1		

Medium - Puzzle 173

		2	1					
5						3		
4			8	5	7		3	2
		5					1	
3		1				5		6
	6		5	3			2	1
2								
9							5	
1					8			3

Medium - Puzzle 174

		7			5			2
5				6				
		9					3	8
8	6		4		3	7		
			5	9			6	
	5							
7		6		8				
6		4			2		1	
		8	1				5	4

Medium - Puzzle 175

2						3	9	
		2	1					
		6			9	8	2	
	5							
6	1	8	9		2	7		
		4				5		8
8	2			1			7	
		7		8				
	7			2		1		

Medium - Puzzle 176

2			1	5	8			9
			2		3	6		5
3				8				
	5	2	9					
					9		2	
							4	2
				1	6		9	
6	4	9	3		7		5	
				4				

Medium - Puzzle 177

					3			6
	7		5				9	
	4	9			5		2	3
		3		2				7
7						5		
						7		
		1		4	8	2	3	
	2					6		
4	5				7			

Medium - Puzzle 178

5			2				9	
		2	5			1		7
9		8				5		
				2			5	
					3			2
		3					8	
4	3				6		1	8
	6	1				4	7	
8		9						1

Medium - Puzzle 179

	4	6		5			8	7
								6
			6	9			4	
9	7	4					1	
	9	7			8	6		
		8			5			3
				7	9			
			7				6	1
				8		5		

Medium - Puzzle 180

		4	3	1	8	7		6
4			5				2	7
3	5		6		7		8	
			8					9
				2				
6								5
	9				5			
1			9					
	7		4		9			1

Medium - Puzzle 181

			2			7		
			5	3				
	9		4		5		2	6
	7				9			
		2	7					
	6		3		7			4
	5			8		4		
8	4	7	1	5				
	3			4				

Medium - Puzzle 182

	8	9		5	3			
3	7		6	2				1
		4	9					
	5				9			4
7					1			
				7		3		
	4		5				2	
				4	2		7	
6						1		3

Medium - Puzzle 183

				1		7	2	
	2	6		5			3	
					3		9	
								7
1	3	5			9			
3	6				7	8	1	
9		4			2		8	
		1			5			
	8							

Medium - Puzzle 184

3		7						
	1				8		4	
8		9			2		3	
6		8		2	7			
		5			4			8
					5			
1		2	4		6		8	
7					1			
2						1	5	

Medium - Puzzle 185

1				6	2			3
4			5	8	3		6	1
							8	
		3						2
			1	9			7	5
7		6		2	5			
2								8
6		4					2	

Medium - Puzzle 186

						6		2
				4		1		7
	3				7	8	4	
6						2	8	3
	8		1				6	5
			5	6			1	
			9					
					9	4		
	5						2	8

Medium - Puzzle 187

6					1		2	
9	3							
		4						
2				9				5
3				8	9		6	
		3		1				
1		8	9	5	4			2
	2				6		5	
			8				4	6

Medium - Puzzle 188

	8			6			3	
5					4	8	7	2
4		7				5		9
					9			6
	6							
9	4					7		5
6	9							
	2				7			
1	7	6	4		3			

Medium - Puzzle 189

			6	5				2
				9		6	5	3
		3		4	8	9		
3				1	2		7	
	4			8				
	9	6	4			1		
4			5					
					9		3	
		5	1					

Medium - Puzzle 190

			7		4			
			5	3	6		2	
						2		1
		6			1	4		9
	2		8	6		9	3	
	8	5				6	1	
	7	4						
			9		7			
				5				

Medium - Puzzle 191

		2				3		
		8					6	
	1				9		3	
5		4		3	6		2	
			8	2				
8				5	4			
	6			7		8		
1	7				8	6		
3								6

Medium - Puzzle 192

2		9					7	3
		6		4		2	1	8
				8				
				7		3	5	
						8		
					3	5		
		3		2		1		5
		7	1			6	3	
			3		8			

Medium - Puzzle 193

						8	7	6
7	6		8		1		9	
		3				2		
					7			9
4	9		2	6	3			
		8			6		2	
			6	1	8		3	
	7							
	3	1						

Medium - Puzzle 194

		2	6	8				
	9			4		2		
				9		6		5
		6					4	
	3	8				9		7
1		9			3			
						5	9	
			4			7	5	
				7	9			8

Medium - Puzzle 195

	2				7			
	3	8	4			1		
				7	8			
8			5	4		3	9	7
3	5	4	1					
	7	9	2		3	4		5
	4		6					
1							8	
		3				7		

Medium - Puzzle 196

	7		3					6
1	5		7			9		
		6	4	3				
9				5	8	3		
8		7	5					
		3	2	1	9		5	8
		5			3		4	

Medium - Puzzle 197

	6							7
1								
	9			8		5		
	4			7	1			
	7	2	4	6				8
6		1	5			3	4	
7			8				9	2
		4						5

Medium - Puzzle 198

			2	8				
					1			8
	7	9						
	2	7			6			4
					8	5	7	
			7				8	
3		5		2			1	7
6		8					5	
		3	6					

Medium - Puzzle 199

8	2							7
7	1			4			2	6
		2		7	3			
	9				6			
	7	4		8	9			
				2				9
		1					8	
6		7						
2					1		5	3

Medium - Puzzle 200

9								
			8					
	7			5		9		4
		2	3	9	5			
		4				5		8
	9				4			5
6			2	1	3	4		
	2		5		6	1		
				2			8	

Medium - Puzzle 201

			8			2		
6	5	1		2			3	
			4	8	5	7		
		3						
8				4	7			
	8	5				9		
		9	7	1	6	8	4	2
	6						8	

Medium - Puzzle 202

					1			
	1	7						
5	7			9			2	1
	9			4	7			
		1					8	7
4				6	2	7		
			4					
	5	9		2				8
9				1				5

Medium - Puzzle 203

				5			6	7
			5					
2			1		5	9		
4						1	5	
	8		3					9
					3			
	9		4				7	1
6				4	9	3	2	
		8			7		9	4

Medium - Puzzle 204

	1	7				8		
		1	7		5			
	9	4				2		
			6				3	
4	8			9		3	2	
	5				3			
1	3	2	4				7	
						6	9	
	6			2				

Medium - Puzzle 205

9				8				
7	6			9				4
			4		3		9	
		9		6		5		
8							4	
	9	2				6		
1	3		7					
			2		4			1
			9		8		3	

Medium - Puzzle 206

	9							
	4			8	9			
6		7	9		1		5	8
8	1	4		9		6		5
				2	6			
	3				8	2		7
	8							4
5		2						
4					7	9		

Medium - Puzzle 207

		1	8		2		5	
7	5							
			1		6			
								6
	4	5						8
			5	9			6	4
	3		7					
3	1	4	6		7			
	9						1	

Medium - Puzzle 208

					3			
5					6		4	
	7			6	8	3	5	
3		2	5		7			1
						5		
8			3		1			9
		9	1		5			7
	9					4		
			8					

Medium - Puzzle 209

5			4	7			9	
							8	
9	1				3			
4			5	2		6		3
	5	3	2		9			
	2							9
6				3		7		
3		8		6				
			7				4	

Medium - Puzzle 210

			3				8	
		1			7			
3	7		8	9	4			
6					5			
	3							
9	1	8		5				6
		4		7		5	6	
					8		1	
		7	6	8				3

Medium - Puzzle 211

		5			6			2
9				8		3		6
							7	8
		7	4	2		1		
	6		8	7				5
8	4				7			
3								
7				3				
5	1					8		

Medium - Puzzle 212

		2		5		3		
		8			5	1		
2	3	4				7		
5		9	1		3			
					6		9	
				2				
9					2	8	3	
	4							3
	8	1					4	2

Medium - Puzzle 213

			6	8				
8			4	3			7	
		2	7					5
				5				
2								3
	9					5		
9	1	3		7	4			2
6			1		2		5	
5							3	4

Medium - Puzzle 214

		5	7	3		1	9	4
8					9			
	1	2	3	5	4			
	4		2	7				
		4	5				3	
			4			9	5	2
			6	4			8	
						2		

Medium - Puzzle 215

1	5						7	
		5				1		
4		6	8	5		3		7
	3						1	
	1		7	3			5	
				1		8		9
9					7	5		
5			4	9				1
	6				8			

Medium - Puzzle 216

					5		8	
		6		1		4		
		9			3			6
2	8	4	1	5			7	9
		1			8			5
4			5					
	5		2	3				
	3	5	9	6	2			7

Medium - Puzzle 217

		8						
			6	9			7	
							8	
				2	1	4		9
3					2			
			4					
9			1				2	6
	6	7	2		8		9	
	3		9			8		1

Medium - Puzzle 218

2	7				4			
	4				1		5	9
	1		8			4		
			1		6	3	9	
7							8	
	5	6	4		9	8	3	
					7	2	6	3
				8				

Medium - Puzzle 219

				2				
		9			5			1
					4			9
		4	6				3	8
5	7			3		4		
8					6	5		
			2	8				
		8				2	6	5
6			4	9				7

Medium - Puzzle 220

		2		1			9	3
							5	
	7			8		6	2	
			6		3	2	8	
					1			9
				9	5			
9		6				8		
8	1	4						
4			9				7	6

Medium - Puzzle 221

6	5				4		7	9
			7					
3	4			7	6			
		3	9		2		1	
	8					6		
								8
		1		5			2	
		7		3				5
			2				6	

Medium - Puzzle 222

9	2	4	6				8	
	6	8						
			5		4			
4	1						6	
				4	7			
		6			3		5	2
	4	5				9	7	
6	5	3		9	1			

Medium - Puzzle 223

		3						
4								
			3				6	4
			9		3		5	
5		7	2	8			3	9
9	7					6		3
		6	5	9		2		
6					9		1	
		4	7				9	5

Medium - Puzzle 224

	6					4		
3		6				8		7
4							1	2
	3		9					8
5								
1		3	8					
				2				
9	4				6			
	5	9	1	3			8	

Medium - Puzzle 225

							2	
2		4		6				
		6			1			3
	3		6	1	4			
6				8			1	
1	2	5				8	3	9
	6	3		2				5
		8		9		4		

Medium - Puzzle 226

	8	5		1				9
			4		9		2	
		3		7				5
					3	8		
	6		9				4	7
	3				1	5	9	
5						3		
4								
		9	3				6	

Medium - Puzzle 227

2	3				4	8		
8				5			6	
	4		8			7		
	6						4	
		2				4	1	5
			1					
	2	8			7	6		4
6				4			8	
1	8			2		9		

Medium - Puzzle 228

			1	3		4		9
	9							
	8				2	9		7
7				5				2
			9				7	5
				9	4	7		1
	7		8	6		5	2	
9					1		5	
					3			

Medium - Puzzle 229

5	1				7		2	
2			3					
		2					8	
7			9			2		
6	2	5	1			4	3	
			8	3			4	
				7		8	1	
9		1					6	
				2		3		5

Medium - Puzzle 230

	1							4
	6		3	1		9		
			7		8			
		9		2				
	9	3		8		1	6	
6	7		9			2		
	4			6				5
		6	1	3	5			
3			4		9			6

Medium - Puzzle 231

			6		3	4		2
	1	5			4	3		6
			9					
2	9	6				5		
					9			
		3					2	
1		8	3					7
5	3	1					7	4
		4		7	2			

Medium - Puzzle 232

2	4		8	5		3		
5	6			4				9
	7		4			2	6	
	9	5		2				
	1		5				4	
4								2
	8	6			2		5	
9						8		

Medium - Puzzle 233

		5	2				8	3
			6					5
			7	9		5	1	2
		8			3			
7	2	1		4	6			
5				3	2			4
	9		5	6			7	
								9

Medium - Puzzle 234

				6		1		
					5			8
	9				8	6	3	
				5		2	6	
		3	6		9	4		
				9			5	
5				3				2
	3				2			
9	6			2		3	8	

Medium - Puzzle 235

	5	6	9				2	4
	4				2		9	
9	6	3				7		
		1				4		
		8				9		6
						5		
2			3			1		
	8	9	1		6			
		2	7				4	5

Medium - Puzzle 236

	2			3				
9					4			3
	4		5			8		
	6						3	8
4	3		9	1	6			5
	5		7	6			1	
							6	7
	7				8		4	
3							9	

Medium - Puzzle 237

		8		1		4		
	5	3		9				
					3			
5			9			2		
6	8			3	9		5	7
	2			6	1	3		
							4	2
	6	4	5					
	9	7						

Medium - Puzzle 238

		9				4		
		8				3		2
7		5	4	3			8	6
9		7		1			5	4
	4		8		7			
		4	5	9		1		
			3					8
				7	8			

Medium - Puzzle 239

	3			1				8
	8	5			4		3	2
	2	8			1	4	6	5
	6		8				7	
		9	4	3				6
3								
	9				5			3
						2		
							8	4

Medium - Puzzle 240

1				5		7		
			3					7
9	8	4			3			
5	1						8	
			1	3	5			
7					8		9	
			2			6		1
4	7				1			8
				7			5	

Medium - Puzzle 241

2	8			5	3			6
			9	8			4	
1				4		9	5	7
				3	7		8	
		7				4		
	1		8		5			
	2	4		7				
					6	8		
	6			9				1

Medium - Puzzle 242

		8	2					1
			5	6	1	7	3	
	9			3		5		
1						2		
				9			6	
3	8							
			9	8	3			
8	6		1	7	2	9		
		7						3

Medium - Puzzle 243

6		1						
8	4		7		9			
	7		2		1		6	5
				7				9
3			8				2	
1			6	5	2	4		
7			3					
	6							7
			4			3	9	

Medium - Puzzle 244

4							7	2
1			4		7			
	3	7						
	7		8			4		
	1			8	3		2	
					2		1	
		2		4	9	6	5	
9						2		
6			9				4	3

Medium - Puzzle 245

		7	5	1				
			1		2			
					4	5	9	
						7	1	
	7				6			
			7		5		6	4
	2	5						6
7		4	6	3				
6	9	3						

Medium - Puzzle 246

	3			2	4			
				7				8
					1	7		
				5		2	6	
9			6	3				
		9					4	
		7	8	4	6	3		5
4			3			6		
3					7			9

Medium - Puzzle 247

					7			2
	9			2	1			
	7			8	4	2		
		8					7	1
4	3				2	8		
2				4	3		1	
				9				7
			2			3		4
			8	1			3	6

Medium - Puzzle 248

		2					8	3
	6	4					7	
3		1				6	4	
2						5	3	
4								
	3	9			2			
6		5	8		4		2	
	4				3	9	6	
			4		1	8		

Medium - Puzzle 249

					7	6		
	7			9	3			
	8	1	5			7		
		9	4		2			
4						3	8	
	9	2	6					
1	6					9		
				1		4	6	
	4				6	1		

Medium - Puzzle 250

	1	6	7	3				
	4			1				
			9	6				
	3			2		6	8	
						3		
6				7				
	8	2			6		1	
				4	1		2	5
		8	5	9				

Medium - Puzzle 251

							8	
			8	1	9	4	7	
	9		3					5
3					5	6	1	4
		6					9	
2				8				
			7		4			
					2		5	8
	8			4	7		3	

Medium - Puzzle 252

			2				3	
8	2							
				4		7	2	1
1				7			9	5
4			9					
						6	5	
5		4		8	2		6	
	6		1				8	
	5				7			

Medium - Puzzle 253

7	9			4		3		
3	7				9			6
						7		
	6				8	4	5	
	3	4				8		
4	8	2	1	7		6		
	4		7	1				
				8				

Medium - Puzzle 254

		5		1	7		9	
					6	5		3
	8						4	5
7								
5	6					1	7	
						8		2
2			1			4		7
		6					5	
1			7		8			

Medium - Puzzle 255

	5	6						3
7						6	3	
	6							7
				3			6	5
			6				5	9
9	2	5		6		3		
2				5		8		1
6		1			2	5		
		4		7			2	

Medium - Puzzle 256

8							5	2
7				8				1
5		6						
	8			5				3
9	3	7					1	
2					3	5	6	
				3	8			
	5			7	6		9	8

Medium - Puzzle 257

				1	7		5	
	8					1	9	6
	6	3	1					
9				5			4	
5			3		9		7	
						8	2	
				4				
4				3	8	2	1	
			7				6	

Medium - Puzzle 258

2	6	1	4		9		8	
3	7			2				
9	8	6					1	
8				9	2		5	
						8		6
								5
	4							
	3			8	5			1
			7		3	4		

Medium - Puzzle 259

		7		4	8			6
1			9	7				2
7	9	3						
8					4		9	
				9			7	5
			8				3	9
				6				3
9	2	1				4		7

Medium - Puzzle 260

1	4		8	6				
		6			3			
9	8			3	4	1		
			4	1				
7	6				8			
							8	
4		8			1	7		6
8								
6			5		9		2	

Medium - Puzzle 261

8				7	5		2	
2						8	5	
	7							
		2			8	6	3	
	2		3					6
	9						1	
6	1	7						
4		1						3
		6	5					4

Medium - Puzzle 262

4				8	2			
3	7					6	4	9
9	6							
					6	3		
1			9		5			
	9					1		
			3	1	7	8	9	5
				4		7		
7		9						4

Medium - Puzzle 263

	7	4			9			6
4			3					
	8			5	7			
	2		1	4			5	
9				8	3	5		
8	4			1		3		9
					4			
	1							
	9		7	2				

Medium - Puzzle 264

	4		2	5				9
8				4	7			1
	7	6			9	4		2
4								
		2	7	3	1			
2	6		1	9		3		8
	1				6			
7			8		2		4	

Medium - Puzzle 265

			5	6		3		
		7	1					
9	1		3			2		
2					1		9	
	7	3		4	9		8	
4	2					8		
	4				3			
		6	9				1	2

Medium - Puzzle 266

4								
						6	5	9
				8		4		5
			2	5			3	6
		8						
				4			2	7
	4		1	7	3			
	3	2		9				
	7	6	4					

Medium - Puzzle 267

			9			5	4	
4		3	7	2			9	
5								
	1				2	9	8	
	4						6	
2			6	9	4			
	9	5				2	3	
		6	4					
				8			1	

Medium - Puzzle 268

		7		4		8		
		8		7		9		
1	4		3	6	9			
		6		1	7			
	7	2	4	5		6		
4	3							
7					6			4
6							8	
	2						6	

Medium - Puzzle 269

4		6		8			1	
		7	2	4		9	5	6
						1		8
2	6		8	3		4		
				2	8			
						7	6	
7					1			
8			4				3	
		9	3					

Medium - Puzzle 270

					6			
			5				3	
1	6				4	3		
	4	5		6		8	1	
	1			5	7			
						2		
	8		2		3	5		
						1		8
		8	1		2		9	

Medium - Puzzle 271

	9		8					
					6	3		
2	3		6	8			9	
	1		7		2			
		4			9	6	2	
				6		1		
6	4			7		9	3	
			2					1
		1	9	2	3		5	

Medium - Puzzle 272

		9		6	3			8
5	2				6	1		
				3		6	9	
			1	5		3	8	
4		3	2					
				8				
	9			1		4	5	3
				2			1	
3						7	2	

Medium - Puzzle 273

9		1					2	
	5		6					
3		8		4	1	9		
		6		5				
			9				8	2
6	8			2	7		3	
1		2	3		4	5		
			4		9			1
					2			

Medium - Puzzle 274

8					6	3		
	9	4					2	
3	5			9	1		6	4
			4			6		
		6			7			1
4			3		5	2	9	
		5	7	6				
7								
	2		1					

Medium - Puzzle 275

2	1						7	
					3	4		
8		3						
				8				
5	4		7			1	9	
4		5				7	3	1
		1	5		4	3		
			4		1			
					5	2		6

Medium - Puzzle 276

8	4			9				
					1			
	7			6			1	
					3	5		2
			3	1		9		
		3						
	3		1	8	2			
7		2			9	4	3	
	6	4	7				8	3

Medium - Puzzle 277

			3	9				1
1	4		7		5			
3					8		4	
	8	1				4		
			9					
2		8		1				
7		5	2			9	3	
4				5			7	
8				4			1	

Medium - Puzzle 278

						4		6
				5	1		9	
1			9		8		7	5
	5					7		
				6				
6		2					8	
	7	9	5		4		6	
7								9
	6	8		9				

Medium - Puzzle 279

			2					
9				5	3	6		
				9		2		1
		6		1		4		
5		3	8					
	9			8				
			3					2
8	5	2	9					
	7	1	5			3		

Medium - Puzzle 280

							2	6
9				5	6	4		7
		5		2	4			3
	4			3	1			9
3	6	8	7					
	5							
			6			8		
	1					2	9	
				1			6	

Medium - Puzzle 281

	5	9			8			
2			7	1			9	
					6			8
5	4			6	1		7	
1			3			4	2	6
	3							
4			2	8				
		1						
			5				4	

Medium - Puzzle 282

	8		5	1				
	4		8		1			9
	5	8			9	7	1	
	3		2					
	7			5		1	6	
						4		
3		7					5	
		2	6		7		3	

Medium - Puzzle 283

				9	7	4		
8	6			3				
7	5	2	4					
	2			5	1		7	6
				2		1		7
2						5		
		1	9		5			
4					3	7		
			8					3

Medium - Puzzle 284

						1	9	4
7						4		
9	4		7	6				
	8		2	1		7	3	
4			9		3	2		1
1						8		
					7			5
		4		9	1	5		3
							2	

Medium - Puzzle 285

2		9			7		6	
		5				9		
	3	8		5				
			7				4	
	7					6		
				6		5	9	
6			5	3	1	4		8
5	2		9	7			1	6

Medium - Puzzle 286

2		5	1				9	
	4		5			3		
6		7				5	8	
				8	7			
3	6				8			4
					6	9	1	
	8			6			3	
			3	5				
	2					4		

Medium - Puzzle 287

	5					1		
	2		7					8
		2		3	6		4	
				8				
6			4					2
1	3	8		5				6
	1				8			
2		1				8	6	9
		6					3	

Medium - Puzzle 288

5								4
								9
	7			4	9	1		8
		4	2				9	6
		9		6	4		5	
8				7	1			
		7					4	
						2		
9	2			8	6			

Medium - Puzzle 289

1					3	5		
			1			8		9
5				4				
				8		7		
4	9					6		3
8		3		7	1	9		
						4		
9				3	6			8
				9	7		1	

Medium - Puzzle 290

		3					4	
2				9				
1	5	4		3	8	2		9
9			3				1	
	1							
		7					5	
	8		5	6	2			4
		6		7	5	3		
7		9	2					

Medium - Puzzle 291

	3		7		6			2
	1			9	8	2		3
							8	
	4							
	9		1		2			
8		9		2		5	1	7
								6
4	8	3			7		2	
							3	9

Medium - Puzzle 292

					2			
1	5	6				2		
			5		7			
				4		6		
	7		6			3		8
	1		7	2				
					4	8		
			3	7	1	5		4
	9	4		1	5		8	

Medium - Puzzle 293

2	8		9				5	6
		1		2				
	9	5						
	1				2			
	4	2						1
		4					7	2
7				8	1	6		
			2				8	4
		8	4		5	2	1	

Medium - Puzzle 294

	1		5			6	9	
	3		7				2	8
5				3				
					9			
		6	1	7				3
	2	7						
	7			2				4
		8		1				6
		1				4		

Medium - Puzzle 295

	2				5	9		7
		3					9	
					4			
	8							
				2		3		
			7	9				
2						8	7	9
8	1	6		3			5	2
		4				6		8

Medium - Puzzle 296

4				9	8			6
	6					3		7
		2		4		9		
				3		2		
				8				2
				5	3			
		5			4		3	
			1	7	6	4	5	
					2			9

Medium - Puzzle 297

	3		9					4
		8			5			
3		7		5			9	
	6					2	8	
					6			
8		5			9	3	2	
	8			1			7	
	4			6	2	5		

Medium - Puzzle 298

2	6				1			
			9	2	8	3		
9						2		
5	3				7			
		9		5				
6					3			
1		3	8				7	
4	5		1				2	
					5	6	8	

Medium - Puzzle 299

	5			2		3		
	2					9		
			6	3	2		8	
					4	8		
	4	3						
1				4	3			
3	7	4						
			8			4		5
		9	4	5	1			

Medium - Puzzle 300

	1		5	8	3			
		3			1		6	4
			4			7		
9			2				8	3
	7	5		4		6	3	
5		2			9		7	8
			7		8		1	
			1					

Hard - Puzzle 1

2				8				
			9		4			
		2					6	
			5					
6			1	3				
	2						5	
9							7	
1	5		7			3		
4							1	

Hard - Puzzle 2

	5				9	6		4
				7	5	8		
6	4							
			6					
9					3	1	2	
4								5
1	3	9			8			
							1	
8							7	

Hard - Puzzle 3

4			1		9			3
			4	6				
1	5		8			9		
		9				8		6
				4			9	7
	1		7		2			
	7	8				2		

Hard - Puzzle 4

		5						
7		9		6				8
	7		3		9			
4						6	2	
		8				3		
						9		
	8						4	
3	9		5		7			6

Hard - Puzzle 5

2				7			3	
		3			8			2
9								
	1		8					
8				6	1	3		
						8		
	2							9
		4	7					3
			9		5			

Hard - Puzzle 6

	3	7		1				
			4					
8	5	2		4				
	9						5	
						5		
							4	
9	1				6		7	
	8	3			2	6		
					9			

Hard - Puzzle 7

								6
								8
7		1	3				4	
6	4						1	
							9	
						2		
			9	7		8		3
		8					2	
2	3	6		9				

Hard - Puzzle 8

	1						8	5
								9
		4	1				6	
						3		
	5			2				
	8			9	6			1
	2	9						
6	3			1	4	5		
			8					

Hard - Puzzle 9

	6				9	1		
1								
3	8				2		4	
								3
	4		3					9
				1				
	2	7			3			
8			6			2	7	

Hard - Puzzle 10

		3				9	2	4
		2			1			
9						2	7	6
	2	7	9				5	
			5				9	
1	4							
	7							5
		5		6		1		
			8					7

Hard - Puzzle 11

								5
2								6
4	9						5	7
1				2		4	9	8
						6	3	
5							7	
					6		4	
3	1		5	8			6	

Hard - Puzzle 12

				1	3		7	4
								1
7					8	4	3	
			9		1			
			6				1	7
		4			2			
	5						8	
2								
6								2

Hard - Puzzle 13

						9		2
		3					8	
			2	3	7			6
		7		6				
		8				3		9
		5				7		8
9		2						1
	3	9						

Hard - Puzzle 14

				7				2
							9	
6					8	4	3	
	8			5		7		6
						2		3
				1		3	4	9
	1		7		9			
3					4			

Hard - Puzzle 15

		5			2		4	
		2	5					
	7		6	3		8	5	
2					9	3	7	
			4			1		9
	8	6						
9					5		1	
								7

Hard - Puzzle 16

				8				9
			1		6			
5	4							
2		4		1			6	
								2
					7	8	1	
1		2						5
			8	3			5	
				2	9		8	

Hard - Puzzle 17

3	1					6		
5		4			1			
	8				9			4
	5							
		9		4	2		3	
						4		1
	4	8				3		7
			6	5			2	

Hard - Puzzle 18

	3				5	2		
1	8				7			
	1	4	9		3			
								6
		9	2		8		4	
	9							3
	2	1		3				
5					2	1		4

Hard - Puzzle 19

	8			3		4		1
			1		3		8	
	1	4			8			
				6	5			
6						2		
3								
		7		5			1	
				9				
	2	1			9		4	

Hard - Puzzle 20

7					5			6
		2						3
				3			8	
				1			5	
		9						8
5	2	7			8			
		5	2					
			5		3	4		
			9	8			7	5

Hard - Puzzle 21

					6			
				2	9	1		
	1		3					7
8					3			
								8
		3	9					2
7	6							
2			7		5		4	6
			4		8			

Hard - Puzzle 22

				6	8		2	
		8		9				3
					1			
	3			4			9	
	7			8		6	3	
				5	6			
1								
		4						
	9					7	5	

Hard - Puzzle 23

	1					8	6	
8						2		
						1		
		4	1	8				
7								4
9	8	6						2
		8	9			5		
					4	3		
		3			8			

Hard - Puzzle 24

				4	7			
	1							
	6		2					
		8		1				
			6	9				
8		9						
			5				4	
	3	2	8			5	1	
		1						2

Hard - Puzzle 25

		5	3	8		7		2
5		7				8		
2			6					8
				9				
4								
			7	4		6		3
	9						1	5
		1						
						9	7	

Hard - Puzzle 26

				7				
			8	1	5	9		
					4	1		
4	7			2			6	
5				8				6
8				5				
				3			1	
			4			3		
7			1				9	

Hard - Puzzle 27

	7							5
						8		
	6		1			9	7	
	8				2	5		
	5		2	8				
							6	
				1				9
5		3	9	2				
6	1				7			4

Hard - Puzzle 28

		7				4		
	2							
	8			7				1
						5	2	3
		5			4			
	3			5			1	
3	1		2					
7				6				
			3				6	

Hard - Puzzle 29

								5
		6		9		5	7	1
			7		1			
				5				
		8	1	6			3	
					2			
						1		
			4	8				
9						8		

Hard - Puzzle 30

	9							
				3	5		8	
			1				6	4
	3	2						1
8			4	6	7	3		
2		1			4	6		
				9				
							7	

Hard - Puzzle 31

			5		7		2	
		3	2			4	8	
	2		1	6				
1			8	7				3
	9	6						
	3		7		6			
		8						
9			6					1

Hard - Puzzle 32

6	9		3		4			
	4		7	9			2	
7			4					
	3		6	5		9		8
				3			1	
9	7						5	
	6							

Hard - Puzzle 33

4		6		7			2	
						8	6	
					7	2	3	
	1	4						
					9		1	
					1		5	
				1				
9					6			
5	2	1	7				8	

Hard - Puzzle 34

							9	
4		2						
	5	9	2		7			
8					6			
		3						
		5				1	6	
								2
2	3		7		1			
5		1					3	6

Hard - Puzzle 35

						5		
					2			
2						4		8
3								1
						7		6
		3				6	4	
			1					
9				6		3		7
7		2			3			

Hard - Puzzle 36

5			3					
				4		6		
				1				6
			6		8			9
					9		5	
		8	2					
2					4			
4	1			8		5		
9								

Hard - Puzzle 37

					7		6	
6		3				7		
9						2		3
	1						9	6
	6							
					5	1		
		9		8	3	5		2
7							3	
	3				6			8

Hard - Puzzle 38

	6						4	
			3		1		7	
		8	2					
						7	9	
4					9			
	8	6	5					
					3			6
	7				5			
3					6			

Hard - Puzzle 39

						2	9	
					3	5	1	8
8	3							2
	2		4			9	7	6
	6							3
4		6						
				1			3	
2					9	3		
	9							

Hard - Puzzle 40

			9	6		1	3	2
				5			9	
6	2							3
		1		4		2		
				8				
3			6	9			7	
4	9					6		1
	3					9		

Hard - Puzzle 41

		3		2		9		
2	9			1				
					4			
	3			5			4	2
			6				5	
3		5				7		
		2	8		5			
					6		2	

Hard - Puzzle 42

2		4			3			5
9			2		4		6	
	6							
		8			5		1	
			7		8			
1						7	5	
					1	2		
	5							

Hard - Puzzle 43

	2			4				
	6					7		
		1						
2							7	3
4			5	1	2			
	3		6		9		1	
				2		9	8	
8			1		4			

Hard - Puzzle 44

2		4						5
	9		7				4	6
			5		4	8		3
						5		9
4					2			
							1	
			8					
			3	4				

Hard - Puzzle 45

		8					1	
	3		1		6			
8	2	6		5				
					7			5
1	8			7				
			9					
3					4			
7	1					9		
							7	

Hard - Puzzle 46

				9	6			
	6	3	7				1	
1	2							
					4			7
		7		2				
7			1				6	
		6		1		8		
		1		3				9

Hard - Puzzle 47

	4	6		7			3	
		3	8		1			
	8				9	4		5
					3		4	
	5			3				
4	1	2						
8				1		6		
5			2				8	

Hard - Puzzle 48

6						7		
7		3	2					9
						5	3	
1		2	6	5				4
	6				8			
2		7						
					9	6		3
4	1	9						

Hard - Puzzle 49

2			5				4	
	4	6	3	8	2			
				4				
					7		8	
					4			
				3	9		6	
							1	9
				7	5			
4			1					

Hard - Puzzle 50

6			4		3			
		2		9				
7		8					3	9
					9			6
		5	8			2		7
8					4			3
4					7			
		6						
2			6					4

Hard - Puzzle 51

		1	8					4
8	6					2		3
					9			
					8		7	
			9		7			5
	1							
1								
		8		1		4		6
		6		8				

Hard - Puzzle 52

3						6	1	
	7						2	
2		1						
								5
			8	1	2			9
9			6	4			3	
5					3	8		2
7					1	9		

Hard - Puzzle 53

			3			1		8
		5		1		4		
			4					3
		9				6	7	4
		7				9		
4		8		2				
	5			9		3	4	

Hard - Puzzle 54

	8		1					7
3			5	4		1		
1						2		
	9							1
	5		7		2	8	6	
			2					
			9		1			2
			4	8				
	6							

Hard - Puzzle 55

					9			5
7								
	6					5		9
5								
			4					
8	7		3			1	5	
		2						
	8					7		
4	3	9		1				

Hard - Puzzle 56

	6							7
			6	2				
5								9
9	3		5	7				
							7	
				6				
		2	3			9	8	1
4	2		7		3		6	
				3			4	

Hard - Puzzle 57

		8				1	5	
			8			2	3	
	4	3						
								2
	9	2				5		6
					9	6		8
		7		6	8		9	
							7	
			6		1			3

Hard - Puzzle 58

				7		2	9	
	8	1					4	
				6				5
		3	1	9				
	6					4	1	
					2			
		5	7					
				8		1		

Hard - Puzzle 59

						4		7
		7	3	5				9
			6		4	1		
	4			3				
9	6	8						
	1				9		4	
					8	6	5	
				2		9		
								2

Hard - Puzzle 60

						7		
				9			7	
	2	7				8		
								5
3							8	
	1	2		7		4		
							6	
5		8		4		3	1	7
	4							

Hard - Puzzle 61

6					1	8		
	5				6		4	
	3	8				7		
				1	9			
			5					9
		6			8	5		
	8	2				4		
				3				
	9							

Hard - Puzzle 62

7		8						2
				5				
							7	6
			2		5			
		6			4			
4							5	3
5			6	2		3		
	7						1	
	2	9				7		

Hard - Puzzle 63

							9	
								2
					5			
			8				3	1
5					2	3		9
						1	4	
7		3						
6	9		5		3		1	

Hard - Puzzle 64

	9	3						1
				2				
8	4							
			1		8	4	9	
					6			4
	2							
		5		3				
					4			3
			7	6				

Hard - Puzzle 65

2	8				3			9
6	3		4					
		5	3	1				
					6			
	5	4		8				
		9				1		
					5			
1		8				3	2	

Hard - Puzzle 66

		6					3	
3					2		6	
	6							1
7			4			6		
	8							9
2				1				
5	9	3					4	
					5	7		
			6			5		

Hard - Puzzle 67

	5		8		3	6	7	
	9				5			
	6			5	2			
8		7				1		
1								3
	8	3		1				
		4				3		
						7		5

Hard - Puzzle 68

	7			4	1			
					7		5	8
8		9						
7							8	
					5	4	2	
1			9					
			3					
6					8	7		
		4	7	8		3		

Hard - Puzzle 69

	2		3		9	8		
		7		2	5			
		5						
9			2					
	9	1				2	8	
			8			6	3	
		8		1		9		
						1		6

Hard - Puzzle 70

6		3				2		
2					1			
5						7		
			1					6
3						4	8	
		2	6	8				4
				5		1		
		1			3			7

Hard - Puzzle 71

					3			
			7					4
				1				5
		1	8	6			7	
6					5			
		2				4		
	8		1					
	2							1
1					9	3		

Hard - Puzzle 72

		4					1	
			3		5			
	8			9				
		2	5		9			
				7	2	1		9
							2	3
	9				3			
1		3			8			2
			4	8				

Hard - Puzzle 73

3			6	2		4		
							8	
	9	2	7		1	3	6	
2	1	8	4	3				
			1				4	
					9			6
				9	2			
				4			5	

Hard - Puzzle 74

		3				7	2	4
4				1			6	
9	6	8		7	5			
7								
		4	6	2		8		
					4		1	
			5	6				
8							5	

Hard - Puzzle 75

						2	1	
8		5					7	
	8				2	4		
5	6							4
		4			6		5	
	5				8			2
4				9				
1	2	7		8	5			
9		8			4	1		

Hard - Puzzle 76

	5		4			7		
	9			5		6		
								4
	7		8					
	3						9	7
							5	
				9		2		6
1	2					4		5
			3					1

Hard - Puzzle 77

			9		3		2	
4				3	9			7
	7	6						
		4			7			
5						9	6	
						1		
	4							
9		8	7		1			
	5	9		2		6		

Hard - Puzzle 78

		8	3					
			4	7			2	
			9			2		
9						5		1
								7
8	9					1		
6								
	2	4	1			9	7	5
	1	9	7	5				

Hard - Puzzle 79

4				5				
1								
		2	6			4	9	8
	8	9	3					
	4							6
8			1				2	
			9			3		5
5		8			9		4	3

Hard - Puzzle 80

8						3		
	5			1	7	4	3	
		6			8			
3	6				4	9		8
9		5				7		
1				6				
		9		5		1		
		7		8	9			

Hard - Puzzle 81

4			1		9			
1			5		3			
				6	1			
7		4	6					9
			9		8		1	
6	9	3						2
	5						7	

Hard - Puzzle 82

							3	
		8				5		
	5			1				
7	2					8		
	8	9	3			2	6	
				5		1		7
			1				5	
				8		3		
		7			2			

Hard - Puzzle 83

8	9				3	5		
				7				8
	1				2	7		
2		5						1
	3		5	9				4
1						8		
4								
						9	5	
				8				

Hard - Puzzle 84

				3		2		7
				4				1
9			1		2	8	6	
2		1					8	
7	5							
		5	2					
			4					
6								
					1		7	

Hard - Puzzle 85

		9		5			8	
	6		4		9	2		
					8	1	2	
		3						4
				1				
8		5			3			
		8		9	6	4		
	5			4				
						9		

Hard - Puzzle 86

2	6			7				
	8					7		4
					6	4		2
					8			
				3	1			6
			3					9
				8			9	
			6					5
5	1	3						

Hard - Puzzle 87

7							2	
1					6			
4			6					9
		1		3	7			
								4
			1	9				5
	7			1		6		
8		4				5		
	1							

Hard - Puzzle 88

		3	4	2	8			
				7				
					4			
				8				
	6	2		9				
1		9	3	5				
						2		
	2		6			8	9	
						7	8	

Hard - Puzzle 89

			5	8				
8	9			1	6			
								2
	2							
6								
	4	9	3			7		5
9		7					6	
		6		2		3	9	

Hard - Puzzle 90

			1		6	7		
	7					1		
2			5		4			7
						8	5	
4	3	7	2		8			
							2	
				9				
	6			2				
	5	6			1			

Hard - Puzzle 91

8		5						7
7			5			9		
			4				5	
		8	3		4			
		3						
5					1	2		
		1				5		
	3		8					2
					3	1		

Hard - Puzzle 92

						4	5	
	5	7		4		9	2	
6								
		5						
					2			
9		2						
			1		5			
			4		8		7	
	4	1	8	2				5

Hard - Puzzle 93

				4				6
	1		3					
					7			
	3		9	8	6	4		
		1	7	6	5		8	
			8					
			1		8			
4								5
5			4	1				9

Hard - Puzzle 94

3	2	4	5		1			9
		3	7		6	2		
7								
						8		
	8	1			9			6
					3			
6				5				1
	9					3	8	

Hard - Puzzle 95

		6		4	3	2		
		1			6			3
3								
6			9	2			1	
		9			1		4	
	4			7				
	3							
9							2	
				5	7		8	

Hard - Puzzle 96

3				8				
				7	2			
	1		7					8
			3					5
2		4					8	
				2			6	
				4		8		3
				5		7	4	6
	7	1						

Hard - Puzzle 97

<table>
<tr><td></td><td>1</td><td></td><td></td><td></td><td>6</td><td></td><td>5</td><td></td></tr>
<tr><td></td><td></td><td>3</td><td></td><td></td><td></td><td></td><td></td><td></td></tr>
<tr><td></td><td></td><td></td><td></td><td></td><td>5</td><td>9</td><td></td><td></td></tr>
<tr><td></td><td></td><td></td><td>8</td><td></td><td></td><td></td><td>7</td><td>2</td></tr>
<tr><td></td><td></td><td>8</td><td></td><td></td><td></td><td>4</td><td></td><td></td></tr>
<tr><td></td><td>6</td><td></td><td></td><td></td><td></td><td>8</td><td></td><td></td></tr>
<tr><td>1</td><td></td><td>2</td><td></td><td></td><td></td><td></td><td>4</td><td>9</td></tr>
<tr><td>6</td><td></td><td></td><td>2</td><td></td><td></td><td></td><td></td><td></td></tr>
<tr><td></td><td></td><td>5</td><td></td><td></td><td></td><td></td><td>6</td><td>1</td></tr>
</table>

Hard - Puzzle 98

<table>
<tr><td></td><td></td><td></td><td></td><td></td><td>3</td><td></td><td></td><td></td></tr>
<tr><td>1</td><td></td><td></td><td></td><td></td><td></td><td></td><td></td><td>7</td></tr>
<tr><td></td><td></td><td></td><td></td><td>7</td><td>5</td><td></td><td>9</td><td>8</td></tr>
<tr><td></td><td></td><td>2</td><td>9</td><td></td><td></td><td></td><td>4</td><td>6</td></tr>
<tr><td></td><td>9</td><td></td><td></td><td>8</td><td></td><td></td><td></td><td></td></tr>
<tr><td></td><td>1</td><td></td><td>4</td><td>2</td><td>9</td><td></td><td></td><td></td></tr>
<tr><td></td><td></td><td></td><td>6</td><td>1</td><td></td><td></td><td></td><td>4</td></tr>
<tr><td></td><td></td><td></td><td></td><td></td><td></td><td>3</td><td></td><td></td></tr>
<tr><td></td><td></td><td>9</td><td></td><td></td><td>1</td><td></td><td>6</td><td></td></tr>
</table>

Hard - Puzzle 99

<table>
<tr><td></td><td></td><td></td><td></td><td>6</td><td>5</td><td></td><td></td><td></td></tr>
<tr><td></td><td></td><td></td><td></td><td></td><td></td><td>4</td><td></td><td></td></tr>
<tr><td>9</td><td></td><td></td><td></td><td></td><td>7</td><td></td><td></td><td></td></tr>
<tr><td>7</td><td></td><td></td><td></td><td></td><td>3</td><td></td><td></td><td>6</td></tr>
<tr><td></td><td></td><td></td><td>9</td><td></td><td></td><td>7</td><td></td><td></td></tr>
<tr><td></td><td></td><td>8</td><td></td><td></td><td>6</td><td></td><td>5</td><td></td></tr>
<tr><td></td><td></td><td>3</td><td></td><td></td><td>2</td><td>9</td><td></td><td></td></tr>
<tr><td></td><td></td><td></td><td>2</td><td></td><td></td><td></td><td></td><td></td></tr>
<tr><td></td><td></td><td></td><td>1</td><td>4</td><td>9</td><td></td><td></td><td></td></tr>
</table>

Hard - Puzzle 100

<table>
<tr><td>3</td><td></td><td></td><td>1</td><td></td><td></td><td></td><td></td><td></td></tr>
<tr><td></td><td></td><td></td><td></td><td></td><td></td><td></td><td>9</td><td></td></tr>
<tr><td>2</td><td></td><td></td><td></td><td>5</td><td>9</td><td>6</td><td></td><td></td></tr>
<tr><td></td><td></td><td></td><td>6</td><td>1</td><td></td><td></td><td></td><td></td></tr>
<tr><td>9</td><td>4</td><td></td><td></td><td></td><td>3</td><td></td><td></td><td></td></tr>
<tr><td></td><td></td><td></td><td></td><td></td><td></td><td></td><td></td><td></td></tr>
<tr><td></td><td></td><td>7</td><td>8</td><td></td><td></td><td>5</td><td>3</td><td>4</td></tr>
<tr><td></td><td>2</td><td></td><td></td><td></td><td></td><td>3</td><td></td><td>8</td></tr>
<tr><td></td><td></td><td></td><td></td><td></td><td></td><td></td><td></td><td>6</td></tr>
</table>

Hard - Puzzle 101

<table>
<tr><td>8</td><td></td><td></td><td>3</td><td></td><td></td><td>9</td><td></td><td></td></tr>
<tr><td></td><td></td><td>1</td><td></td><td></td><td></td><td></td><td></td><td>3</td></tr>
<tr><td></td><td></td><td></td><td></td><td>7</td><td></td><td>1</td><td></td><td></td></tr>
<tr><td></td><td></td><td></td><td></td><td></td><td>2</td><td></td><td></td><td></td></tr>
<tr><td></td><td></td><td></td><td></td><td></td><td>5</td><td></td><td>3</td><td></td></tr>
<tr><td></td><td></td><td></td><td></td><td></td><td></td><td></td><td></td><td>8</td></tr>
<tr><td>7</td><td></td><td></td><td>8</td><td>1</td><td>3</td><td></td><td>6</td><td></td></tr>
<tr><td>4</td><td></td><td>3</td><td></td><td>9</td><td></td><td>5</td><td>1</td><td></td></tr>
<tr><td></td><td>5</td><td></td><td></td><td></td><td></td><td>3</td><td></td><td>9</td></tr>
</table>

Hard - Puzzle 102

<table>
<tr><td></td><td>7</td><td>2</td><td></td><td></td><td></td><td></td><td></td><td></td></tr>
<tr><td></td><td></td><td></td><td>6</td><td></td><td></td><td></td><td></td><td></td></tr>
<tr><td></td><td>5</td><td>3</td><td></td><td>6</td><td></td><td></td><td>7</td><td></td></tr>
<tr><td>8</td><td></td><td></td><td></td><td></td><td></td><td></td><td></td><td>3</td></tr>
<tr><td></td><td></td><td></td><td></td><td></td><td></td><td>5</td><td>6</td><td></td></tr>
<tr><td></td><td></td><td>8</td><td></td><td></td><td></td><td>4</td><td>3</td><td></td></tr>
<tr><td>1</td><td></td><td></td><td></td><td></td><td></td><td>6</td><td>2</td><td></td></tr>
<tr><td>3</td><td></td><td></td><td></td><td></td><td></td><td></td><td></td><td>9</td></tr>
<tr><td></td><td>2</td><td></td><td></td><td>1</td><td></td><td>8</td><td></td><td></td></tr>
</table>

Hard - Puzzle 103

	4							
9			6					
	5				1			
	7			5	6			
		4		1		2		
			5				8	
							9	
		8			9		2	
4				8				

Hard - Puzzle 104

					3	8		
		7				2	4	
7		5						4
	1						9	
3				1		5		
		8			4			
8		3			9		1	
5			2					6

Hard - Puzzle 105

		7						
		5	7					
3	6		2	1	9			
			5			4		
				9	1	2		
8	4	3						
				2		3		1
						8		
	9				7		3	

Hard - Puzzle 106

				9			1	6
			7				5	
9						1		
	6	9		2				7
					5			
3							9	
					1	6		
		3			2	4		
			8					9

Hard - Puzzle 107

							9	8
	8		9	3			4	
	2							4
6		2					1	
				5				
								6
4								1
		8		7			6	
7						4		5

Hard - Puzzle 108

9								
	4			9		3		
6			8	7			2	9
		1		5				
	9	5		1				
							1	4
2		9	7		8			
		7						

Hard - Puzzle 109

	3							1
5				7		9	8	
4		2	9	8				
	7							
			4			8		
					4			6
					9			
8		4		5				
3								

Hard - Puzzle 110

						2		
7				4				
					2		6	5
		1	7					
			2	8				
	9					3		
2	5			9	1	8	3	6
	7							
	1						9	8

Hard - Puzzle 111

2				5				
	6		5	1				
		3			7			
								1
8								7
	7		9		8	1		4
	9		7					
	5		1		6			

Hard - Puzzle 112

		5						1
	4					8		
						4		
		1		8		9		7
7			4			3	1	2
4	8	2		3		5		
		6			2	1		
				2				

Hard - Puzzle 113

7								
4			8			7		1
	2		1				7	
3	1			9				
	8					4	2	
		3		1	4	9	5	
					2			
1		6				3		

Hard - Puzzle 114

					6	1		3
	9			5	8		7	
	3							8
				1				
4				6				
	5				2			
		4	7			8		
		2						
2					9		3	7

Hard - Puzzle 115

	5			6		8		3
	3					7		
		1		7			2	
		6		8				
1			7					
		5			3		8	
3							9	4
					1			8
	2					4		

Hard - Puzzle 116

		7		2	4			6
			3					8
			7					4
	1			4				
3				5			1	
							5	
						3		
8	6	5						
4		1					6	

Hard - Puzzle 117

		3					9	
9			7		6		2	
			3	7			8	9
			9					
	9			1				
					2			
		2						7
		9		3				8
8			4				7	

Hard - Puzzle 118

3			1					
		7					9	
	9		3		8		7	5
	7						2	
								1
	2		9		5		4	
8				9	6	2		
9				2				7
					3	8		

Hard - Puzzle 119

7								
							9	7
	4				5			8
		3						9
3	7	2						
			3	6				
5	3				9	8	1	
4								2

Hard - Puzzle 120

	8				5		9	
	3		7					
			4			6	5	3
				6			3	
					7			9
	9	4		7			1	
	2						7	
				3		9	8	4

Hard - Puzzle 121

		4		9			5	
2		3		5				
	4			3			7	
					4	7		
6								9
	9	6		8	3	2		
	3	5	1			6		
	2			6		3		8

Hard - Puzzle 122

2				4		3		
	7					6	2	
	4	1						
7	9				6			
4	3	7					5	
1			5		8			
9					3	4		
				8	4	2		

Hard - Puzzle 123

	7				1			
		1			8		5	2
						1		
		8						4
					9	3		1
1			5	2			6	7
2				9			8	
		7						
								6

Hard - Puzzle 124

	1	2			3	9		5
3				7				2
		6			7		9	
			8		6			
9								
2		3		1		7		9
	9	8	7				6	4
			2					

Hard - Puzzle 125

				6				7
6			4				3	9
					4	9		
5								
		2						6
	3	6		8			9	
1								
	7			4				
8		3	1	7	9	2		

Hard - Puzzle 126

			3				5	
9			1					2
		2					4	
	6				8			5
1								
			8			6		
	9				6	7		
	2						7	
			6			3	9	1

Hard - Puzzle 127

			1		4			3
	7			4	9			
		1	5					
7						1		
2			3				1	
	1						4	
			9		8			
8							5	
	4				5	3		

Hard - Puzzle 128

4						6		
							3	
	1			9	6			5
	3							
8	6				2			
6								4
	5							
		3		2	1	9		
2	9	1	5		8			

Hard - Puzzle 129

							5	
1			9			7		8
4	8					9	6	5
	4				6	5		
		9	3					
	1						3	2
			4				2	
	5			4				

Hard - Puzzle 130

								7
			6	9	1		5	
	5				2	8	4	
		6		3	5			
4						6		
9		4	3	7				
5	6	3					7	
			8		7			

Hard - Puzzle 131

9		4						8
			3		4	5		
								9
	1	9		3	6			
	4							6
		2	8			1		4
			9		7			
			2				1	
3				4		6	2	

Hard - Puzzle 132

9			6					
		3	4		8			
		4		9			3	
					5			
7					1			
4			5					8
	5					1	7	
6			9					1

Hard - Puzzle 133

9	6							
			6		7			
	9							
5		8	3	7	6	2	9	
					2		5	
		6				8		
							2	
			2	3		7		
1				5				

Hard - Puzzle 134

	8		2	9	7		6	
	9							
1			3		4			
					5			
		7		1		6		9
	4						7	
	2		4		6	9		8
						2		

Hard - Puzzle 135

3	8		2					
				5			1	
		7		9		1		
							4	
		8				5		
	9				1	4		6
	4				8	2		
	5							
	1		5					

Hard - Puzzle 136

	6							
						3		
8					2			
9		6	7					
2				8		6		
							2	
	2		9		3			
		4			1			6
5					6	8		

Hard - Puzzle 137

		4	5	1				7
7				9			6	
			7				4	
5			6	4				
						3		2
		8	3					
8				7				
	5	7						
			4				2	

Hard - Puzzle 138

	6		9	4	1		8	
				6	4		1	3
1	4		6		2		9	
5	9							
	3						2	
6		2			9		5	
	5				7		6	
						7		

Hard - Puzzle 139

		1		2			8	
		5	4			7		
8				6				
						8		
				3				2
						5		
							5	
					5	4	2	9
	3	7						

Hard - Puzzle 140

		6						2
	5			2		9	6	1
7				5				
2	3							
		9	8		6			
3								
						8		
	8					6	3	7
		1				5	8	

Hard - Puzzle 141

7				9		1		
	6							
5	8							6
3		1						4
	9				5			7
				6				
		3					1	5
			2		4			9
				8	3			

Hard - Puzzle 142

		8				4	3	
		9			3			
			1	8				
	3				8			6
					2		7	
3					7		9	
2				1		6		
	1			5		2		
	4	3						

Hard - Puzzle 143

	4						1	
		3			5	6		
1					3			
			2		9			
	3							2
						2		6
			8				4	5
	2	5						4
			3			1		

Hard - Puzzle 144

						8	5	4
9		2	4		1		8	
5								2
8	7				4			
	2			3				
			3					
	9							
	5		9					6

Hard - Puzzle 145

		1				6		
			9					
					1			6
			1			4		
4		7				1		8
	2	6				5		9
5			4		8		7	
		4			7	9		
				9				

Hard - Puzzle 146

	6					4		
					2	6		
4								6
			4					
		8	7			1		
					1			
		7			9			3
	7			3		2	4	
1			6		3			

Hard - Puzzle 147

		1				6		5
						3	9	
				3	7	4		
		9					3	
	4							1
				8				
	6	4			3	5		
		8				1		
2			7	5	1			

Hard - Puzzle 148

			1					
				4	9		7	
			5			1		
	4		2		3			8
				8		9		6
			4	6				
	9				6		2	
4							3	

Hard - Puzzle 149

9				8		2		
	5					4	7	
2			5					
				4	8			
		9			5	1		
			4			7		
	1		2	6				
						6	4	
		2		1	9			

Hard - Puzzle 150

			3				1	8
		3		2		9		4
		6						
							9	
				6			5	
		4	2			7		5
	9					5		
1		9		8	3			7
	4	1						

Hard - Puzzle 151

				5	1			2
8		9				5		7
							5	
							2	1
4			9			8		6
	3							
5		4			7	6	9	
				6			1	

Hard - Puzzle 152

4	5				2			
					5	9	4	8
6							2	
		2	1				9	
					1			
				2		1	5	7
		6						
2								4
		5			9			

Hard - Puzzle 153

				6				
						9	7	
						4		
2		9		1		6		
				7			2	
			4		6			8
	4						3	
3		8	7			2		
	6			4	8			

Hard - Puzzle 154

					5	2		
1	5							
4				9				6
			4		7		3	
7								
5	3			8			1	
		6	8			7		
3		5	7	4	6			

Hard - Puzzle 155

		3					7	
3			6					
	4			9			6	
			9		8			6
5		7	8					
	5		3					1
	1	9			6	4		

Hard - Puzzle 156

		2						
				3		5	6	
	9		2		7			1
	2		1		9			
3		5						
	6		9		5			
	3			7				9
	8			5	3			6

Hard - Puzzle 157

			4					
3	4	7						
8		9	1					
	2							9
5					6	9		
		1						
				4		6		2
			6			1	4	
							9	5

Hard - Puzzle 158

	7					1		6
						7		3
				3		4		7
			6	5	1			
		4		1			2	
		6						
	6					3		
	9	7		6				
3	1					2		

Hard - Puzzle 159

	6				4		3	
								5
3		4						
	9	3	2		7		4	1
		8					9	
	7	5		3				
			6			4		
		6					8	

Hard - Puzzle 160

3		8					4	
		5			9	3		
7	2					1		
							7	
			3	5		9		
8				9				
				1				
1	4						5	9
					8		1	7

Hard - Puzzle 161

1		9					8	
5	6	2			3			7
8			9					
7	3			2	8		1	
					7			
				3				
		8				7		2
		1					5	
2		4						

Hard - Puzzle 162

		3	1				6	
1	9		4					5
		7						
	4						2	
							5	
9	7				6			
						9	3	6
		4	5		8			
			2	7				

Hard - Puzzle 163

							8	
		6		4	7	9		8
			9			1	4	
		5			1			
	3		4					7
								9
		2				8		
4		3		5				

Hard - Puzzle 164

6								
				5			2	7
		5						
5		2	4			7	1	
			3	1	4			
1	8						9	
		3		7				
			8		3			
				2				

Hard - Puzzle 165

8						1	6	4
			7					8
	2							
		3						1
		4		2	5			
2				4	7		5	
					2			
5		6	8				9	

Hard - Puzzle 166

		3					8	
		5		3	1			9
1					2			
2		9			7		6	
	1	8				9		
			5			2		
					4			
8		1						
				5				

Hard - Puzzle 167

			3			1		
		5			7			
8		3	5	6				4
		4		2	5	8		
1					6			
			4					1
		1		3			7	
		6						

Hard - Puzzle 168

	3			5		1	7	
							3	5
2	6		1		7		8	4
5					4			
						3		
	7				6			
		8					4	
					3		6	
		3						

Hard - Puzzle 169

	8	6			2			7
	4						6	
				3	9			
	6			1	8			
	2	3	8					
4			3					
9				5		8		
8								5
			2					

Hard - Puzzle 170

					1			
	8	1		4				
		6			2			
				8				
				1	7	8		
		8						6
	6					1		
			7				9	2
6	4						5	8

Hard - Puzzle 171

			6			2	8	
			9		8			3
			2					
			4			7	5	
				2				
9	1				4	8	7	
2	6	7			1			5
			3					

Hard - Puzzle 172

				7	2			
		6				8		
							1	3
1					7		3	
			3					
			4		5			
		1	9					
4	9				1	5		
				6		1		

Hard - Puzzle 173

	6							
9			1	3		6	8	
				5			6	
				2				4
						8		
	4							
		8		4			1	
								3
2				6	7			8

Hard - Puzzle 174

		1		5	7		2	
	7	3				6		
6			5					4
	1							
					4			
3		6			5	8		
	2							
				1		2	5	
			8					

Hard - Puzzle 175

			6	5		2		
		7						
					2			
	6	9					3	5
1						3		4
	8				1			
					7	9		
		6					2	
		1	3	7				

Hard - Puzzle 176

1			4			3		
		1					8	
4		3				1		2
	4	5					2	
		2			7	8		
	6							
	9							1
		7				9	3	

Hard - Puzzle 177

1								
					6	9		
			2			3		
					5			4
	3		4	8				
	1		3					
7	4					8	9	
				6	7			
	8							

Hard - Puzzle 178

				7	8			
		8				7	9	
		2		6	4			
9		5		2				8
6			5		9			
				1			6	
				4				
		6	3	9			7	1

Hard - Puzzle 179

2							7	3
1								
	1	3	4					2
								7
		6		8		4	1	
4	9				1	7		
					5			
			7		8	2	9	
				6		3		

Hard - Puzzle 180

3	4					1		
		4					5	6
9					7		4	
		9	7					
	3		5		8			
			8					
2								
	6					3		

Hard - Puzzle 181

				3				
		1			7			
		2						
9	7				8			
	1				2	4		9
		9					6	2
		8	5			2		7
5		6						
						8		4

Hard - Puzzle 182

	4							
8	9							
5				6	8			
						6		
		5						
	2		1	5			4	
					9	7		2
1			4	2	5			

Hard - Puzzle 183

		2		6				
3				5		4		7
1		5	3				8	
9					8			2
								1
2								6
	5		1				4	
	8			7	2	1		

Hard - Puzzle 184

		9						
	5							
							8	
							6	
9	6							4
5	4			7	9			2
	8			4				5
7			6		3		5	
			7	2		4		

Hard - Puzzle 185

								9
		4				5		
1								
2					8		6	
			2					
		1	4				5	6
						9		
		5					2	
	7		8	3	1		9	

Hard - Puzzle 186

7				1				2
			3	6			8	
						8		9
6		9	1	2		5		
		2						
	1						9	
				5		4		
		3				6	1	

Hard - Puzzle 187

	6						5	
			3	4				
	7	6						
				6	7	1		
			5				7	
	5	8				7	9	1
		7	1					
	9				8	2		
	2			7				

Hard - Puzzle 188

								6
6			2		8			
		4	1					
		3	5					9
7		9		8	1	2		
						7	8	
				5		6		
					9	4		

Hard - Puzzle 189

					2		8	
					9		6	
3					7	6		8
				4			1	
6					4			9
	6	4			1			7
							4	
7		8					9	
		7		1			2	

Hard - Puzzle 190

					6		7	5
		6						
			1					7
2							6	
9			8		3			
	9							3
	8		3			2		
							3	
		8		2	7	1		

Hard - Puzzle 191

8	9	3	5				7	2
			1					
5		7			9			
					4		5	3
		1		7				6
						3		
	1				7		2	
4	5						3	

Hard - Puzzle 192

		4			7			
		9		5			6	
	6		4		2		7	8
		8					3	
	2	7			1			
		6						3
	3			1			2	
							9	
								4

Hard - Puzzle 193

	6							
5							4	7
		7			8			
8					4	1		
						5	3	4
3			9		6	4	2	
			3				9	
							8	
	8	2		5				

Hard - Puzzle 194

	5		1		6			2
							6	
					7			
		4	2					
	7				8	1		
2			9		1		8	
			7					8
				3			1	

Hard - Puzzle 195

		8	9					1
				6	2	9	8	7
			3			4		
			2			7		
						5	3	8
		1				2		
9			6		3			
3								2
								3

Hard - Puzzle 196

							5	9
		8		1				3
			3					
	1	5	7					2
		7	6		4	8		
3				6	1			
	7		2					
								6
						4		8

Hard - Puzzle 197

				1	6			7
9				8				
	9	6					7	
2								
4				6				
	1							
3	2	9		4	7			
		5						
		3	8		4			2

Hard - Puzzle 198

8			3		5			2
		7						
9		1		3	7		6	
7							1	
	2	5				7		
6							3	
				8				4
			7		9			

Hard - Puzzle 199

		6						3
	8	7		6				
2		9				6		
	7	2				8		
				1			4	
4			7	9		5		
5								

Hard - Puzzle 200

		4		8				
				9		2	3	
8					9			
	4							
	3	8	9			5		
	5	2		3				
		3				1	7	
	7	5						9

Hard - Puzzle 201

	1	3						
			8	7				2
					8		9	
			2	6				
					6			
							6	
		4	5	9			8	
3			4	1	5	7		9

Hard - Puzzle 202

				2		4		
		4			1			
3	8			6				
		1	5					
1	4			3		2		
	6	5						
	9	2			8	5		
		8			4			9

Hard - Puzzle 203

2			7	5				
4						2		
		2					5	
		1	5	3				
	8							
3				2				
	2					4		6
	6						2	8
				4	2	8		

Hard - Puzzle 204

							5	
					4			
	1	8		6				
	2		9	3	6			
		1	8					6
		6				9	3	
							6	9
9				8	3	2		
							4	

Hard - Puzzle 205

			8	4	5			
9					1	6		7
	1		5					
							6	
	6					2		
		3	1		9		5	
					6	5		
		8					4	
6								

Hard - Puzzle 206

	6	4						
2								
			9					
	5					3	6	
		1						9
						1		
			2	1				
	8	6	5		2			
3		2	8		9	6		4

Hard - Puzzle 207

				7	8	2		
		3		4				
2						8		
			1			6		
								5
			9				8	
7					5			
		4				9		1
3	9	2						

Hard - Puzzle 208

	6	3	7					
							6	
5	1		3			7		
		7	9	2	4			
			1					6
	3							
			5				7	2
	7							5
		2				1		7

Hard - Puzzle 209

					4	9		
9	5					1		7
				9				
4			6					
7	8							
8				3				
					6			4
	6			4			7	
	4		5					

Hard - Puzzle 210

				7	8			
				6	1	9	7	
			2				6	
	3						5	1
1		9						
				3				
		6					8	7
			1	8			3	6

Hard - Puzzle 211

	4							
9			5		4			
							2	9
							4	
3	9			2		6	7	
5		7	6				1	
							8	
	2		4		7			
					8	3		

Hard - Puzzle 212

3				5	1	4	9	
				7				
		5					4	
1		6		8				
					5			
			9	2			7	
		9						
2	4				3			

Hard - Puzzle 213

				8			5	2
				2			9	3
	2	6						
				4			6	
7			5				1	
	7				3			
								6
			3	9		6		
				3				

Hard - Puzzle 214

		6				8	3	
				8			4	
	7	9						
		7	4			3	1	
7								
	4		7	5	1	6	8	
	5							2
								1

Hard - Puzzle 215

			9		8			1
		6		9			3	
9				4		2		
		7					2	3
3	1			7				
						1		
5			2	1		9		
8			3					

Hard - Puzzle 216

	5	6		3				
	8	5			7	3		
6		2						
	1	8			9	4	5	
	4		5					
				5				
			4	2	1			
1	2							5
5				9			8	7

Hard - Puzzle 217

					5	4		
			3		4		1	9
						6	4	
5		3		7	9	1		
	9			8				
2		6						
			4			5		
		9			2			6
7						9	3	

Hard - Puzzle 218

5	1	8					7	
								5
					7		3	
			6			8		
			4			1	5	9
8		4	1					
					4			
					2			
7	4	9		6			8	

Hard - Puzzle 219

9	1							
	8		7	5			1	9
8	9	7		6				
			8		9	5	2	
				1			8	4
	5			8	6			
				2				
		8	6					
	6							

Hard - Puzzle 220

	7							
			1		3			
1			4				3	
	3		2	7				
	4			8			7	
8							9	
3	9							
			8	3				5

Hard - Puzzle 221

	4				8		7	
			1			9		6
						4		
4					6			
			7	5				8
		8			7		9	
		6				1		
		2					6	
		5		8			3	7

Hard - Puzzle 222

						5	7	3
3				1				
					1	9		
		6			7	2		
					4	3		
			5		2		6	
			1	4	8			
1	9							
								6

Hard - Puzzle 223

		5		6		1		
		1						
		3		4			2	
	5							3
	9			8	5		7	2
7								
					4			
			9			2		7
1	8			2		9		

Hard - Puzzle 224

1							3	
	8	3				7		
	7	5			4			
							5	
	9			4			7	
						2		5
				6	5			
							4	2

Hard - Puzzle 225

					8		2	
5	8		2					9
				2	4	5		
2		8			3			
	1		5		9	8	7	
			4					
6		9					5	3
		4		1	5			
						9	8	

Hard - Puzzle 226

		3				7		4
1								
	9							
2	1			9		3		
3				4	6			
			3	8	4	1		
8								
	8			3				
		4					8	2

Hard - Puzzle 227

				3				
	7		8					2
5	1			2		4		
6								
	9	1						
		4			8	1	2	
	5							1
2		7				5		
		8		5				

Hard - Puzzle 228

3							1	
		8	7			2		
	9							
	5			9	3			4
		1	8	4				6
		3			5			2
			3					
	7	6	5					
		9		7				

Hard - Puzzle 229

							8	
		6			7			
						2		
	2							
			6			1		4
		5						
				4	9	8	1	6
		2	1				5	
		9	7		6			5

Hard - Puzzle 230

4					5			
6		2						
8	3							6
				2				
				5	4	8		
					2			5
	8		9				3	
	2	7	3	8		5		1

Hard - Puzzle 231

	7			9			1	4
			8			3		
		9						2
		8				1	9	
				8	4	5		
8		3	7	5		6	4	
3				4			8	5
9			4					

Hard - Puzzle 232

2				7		5		
		3	9					
				4		8		
						3		
9								7
			4		5			3
	2			6				
	9			2	4			1
		2					9	

Hard - Puzzle 233

3		1				7		
7					8			3
	5	4						1
5								
	7	3	9				1	4
			8	1	9		2	
4		8	5			2		

Hard - Puzzle 234

	5		6	4		7	9	
					5			
						4		2
8			2	5				
						1	2	
			9			6		
2				7			6	
						3		
6		4	3			2		

Hard - Puzzle 235

				9		7		
		6		4	2			
	5			2	9	4	3	
	8					6		
		3		5				
					1			
	7			6			1	
9		5				1		
			4	3				

Hard - Puzzle 236

			9					
	4			8		7	5	
						3		
8		2			3			
2	5	1						
6					9	8		
	3							
					7			
3		9	8			2		

Hard - Puzzle 237

4			5					
					7	8		
		3		7			2	
					1	3		
						6	5	7
	2				3			
		2				9	1	5
	5	9		2			3	

Hard - Puzzle 238

8				5	7			1
	9				2	4	6	
7			4					8
					3			
	8							7
						6	2	
	1	2			5		9	
			1	9		3	7	

Hard - Puzzle 239

6		3	4		5	2		
	6		1					
						4	2	
9					6			
							1	
		1	9			7	6	
				3	1			
						9		8
1		9	2		4	5		

Hard - Puzzle 240

							1	
4			1				8	
	3			8		1		
				7		4	5	9
8		4					3	5
				9	7		4	
	4			5		2		
	1	9			4			
					9	8	7	

Hard - Puzzle 241

			4	7				3
	3		5				1	
		8	1					6
		4				3	2	
	9				1	7		
		6				9		
	4		9			2	5	
	8							
6						1		7

Hard - Puzzle 242

	7			1				
	2	9					7	
			9					2
2	5					6		
4	8					9	1	
			8					
			5	6				
8				2				
					3		6	

Hard - Puzzle 243

	4			7		6		
				3		9		
	8	4				2		
				9		1		
					3		1	9
8			4	5				
		2	1					7
					4	5		
					7			

Hard - Puzzle 244

9		5			2	7		1
		7					3	8
	7			8				
5	2	9					6	
					5		8	
			7					3
	8							
		6					5	

Hard - Puzzle 245

8			1					
					9		2	3
	4		3	6				
6					1	3		
			4					
			2				7	
	7	1		2				9
		6				7	4	
			6					

Hard - Puzzle 246

	1		7		3			5
			4					
		2						
4	6		2	7			5	
	3							
				9				
1		3	8			9		
	2							
				3		4	8	

Hard - Puzzle 247

1								
		8						3
				3				
2			8					
4		3						
		1			4		5	7
		6			5	1		8
	9							
				1		7	2	

Hard - Puzzle 248

	6							
		6			2	1		
			5					
	3							8
		8		3		2		7
					5	6		
		2			7	3		4
			1		8			2
		3		4		9	1	

Hard - Puzzle 249

		4			7			
6	1		2			9		
			3				6	
	8		1					6
2		9					8	
	6			1				3
				4				
4					8		1	

Hard - Puzzle 250

7			1					
9		1		7	8			3
	2						8	
	9			3		1		5
							6	
						8		
			8		4		9	
		9			1			
4		7	3					6

Hard - Puzzle 251

	3			2			9	
	9							
				5			1	6
		4	2		8	1		
		1					2	7
						4		
8				7				
		2						8
3	8	7				2		

Hard - Puzzle 252

			4		1	3	6	
		6						
		3		7				
	4	5		1	9	2		7
	7		6		8			
						5		
				2	3		5	
	9					1		5

Hard - Puzzle 253

			5	9			7	2
3		5				1		
9	4		6	5				
	9	8	1	3				6
	6							1
		1		7		8		
						6		
		3			4			

Hard - Puzzle 254

				5				4
	4		9	6			1	
			2		4	5		
		1						
2				3				
1	5	3		2				9
7			6		2			
					1	8		
						1		

Hard - Puzzle 255

9							2	
		1	3			8		
								3
		3		2				7
2			6	1				
							8	
6								1
	6			5			7	
			2			3		

Hard - Puzzle 256

4							6	
	6		5	9				
					5	4		
8						7		
				6				
			2	4				
			3	1	9		7	
	3				1		4	
		5					9	

Hard - Puzzle 257

	8							3
		8				4		9
2		7	6					
			3			1		
6	3							
					8			
		6		5				
3					7	8	9	
8		3				7		5

Hard - Puzzle 258

			6		5			
			7	1	6		3	
	2		9		8	1		7
	9		5			8		
6		9						3
			1		3			
	3			7				6

Hard - Puzzle 259

6	1				9		2	
	8				2			9
			9		3			
9	2							
		6				8		
		5		1				
				9	5	2	3	6
								4

Hard - Puzzle 260

5								
				2				4
6			4		8			
			5	1	3			2
					7			
								3
					2			9
				8			3	
		2		6				

Hard - Puzzle 261

				8				
		1	6	5		7		
3						8		5
2		5	1	9			3	
		9				2		
				4		5		
6				1				
		3						1

Hard - Puzzle 262

								2
	2			5			6	3
2								
5	6		9					
	5	3	1		4		9	
					2		4	
3								
	7		5		6	1	3	

Hard - Puzzle 263

9					3	7		
		7		6	9			
			1					
3					5			2
	8							
5	2		4	3			1	
			9	7			8	
				4			6	
							9	

Hard - Puzzle 264

			5					
			9					
	9					8		3
			1					
			3	2				
					9			2
5					6			
9	2					3		6
		8				4	7	

Hard - Puzzle 265

1		7			2	6	8	
				8		7		
						1		
		8					2	
							6	
				7	3			
		1			4			5
	6	9				8		
	7	5						

Hard - Puzzle 266

						6		4
	2			3				
		4	9					5
8		5	2	4				
						9		
1			4		2			8
		3						6

Hard - Puzzle 267

	9		7					6
						6		
		5					7	3
								8
	1			4				
					6			
7						1	8	
2				8	3	7		1
					9			2

Hard - Puzzle 268

			6					3
1			9					6
							4	
8		6	1				5	
				6		3	1	
					8			
7	8				9	6		
9	5					1		

Hard - Puzzle 269

	9						2	
	4				7			9
6		8			2		5	
4				7				
	5	7	9	4				2
	2		1					
	6							7
				3				
			2					6

Hard - Puzzle 270

				3		6		
2				6				
5	8	6					1	
							8	
					4	2		6
						8		7
3							6	
	2			7		9		5
		5		8				

Hard - Puzzle 271

				9	4	8		
			9				7	
	3			8		5		
			5					9
		4		2		3		1
		5		1				
8		9	2					4
		2						
	5	7					2	

Hard - Puzzle 272

		7			6			3
			6					
6			3					
		6	8	7				9
	4	9	7		1	5	8	
		2	4		7			
						7		
							6	4

Hard - Puzzle 273

		9		1	5			
4	6							
7					4	1		
			8		2			
		4				8		3
						6		
	7			8			9	2
6						7		
				7	8			

Hard - Puzzle 274

	1							
					5			
			3					9
	2	8				3		
3	5							7
		7		3		1		
2	6		5					
5		1						8
					4			2

Hard - Puzzle 275

	7	2				1		
4				1			3	8
3					6			
2						3		9
9			7		8		6	
			5					
		5					9	7

Hard - Puzzle 276

6							4	8
								6
	6		8				1	
		1				5		2
			9			7		
			1		7	8		
			2	3	1		8	
	7				6			
							5	

Hard - Puzzle 277

2	4			6				
	9							
								2
7				9	3			5
	7		8			6		
					7		8	
		8			9			
3	5		6					4

Hard - Puzzle 278

	9							
					8	7		5
	3						6	
	5				7	9	4	1
					2			9
2	8							
3	4							
					3			
9	1		6			3		

Hard - Puzzle 279

1								
		8		3		9		7
	8		5					9
	7	9	8					4
4					7	8		
	5							1
	3	7		2				
							7	
	2							

Hard - Puzzle 280

				5	4		8	
		9				7		
	2		6	1	5			
		1	9	7				
							3	4
6	8	7					4	
	9	3						6
			4		3			
				6	7			

Hard - Puzzle 281

5	3		8					
	5	9		4		2		
		5	7		4			
		1		2	5			
	2							
6						9		
				1	9			
					8	6		3

Hard - Puzzle 282

3				8			2	
7		4	5		9			
				9	2	3		
	7			6			4	
	4	6	8				1	
					3			
						5		

Hard - Puzzle 283

	2			8				9
						7	2	6
	7		3			1	6	
7				6				
		8					9	
8		6						
	9					6		
								8
	4				2		1	

Hard - Puzzle 284

3			6			4		1
		7					2	
						6		
		6	2				3	
7	5	3						
						5		
	7							4
9	2		5					
				5	9			

Hard - Puzzle 285

			8	7			6	1
7		6		2				
		4		9				5
							4	
					9			
					6	9		4
2	3							
	6	1						8
1	9			6				

Hard - Puzzle 286

2	7						4	
5								1
							7	8
					1	4		
				6				
1	5		8			2		
	9			2	8	5		6
8		2	3		9			

Hard - Puzzle 287

					6		9	
			2	4			7	1
					4		3	
	4		6		5		1	
		4	3					
							8	
		7			1			5
						8		
		9	1					

Hard - Puzzle 288

					3	4	7	
							3	
7	2	3						
				4		7		8
	7	4	5			9		
	9							7
8							4	
					5	1		
		9		7		5		

Hard - Puzzle 289

			4					7
				7		1	5	
	8					3		1
7	1							6
	2					7		
				9			2	
2					5		6	
	6							
	7	5	8	6	1			

Hard - Puzzle 290

			3					
	2	4					5	
6						2		
	1	9			7		2	4
		8		6	3			
8								
		5			9		7	
					4			
			1			6		

Hard - Puzzle 291

6			3			7		
						6		9
		9	6		7		3	
3	2		9		8	1		
	9						7	
						9	1	
	3		1					
2		8		9				5

Hard - Puzzle 292

	9							2
						1		3
	8		2	4			6	
				6				
	7				5		3	8
	1		4					
		1				8		
			9	5	8			
		4					2	

Hard - Puzzle 293

		1			7	3		
	7			4				5
					2		6	
				3			2	
8			4					1
6						8		
7	3			2				
	6			7				
	4			1				2

Hard - Puzzle 294

				3				
	4	5	9					
						1	2	
7					4			3
					9			
8		4	1	6		3		
2	6	7			8			5
					7			8

Hard - Puzzle 295

			9		1			
	4					9		
							5	
1					3	5		
6		4	5			3		
			1			6	7	
	3				9		6	
4	1				2			
							2	

Hard - Puzzle 296

	9	6			8			
1								
		7			4			
		4		8	9			2
				4		3	6	
5				6			7	
						6		
		1		7			2	
					7		3	

Hard - Puzzle 297

2		7						
		1						4
					1	8		
	1		9					
			5		2		3	1
					6			
			2	4				
	3			8	4	7		
				2				

Hard - Puzzle 298

9								
						6	1	4
	1	3						7
				3	1	4		
						3		
		4		1	8		5	
5					2		4	8
		1				2		
			8					

Hard - Puzzle 299

					7			
				5			1	
2			4		6		7	1
	4	9						
						4		
	8				1			3
4		5	6			9		
	3			1		6		
			3					

Hard - Puzzle 300

		5		3		6		7
				8	3			
			3	1				
				2		8	1	
5	4					9		2
			2					
2	1	9		4		7		
7				9				

Extreme - Puzzle 1

			5	2			7	
				5				
								8
						5		
	6			1				
				3	2		9	
4					3			
6							1	
5	9				8		3	6

Extreme - Puzzle 2

	4							
			5					
3								
		1			9	8	6	
5	7							
	1				8			
						3		
7								1
				3		7	9	

Extreme - Puzzle 3

	7				9		8	4
	4					7		8
				5				
							3	
	6		2					
								7
				1				6
	8					9		5

Extreme - Puzzle 4

							2	9
		2			8			
7			9			3		
	8							
					5			
		7		4	1			6
	7					1		
		4					9	7

Extreme - Puzzle 5

	7							
						3		2
9				2				6
		4	8			6		
					1			5
			2					
	1							8
	9			4				
2		7		5				

Extreme - Puzzle 6

				5		1	3	2
2		7						5
							7	
			4	9	5			
		5				8		9
					9			
8	3							
						3		

Extreme - Puzzle 7

6			8		7	1		
			9	7			5	3
				5			7	2
			6	1				
	2	1	7					9
						3		6
	8							

Extreme - Puzzle 8

1		6				2	7	
				1			4	
	7							8
	1			4			6	
						1		
					6			
	5	8			7			
4								
			3				9	

Extreme - Puzzle 9

				9	6			
			1					
					5			7
	9			6		7		
4	1			5				
			8					
		1				9	6	
			2	7		3		

Extreme - Puzzle 10

						2	9	
		8						
7				6				
2							8	3
	6	5						
6	5		1		4			
	8	4	9					5
				1			2	

Extreme - Puzzle 11

		5		3				
4				1		5		
						1		
					3	9		
	7		5	6				
7	4				1			
		8	3					
								2

Extreme - Puzzle 12

6				2			5	
					9		8	
		1						
						8		2
			6					
		9	4					
3					1			7
				3			4	

Extreme - Puzzle 13

		1						3
2			4					
			6	2	5			
	4			6				
				5	9			
	3	5	2			1		
	6					3		
		6					5	8

Extreme - Puzzle 14

		6					4	
2	3		9					
7			1		2	3		
6			2	3			9	
4								6
			5					
9		5	6					7

Extreme - Puzzle 15

		5	7				6	
3			9	1		7		
2						4		
			6					1
					5			
		9						
						9		
					6	2		

Extreme - Puzzle 16

5		7	6					
								3
				4				
		2						1
		3	7					
			5				2	
6	9		1				7	
							8	9

Extreme - Puzzle 17

		4			8			3
		1		5				
8								
	8							
				6			5	
9						2		
					3	7		1
1								
			3				2	

Extreme - Puzzle 18

2		9						
	6							3
8								
7	1			6			5	
	3	7						
	5				3			
	2				7			
			3	5		9		

Extreme - Puzzle 19

				5	6	3		
					8			
		6			4	2		9
8								
							2	
					9	4		
						8	7	
				3	7			
	7	5		2				

Extreme - Puzzle 20

		2	8	9				3
		5					3	
			9		7			5
							4	
						5		
	9					4		
	5	4				1		
1							9	
								7

Extreme - Puzzle 21

							8	7
			8			1		
6		1						
		6			8			
	3							
			9	4		7		6
		5	7				3	
			1		9			8

Extreme - Puzzle 22

	5							7
2				6	9		8	
			3			4	2	
9								
			9				7	
5								2
	7						6	4
							1	
	4		1			2		

Extreme - Puzzle 23

2					1			
					3			
		6					8	
3		8		9				
	2				4			
				8				
		2		4	7		6	
	4	5			6	1	7	

Extreme - Puzzle 24

8			6					7
				7				
	4	6	8			1		
					2			9
1					6			
							2	
6								
			3	1		8		

Extreme - Puzzle 25

		4						
3	2							
	9							
8				3	2			
							7	1
		7				6		
			1					9
		8	7				5	
	5	2				1	6	

Extreme - Puzzle 26

	2	7						
6		8						
					7	4	8	
						3		
						2		
			9					1
				6			5	
								4
	1							8

Extreme - Puzzle 27

				9	4			
			2				6	7
	8							
		9		8				
						6	1	
		3					9	
								3
						7		4
	2				9	8		

Extreme - Puzzle 28

	7			1				8
8			4		2			1
			2			4		
					1	2		
						5		7
							6	
						8		
				8				
			5		9			

Extreme - Puzzle 29

			4			1		
		2			6			
4						3		5
8	4							
	3			6				
			7					
		9			5			
	2			4				3

Extreme - Puzzle 30

5		9					1	
							2	
					8			
			4					
		4	1					3
		8		2	4	9		
6			5				3	
	9						6	
					6			

Extreme - Puzzle 31

5			4					9
4								8
2		1	8	6				7
		6	5		2			
		9				3		
7								
					3	2		
		4				5		

Extreme - Puzzle 32

2								5
			6					1
			7		2		8	6
5								
	2				9			
	3	7			4			
								8
			9					2
	7						5	

Extreme - Puzzle 33

			6	3	1	2		9
				9				
7			3					
						6		7
	1							
	2	5		7				
			9				4	1
	5				6	3		

Extreme - Puzzle 34

		8		5	3		1	
5								
8			7					
					4		2	
		2	6					
		7			2			
4				1				
				3				

Extreme - Puzzle 35

2			6					
				2			8	
								6
		9			5			
3		5	7		1	2		
								2
7	2	3						
				6			4	

Extreme - Puzzle 36

7	9							5
			6			1		
		7	5	2				
				1				
	3						7	
		4		6		2		
								8
5							3	
				4	1			7

Extreme - Puzzle 37

			5					
			6			1		
4								
	7							2
							4	9
3			1	6			7	
				5				8
2		4						

Extreme - Puzzle 38

2		1				5		
							3	
4		6						
			4	3				
9							6	
3				9				
	6						5	
	8			7		9		

Extreme - Puzzle 39

			7					
		4						
			6					
	5		1	3				
					4	9		3
8				2	9			
		3						
			3	5	8			
						6		7

Extreme - Puzzle 40

		2				1		
	6						7	
5	1		6		4			
			7	6				
	5				9	8		
				1				3
			1	3		4		

Extreme - Puzzle 41

7	3							
		2			4	9		
						2		6
3	5		7					
		9		3	7			
	8							
		1				8	2	
6								

Extreme - Puzzle 42

			8	3	5			1
		6			8			
				6				4
			2	7			3	
	5							
9	2							
	6						4	

Extreme - Puzzle 43

8								
		6				9		
							1	
			3		5			4
		8				4		
	1			3		5		6
4								9
						2		
	5					3		

Extreme - Puzzle 44

		9			4			8
	7							
			4				2	1
				1				4
				5				
				9	6	8		
	2	7			5			
					7		3	

Extreme - Puzzle 45

							4	
		9		2	3			
	3				7		1	
				5				
					2			
						5		
		2						
			8		1			
3	7			6				

Extreme - Puzzle 46

								5
				7				3
6	2	1						
						6		7
						3		9
2								
7	5							
			4	5				
						9		

Extreme - Puzzle 47

						7		
	5			2				
						1		5
		2	8					
3		9						
	1		7	6				
8						3		
1					6		2	

Extreme - Puzzle 48

					9			
		6				3	2	
4			3					
5						6		9
		8			3			
7	8							
	4							
1		5		4				
			5		6	9		

Extreme - Puzzle 49

		3			1	4		5
4								
	9					6		
						3		
			1	7	2			
	7						8	
				8		9		
3					4			

Extreme - Puzzle 50

	2		9					
	5				1			
	3							
		8					9	4
								6
5					4			8
2	6					9		
3		1		4		8		2

Extreme - Puzzle 51

				5				
2			6			1		
8		1			7	9		
								7
	5							
	4		7					
		9			3			8
								5
		2				4		

Extreme - Puzzle 52

1				3				
4			8	6				
7					8			
			7		3			
		4	5		2	6		
							9	
	1	2					3	
		9	6			7		

Extreme - Puzzle 53

					9			
		3						5
		6	8	2			7	
4								
		2	6			1		
			1					6
	7	8						
9		4			8		1	

Extreme - Puzzle 54

						3		
				2				
	6						5	
		8						
				4		5		
			9	8	1			7
	7	2						
			5		4			
		9						

Extreme - Puzzle 55

		1						
	4							
				5	3	1		
				2	6		5	
	7	8		1				
						3		6
2	6			4				
			7		2			

Extreme - Puzzle 56

5		4			9			
9			7					
1							4	
	4		6				3	
		6			7		5	
8							6	1
7								
		9				5		
							2	

Extreme - Puzzle 57

	1						5	
				7				
				4	3			
3		1	9					
			7					9
		2	4					
			5				4	
		9						
		6				3		

Extreme - Puzzle 58

		6				5		3
8				1				
			2	7			3	1
	9						7	
							1	
				2	8			
			4	8				
			3				4	2
			5					

Extreme - Puzzle 59

4					7			
6		3					4	
8			6	9				
		8						
						3		
			3					
	4			6				
	1		7					6
				5			1	3

Extreme - Puzzle 60

					1			7
					5	9		
	7							6
	4	2					7	
				4	9			
		9						
6			5					
	1							
8						3		

Extreme - Puzzle 61

			9			7		
							1	
6							8	3
				8				
4	9							
			8			9		
		1			5			
							6	
	7			3	1	2		

Extreme - Puzzle 62

2					8	5		
	1		3		2			6
		5	6				8	
		4					5	
			8			2		7
7	5							3

Extreme - Puzzle 63

9						3		
						7		
	1					9		
	2			8	4			3
		3			5			
		6			2			
3								7
			9		7	6		

Extreme - Puzzle 64

					6			
			3	8				
6								
		3						
			6	2		5	1	
				1			2	6
	4		2					8
		6	9					

Extreme - Puzzle 65

				5			3	
8					2	6		
	2							
	4		7				5	
		5	6					
				6				
3					7			
				9		2		
	7							2

Extreme - Puzzle 66

		6						
	1					5	6	
2								
				6				
4		1	9			6		3
	9				4	2		
			8					
	2			3				

Extreme - Puzzle 67

				2				
	3	6						
				5			8	
						4	6	2
					7			
		3				1		
		4	9	8				6

Extreme - Puzzle 68

	9		1					
			8		3	1		
4			6					
	2				7			
				9				
	4							6
			2	7	1			8
			7					

Extreme - Puzzle 69

6							5	2
	9						7	
			8		4	7		
		9						
			7			4	2	
			5	8				1
		8	9					
	5				3			4

Extreme - Puzzle 70

	8	2		4		5		
3		7						
	9							
4				6				
			3	5				
6						9	2	
						3		
							5	
1								

Extreme - Puzzle 71

			2					
		7				3		
	3				6	5	4	
						1	8	5
8								
1		9						
			9	3				
						7		

Extreme - Puzzle 72

7	1					5		4
		3						
	6							
				5				
		7		9	6			
6	9					1	4	
				3				
9	4			7			2	
		5						

Extreme - Puzzle 73

				7	1			
5	1		7					
	9		2					
							5	3
8	2						9	
		9						
3	8							
	3							
				4				7

Extreme - Puzzle 74

			4					
						4		5
9	6				2			
		4		5			1	
						9		3
8				3		6		
	3			1				
2							8	4

Extreme - Puzzle 75

								2
	9	8			1		5	
		4	5	2				
	7			5				
3							1	
1						9		
	2			9				3
					4		8	
			2					

Extreme - Puzzle 76

			3					
		7			4			9
		1	5		2		9	3
	3						5	
6						1		
								4
	7							
		5		9				
			9	4		3	2	

Extreme - Puzzle 77

			4	5	2			
					8	2	3	
					6		4	
				2				
		2	5		4			
	7						1	
		4		8	1			
		3						

Extreme - Puzzle 78

			7			1	3	
								8
			9		1	5		
	4				9		5	
2			1					
				9	5			
				6				
9						8		
		7	2	4				

Extreme - Puzzle 79

		4				2		
					5	3		
4			9		6	7		
5				7				
								6
						5		
1	4		8					
		7	1				8	

Extreme - Puzzle 80

		2	3					
					3		5	
	6				2		9	
					7	6		
		8		1				
				9		3	4	
				5				
	8				5			6

Extreme - Puzzle 81

9					8			7
							3	
	6			8				
	1			6	2			
					6			
							2	
								2
	2	8				4		
7							5	

Extreme - Puzzle 82

					5			1
			7	9			5	8
6	5					1		3
				6		3	7	
7	6			4				
			3					4
	9							
2				1				

Extreme - Puzzle 83

		3			8	7		
		8	6		4			
					5	8		4
	7					1		2
							7	
			5	2				3
	4							
			1					

Extreme - Puzzle 84

		4	5			6		
				1		3	7	
3							8	4
							4	
				3	9			
7	9		6	8				

Extreme - Puzzle 85

1		4						
					1			
	4	6				3		
	8			1	3			
			9				7	
			1					6
5				8				7
			6			2		

Extreme - Puzzle 86

						8		
7			8					
			3			2		
	6	7				1		8
				2				
4								
	8			3	4		2	
	5			9			6	

Extreme - Puzzle 87

		2						
4					6			
								5
7				5	1	3		4
1							8	
					7			
3			1					
	2			8			7	
	7							

Extreme - Puzzle 88

							7	
							1	
	6							
3	8					7	9	
			1					
	9	6	5			2		
	5						8	
8					5		6	

Extreme - Puzzle 89

4					5		6	
				3				
								1
3				4				
8	7							
2								
	9							
				1		3		
5			4					

Extreme - Puzzle 90

2								
			1	6			8	
	7		8		4	6		
								2
					9	5	4	
			3				7	4
			2		5			
7	2	1		9				
5								

Extreme - Puzzle 91

	6			4	7			
		2			5			
3								
4			2	6				
		9						
		3			2			
	4						8	
	2			9		6		

Extreme - Puzzle 92

			9	2				
4					1		7	
	5	7			3			
7								
						2		
		5				4		
							9	
		8		5	7			
				1				

Extreme - Puzzle 93

8								
	7				1			9
			2			4		
			9		7		1	
	3		8		9		4	
6	1	5			4		8	

Extreme - Puzzle 94

8		1			3			
								6
2		3			1		6	
		8						
5							1	3
					4			
				5				
				7			3	
	4		2					

Extreme - Puzzle 95

		7	6					
5			2			1		
		5			3			
		2	5					
				9				
7				2	5		8	
			9	3		4		
	2							

Extreme - Puzzle 96

					7		3	
			9	4				
		6						
	1					7	9	
	5							
								8
		5						4
	9					6		
		3	6		2			

Extreme - Puzzle 97

8							7	
		8				2		
6								9
						7	8	
				2				
9			6		3			
				3	7			
	6	5	9					
3		1						

Extreme - Puzzle 98

1								
	5			9				
							6	
	7		3					
3			2	4	8			
				6				4
	1	5						
6				1	5	2		
			1					

Extreme - Puzzle 99

			8		6			
			3					5
9	6			8				
7		6			3			
			9	5	7	2	4	
	9						1	
			5					2

Extreme - Puzzle 100

				5				
3				9	7			
						7		
	6		8				2	5
	9	3						
	7			1				
1		2						
				8			7	

Extreme - Puzzle 101

	8	1	2				4	
5							7	
								3
8					7		1	
	9							
4								
2								8
				6		1		

Extreme - Puzzle 102

						4		
		7						
9			5					
7				1	4			3
		9				2		
6	3			5	2			
						7		
		8		3		6		

Extreme - Puzzle 103

					5		6	
6			8		4			
					1		2	
3		6	5					
8		9		3		4		
					6			
1	8	3						7

Extreme - Puzzle 104

								6
		4		5			6	1
	5							
					2			
			2				4	8
		1			4	9		
	9		7					
		2			6			3

Extreme - Puzzle 105

					1			
				5			2	3
5								6
							3	
	1		7					5
								4
	6			8			7	
	4							8
			6	9	2	7		

Extreme - Puzzle 106

	2							
7		5						
		8			9			7
				9				3
			7		5			
					6			
		1						
	4			3		8		
2			3				9	

Extreme - Puzzle 107

9				8				
6		5			9	1		
			2					
			1	5		2		8
3		4						
	6							
							8	9
					6			

Extreme - Puzzle 108

	1	4		3				
	2						6	
						5	1	
8				5				4
4	7							
		9	1	6	5			
5			7					

Extreme - Puzzle 109

2		5	7					
	4				5			
				8	4			1
			5					
	8	1	3					
5								
						6	5	2
		6		5			1	

Extreme - Puzzle 110

					7			
			3			4	7	
	4		9				1	
				6				
			8		6			
7				3	2		8	
9						5		
		6				1	9	

Extreme - Puzzle 111

	3				9			
				7	4			
		5						3
				2				7
			6					
	6	2		8				
			5	4	3			2

Extreme - Puzzle 112

	2			1	6			
				4				
		2		8		1		
	9				5	8		3
	8							
9		3						
	6		9				3	
								2
		4		2				8

Extreme - Puzzle 113

4		9		8		3	1	
8			1					
	7			4	1			
		3		2		5		9
				1				
2			4					5
							5	
1								

Extreme - Puzzle 114

9			4		7			6
	3	6			4			
8		5					4	
								7
					8		9	
		8						
	1	2				9		
								1

Extreme - Puzzle 115

4	8						7	6
					2			
		3				9		
	6			7				
		6		4		1		
	3							1
				8			6	3

Extreme - Puzzle 116

4						3	9	
				4				
				8				
		3				9	8	
					2			1
6					3			
		8				4		5
	5						2	

Extreme - Puzzle 117

8				5		2		3
		1						6
	1					5		
	7				6			
				7	2		1	4
			8				6	
	6				9			
				8				

Extreme - Puzzle 118

		6		1				
				9				
		7						5
				3				
3		8			7		5	1
						1		
	5		9	7			6	
	6					2		
7							3	

Extreme - Puzzle 119

	7						6	
2		3						
8	9						4	
						8	1	
3		9			6			
1			3	7	5			
					8	1		2
	6	2						

Extreme - Puzzle 120

				2			4	3
	3							
			5	6				
								5
		6			4		9	
4	2	7		3	5	8		
5	1		9					
			3					

Extreme - Puzzle 121

		7					6	
						8		
	6			9				
					5		2	
			5		8			
	5				7			
			7			4		
					1		3	
	8	2						

Extreme - Puzzle 122

						6		
1								
							1	
				1	2		5	6
								2
	4							1
		6	4					
2		8						
	1	9			3		6	

Extreme - Puzzle 123

	3							
2				3				5
				7		2		
9	2				3	7		
	6				9	8	2	
					1			8
			4					
6							5	7
				5				

Extreme - Puzzle 124

4			1	7				
								3
	2		4					
3						7		
		9	7					
				6	4		2	8
	7				2			
						1		

Extreme - Puzzle 125

	9							4
							8	
						1		
3				6				5
				1	7			
			7		3			9
					9			2
			9				3	7

Extreme - Puzzle 126

			4					8
		7		2				
				9			7	
		5			3			
	4	2						1
5								
	1				5		6	

Extreme - Puzzle 127

				6	7			4
	2					8		
						7		
	6		8		5		4	
	1		4		8			2
						1		
		2						
3		6	9		4			

Extreme - Puzzle 128

	5	9		7				
6	2		1					
								2
						9		
7			2					
						8		4
			4				1	
1	6							

Extreme - Puzzle 129

								4
	2						1	
		8						
7	9			3			4	2
			8					
	4	2						
		6	5			4	3	9
5			1					

Extreme - Puzzle 130

			7	6			9	
		3	8	4				
	4							6
					7			
7			1	9			8	
5		6						4
			4	2				
						8		

Extreme - Puzzle 131

	3	1						4
					3	5		
	8		6		2			
			9		7		8	
		3	7					
	5					4		3
1								
	4			1				

Extreme - Puzzle 132

							9	
		1					2	
9							6	
		9		7				
6								
	5		6	2			3	
4				3		5		
			5		8		4	

Extreme - Puzzle 133

3		1						
			6				9	7
4								
	8							
				3	1			8
		4		2	6			5
	9			5		3		4
		7		1				

Extreme - Puzzle 134

6		1			7			
			9					1
	4			1		9		
8						4		
					2			7
5			7	8	6			

Extreme - Puzzle 135

					6	2		
	3						4	
		7						2
				5			8	7
		3						
	4			1	5			
						8		
		9					6	8
	6		2					

Extreme - Puzzle 136

3						9		
1	9			6				
8					9	6		
	7					1		5
					5			2
				3		4		
5			4		7		1	

Extreme - Puzzle 137

			9		5			
6	1	8	3			5		
	2	7						
9			8			3		2
	3	9				1		
2		3			9			5

Extreme - Puzzle 138

			4		1		2	
3						9	7	
	2							
	9							
						8		
						7	3	5
1	6		8					
			5		8			
				9		6		

Extreme - Puzzle 139

1		8	6	9				
	3	4						
					2			
9	1							
						7		
		5		1				6
					4	2	8	
							4	5
					9			

Extreme - Puzzle 140

		8		2				
	3				7			
								8
	6		7		3			
			9					5
	1	4		7				
	8			6			3	7
						8	4	

Extreme - Puzzle 141

	4				8		9	
	3	8						
						6		
								4
				5			8	
		1	8		3			
5					9		6	
1							7	

Extreme - Puzzle 142

			1					
				7			8	
3	6					1		
			6				9	
		3			8			
								4
				9			2	5
	4	7						
					7	3		

Extreme - Puzzle 143

	5	7		1				
			9					
		4		2				
						5		
	3					1		
		6	7					2
9		8					1	
				5				
6					4		9	8

Extreme - Puzzle 144

							5	
		9				8		
		8	7		6		4	
		7	2	8				5
								3
		1			9			8
				3				
4								

Extreme - Puzzle 145

1						6		7
	6	1						
					5		4	
		6						8
	5			9				
		4				2		6
					4		9	
				2			1	

Extreme - Puzzle 146

		4						
				4				8
	6				9		2	
9		8			5		4	
			4					
7				5	2			
3					8			
		2	8					

Extreme - Puzzle 147

	6	3						
		4						
		2		6			9	7
7	9					5		2
						8		
		5				4		6
3			9			2	4	
	2			1				

Extreme - Puzzle 148

					9			
							3	
			5					
				8		9		
			3		2			
							8	
					1	2		6
	8							4
9	6			2		1		

Extreme - Puzzle 149

			2					6
9								5
			4					
		4				1		
4			5					
	8						9	7
		3					1	
			7	2		8		

Extreme - Puzzle 150

						7		
				5				
		2				8		6
	7			3		1		
		9			6	4		
1	5	4				9	8	
	4					2		
	8			6				

Extreme - Puzzle 151

	9					1		
				3			8	
					7			
								2
1			9					
		6						
							4	
4	7						2	5
3				1				

Extreme - Puzzle 152

	5		3		6		4	
					2			
								3
		3	4			8		
		1		9	3			8
	8							4
			7			5		
6								
		2						

Extreme - Puzzle 153

		3						
				3				
								9
		4					2	
6							8	
	8			7		4		
4			6	2	5		9	7
		1					3	2
		7						

Extreme - Puzzle 154

1	2					3		
				3				
4								
3		7			8			
	9							
	5	3	8		2	7		
		1		6				
					7	2		9

Extreme - Puzzle 155

1				6		9	8	
	5	7		3				
			4	9		3		
8	1				4	2		
								9
					6			
		2						
				1				6

Extreme - Puzzle 156

8								
			7					
	5		1					
	4							
4	1				2			5
2			4		5		3	8
	2				3			
					6			
		8				1		

Extreme - Puzzle 157

2	5		4				9	6
				8			2	
	1							
9					1			
		9					1	
		4		1		3		
	9				5			
			8	5				

Extreme - Puzzle 158

1				5				6
							3	
								9
			6			2	7	
	5	1						
2	7							
			7			4		
		8			5			2

Extreme - Puzzle 159

1	7	4						
				8			3	4
		8					6	
		6	8	5		3		
		3						
			6	4				
	2							
					1	5		

Extreme - Puzzle 160

5		2		8				
						2		
1	6							
					2	4	6	
4								
	5			6			9	
							5	
9							8	7

Extreme - Puzzle 161

		1		8	3			
							5	6
	6							
	8				4	2		
			5					
								9
4		9	2					
5								
8	7	3						

Extreme - Puzzle 162

	2						8	
		2						3
1								
		3			4	1		
	9				8			
	4			8	6	9		
						2		
				7	9			
			6					

Extreme - Puzzle 163

				3	4	6		9
			8					
	6							1
5							2	
			7			9		
	3			6			1	
	1	5						

Extreme - Puzzle 164

6	1	9						
								5
						3		
		8						1
		2	7	8				
							3	
		5	9		6			8
						7		
			2	7			9	

Extreme - Puzzle 165

							7	
		2						
		4		5	9			7
						7		1
9					3	5		
	1						8	
			6		1		3	
								9

Extreme - Puzzle 166

8						6	4	2
9							5	
						3		
				7				
			4	1				5
3	5						2	
		1			5			
	3	6		9		4		

Extreme - Puzzle 167

		4						
				2				
		5		6		9		3
		9				1	5	
		2			8			
5				7			3	4
		3	6					
	2					5		

Extreme - Puzzle 168

				7				
			6		8	4		
					9		1	
	1	3					8	
				2				7
			3			8		
		5		4				
	3							
	7							

Extreme - Puzzle 169

	3			9				
			6					4
		5						
								3
5					8			7
	6				7	3		9
	1			6		8		
					2		9	

Extreme - Puzzle 170

	1			5				
8				6				
							1	
					8	2	7	
		7		9				5
		6	3					
5						4		
		8			9			

Extreme - Puzzle 171

							7	
			4		9			5
	8	3				1		
						3		
				6			2	
			1					
4			7			6		
					8			
		7						

Extreme - Puzzle 172

						6		
			1				8	
		6						3
		4						9
	3						4	
9						1		8
					5			
	2		5					
	5				1			

Extreme - Puzzle 173

3					6		9	
	1							6
					7		5	8
		7			8			
5		3						
7					2			
	8							2
			5				3	

Extreme - Puzzle 174

				7				
	4					6		
2				9			1	
			4		8			
8								
			1	8	2		3	
			3			4		

Extreme - Puzzle 175

			6					1
								9
	6		7	8	1			
	3							
5		3					7	
			1				6	
				3				5
7		4						

Extreme - Puzzle 176

							4	6
5			2					
	3						9	
		6			2	4		
7							2	
			7					
		1		6				8
		5			7	2		9

Extreme - Puzzle 177

		3						
	2	8				4		
9					1			
		1	2			3		
				4				
					3		2	
				7				
	9	4					7	
7							5	

Extreme - Puzzle 178

			2					
		4				6		
		1					7	
3					5		1	
	8	3	1					
4								
		5		4	2			
					9			
						7		8

Extreme - Puzzle 179

9		6		3	5			
						1		
				1	9	6		
		2						6
	5		4					
	6						8	
	7		1	6				
					7		9	3

Extreme - Puzzle 180

		2						
				1	2		7	
9							6	
					3	9	1	
4				7		5		
				5				
		6					3	
8								

Extreme - Puzzle 181

	3				8			7
				9		1		
3		9						
1		8					6	9
					4			
4	5						7	1
				3				
		6						
						5		

Extreme - Puzzle 182

	6	5						2
	5		8					
						4		
			2				1	
						9		
	4	6				2		
		1						
4					3			1
	3		4	2				

Extreme - Puzzle 183

	2					6		5
					3	8		9
9		1					3	
5			8					2
	7	6				5		
	1							
2					4			6

Extreme - Puzzle 184

							8	9
	6					1		
		7						
				6				2
					3		7	
			2	5				
1			4		2			8
	8			7				
						5		

Extreme - Puzzle 185

					5		1	
					7		8	4
9								
	3	4						
		2						
8					6	5		
3								7
					4	8	2	

Extreme - Puzzle 186

							6	
		6			3			
2				1				
								9
			6		5		1	
	1	3				8	9	
	2						8	7
		4				2		
						5		

Extreme - Puzzle 187

	4						2	
3								
7				3	2		5	
							1	
				4	6			
						5		
			9		5	8	4	
			8	2	1			
		3				1	6	

Extreme - Puzzle 188

	5	3	2		6			
					4			9
3		1						
		7						
	3		7	4			1	
					5			
								7
			4	7				2

Extreme - Puzzle 189

7		4			2	5		
						1		
9	7		4					
							4	
	2					7		
5	4		7		9			3
				3		6		
		9						5

Extreme - Puzzle 190

		8			6			4
						5		2
		4		9		1		
				3		9	5	
	6	7	1					3
	8							
				1		8		
			7		4			

Extreme - Puzzle 191

	6		3		2	4		
	2	1	5					
		7						
						8		
						2		
		8	4					2
4		5			8	6		
8	7			5				

Extreme - Puzzle 192

		9		6				
1					9		4	
					6	5		
			2					9
				2	7		5	
		8	5					
8								
					1		7	

Extreme - Puzzle 193

				1				
			7			8		
5					2			3
1				2				9
	3				1	6		
4		5						
	7							
			4		9		6	

Extreme - Puzzle 194

					6	4		3
5					7			
		6		4				
2		8						5
			1			7		
		7	6	1		2		8

Extreme - Puzzle 195

				7		4	6	
				8	3			
7					6			1
8								
	3					9		2
		3	1		2			
		2	6					
2							1	

Extreme - Puzzle 196

	9	4			1	6		
2	1							
	5							
								5
6						1		
								3
5				8		2		
		2		3				
3			5					

Extreme - Puzzle 197

		4	2	7				
		3						
						6		4
5	7							
					3			
2	9							
						5		
				1	7		2	
				4		7		

Extreme - Puzzle 198

			6	8				1
		5		4				
9								
						4		
	8					2		3
3	2						6	
			1			6		2
						8		
	6							9

Extreme - Puzzle 199

						9		
			4					
1					6			
	5							
							2	
				5	4	8		
	7	3						5
		6		1			8	
	6			8				

Extreme - Puzzle 200

						4		
				9		3		
				4			6	7
	6			2				8
		3	7			5		
	1	8	2					
								6
	7							

Extreme - Puzzle 201

5								
4				6				9
		8						3
				3	1			
	2			8		7		
	1			2				
			5		3	6	2	
	7							
						3		

Extreme - Puzzle 202

5				9				
2			8	7		1		
				4			9	
			7	3				
			6					
			2					
	5				8			
		1	5		3		6	

Extreme - Puzzle 203

			9		2	1		
			3		9			5
								6
						5		
1								
		4				9		
7					1			
	9			6				2
			7				5	3

Extreme - Puzzle 204

					2	8		
2			1	3				
				2	1			7
					6	7	5	
					3			
			4					8
							6	
3					7			

Extreme - Puzzle 205

	4			2		3		8
				4				
8		9						
	1					2		
7							6	
					4			
9								
		4		7	5			
			8	1				

Extreme - Puzzle 206

3						4		6
6								3
			6					
	4							5
8							9	
		9			8			
7				3				
			2	7				
			5			1		

Extreme - Puzzle 207

			5				7	1
3	2					4		
		5	7					
	4					9		
						5		
		1		4		6	2	
					8			
	8							

Extreme - Puzzle 208

4								
		9	2			4		
			1			7		
7					6	2	3	4
		1			4			
				3				8
5			6					
				9			5	

Extreme - Puzzle 209

			5			1		
2			7					1
				9				
					2	4		9
			8		6		7	
		1				5		
								7
6	4							

Extreme - Puzzle 210

2								
3	8		1	9				4
		3					6	
					5			
							2	
	9							
				6			7	1
		7	2					
				5				

Extreme - Puzzle 211

3				6				
	8					4	6	
8		3						7
6	9			3				
	5							
		2			8	9		
	2				9			
			3					1

Extreme - Puzzle 212

					9			
					6			2
6	7						5	
			4	2			7	
				8				
3								
	5			6			3	
1							9	4

Extreme - Puzzle 213

			3	4				
				2				6
	4	9			3			
7	5					3	4	
							2	
	2		5					
6					2			
	3		8			6		
				3				

Extreme - Puzzle 214

			1	2	9			
	5							
	1			7		2		
					5			
			4					
3							6	
	7					1		
9				3			2	

Extreme - Puzzle 215

	9		2			4		5
		5						
	2			7		6	4	
1								
		9	3			5		1
								7
		6			3			
						9	8	

Extreme - Puzzle 216

7		8		3		1		4
		9						
		4	7				5	
	2	5		8		4		
							6	7
	6	1						3
5							1	
9								
3								

Extreme - Puzzle 217

				2				
					6			3
	7	2	1	5				
	4	8				7		
							2	
6					3			
						3		
9						5	1	
						1		

Extreme - Puzzle 218

		1	7	2				9
4			6					
		3			8	4		
	2		8					
1								
						3		
					5	7		
5								7
							9	

Extreme - Puzzle 219

			1		8			
	8					6		
7		9				4	2	
6					2		1	9
	1		2			7		
						3		
								4
				5				

Extreme - Puzzle 220

		2					5	
			5		7			1
		1	3					4
					3	7		
						1		
				9	2			5
2			1					6
	6							
					9			

Extreme - Puzzle 221

	3			4			1	
		2				4		
	9						8	
6							5	7
				7		2		3
					5			
5			9		3			
2		3						

Extreme - Puzzle 222

		2		5		3		
	9							6
			1	3		6	8	
			5	1				
						9		
							6	
	7	4						
	3					2		

Extreme - Puzzle 223

6			4	8	9	5		
3					7			
		3					7	
	5		2					
								5
2					4			
		8			1			
							6	

Extreme - Puzzle 224

3					4			
					5			6
							6	
						2	8	
				9			5	
					7			
1								
		2		3		1		
				7	3			5

Extreme - Puzzle 225

			6	1				
2		4			5		8	
						7		
			9					
					9		3	
			7			8	5	
			5	7			2	
7					1			
		5						

Extreme - Puzzle 226

		7		8	2	9		
				6				
	8			3			5	
	5	4						7
9								
	3							9
			2					
	1							
6					7			

Extreme - Puzzle 227

2				8			4	
				9	7			
	6		4					8
			9			3		
				3				
				5				
					8			
3			7		2			
	1	2			6	7		3

Extreme - Puzzle 228

						2		
7		9	2					
		6			5		1	
5					2		3	
						5		
	2		9					
3			5		4			1
6				9				3

Extreme - Puzzle 229

8						4		2
						5	6	
								3
			6		4		2	
			4			9	5	
	3		9					
				9		8		
						6		
					7			9

Extreme - Puzzle 230

3								
7	1				4			
5			1			2		6
	8	7						
		4						
		5		3			8	
						1		
							1	
	3			7				5

Extreme - Puzzle 231

		3	4					7
7		6				8		5
				5				
	1			3				
	4							
9								
	2							9
					5			
		2			1			

Extreme - Puzzle 232

9			2					
	3	5		1	4			
	1							
6	4				8			
								3
5		1						
			7	6		5		
				2				1

Extreme - Puzzle 233

		7		2				9
		1			8	2		
			3			6		
						7	8	
	8	9						1
								2
3								
					2		7	
				5				

Extreme - Puzzle 234

9	2			6				1
	5							
		8	3		4			
								2
			8	1				
6		3				7		8
			1				9	

Extreme - Puzzle 235

		3	6		4			
		4					7	
					9			
							1	2
						5		
6		2						9
	7							8
	4					3		

Extreme - Puzzle 236

4	6							
			7					
			9					
	8							3
		9						
		3						
	1		8		2	4		6
	4	2				7	8	
							5	1

Extreme - Puzzle 237

5	8							
						6		
7					6		9	
6		9					4	
2			7					
							2	
	1		3		8			
					4			
			2				8	

Extreme - Puzzle 238

5								
								8
					4			
1			7		5		9	
								2
	5	1			6			
3	7					8		
				5				
			6		2			

Extreme - Puzzle 239

			4	5				
				8				
6				7				3
	9							
	6							1
		9						
3			2			1	8	
					1			2

Extreme - Puzzle 240

	7					4		
		3		8				4
	5	4		6		8		
			9	7	6			
		1		2			8	
								2
		2		4	7	6		1

Extreme - Puzzle 241

5						4	7	
	4	7	2		8			
						3		
		5	6			1		
					4			
		3	4		9			
								4
	6							
							8	

Extreme - Puzzle 242

7	6			3	1			9
9							5	
				6	5			2
				9		6	4	
	2		4					1

Extreme - Puzzle 243

								1
			4			8		
8					2	9		
							8	
			9		3			
			2					
		7			5			6
	5				6			
						1		2

Extreme - Puzzle 244

		3						6
	4							
		5			9		4	
	2							
								1
6						4	2	
							7	8
		1					9	
	9					2		

Extreme - Puzzle 245

				4		9	3	1
2								
6			4					
				9			6	5
				1	3			
9						6		
	5			7		1		
					7			2

Extreme - Puzzle 246

1					2		6	
		1				4		
		8		2	3			
					9		8	
2		5		8				
			4				7	
						3		
6				7				2

Extreme - Puzzle 247

	4	2		6	1	7		
	8		9			2		
			6	5		3		
				3			5	
				7	8			
5							7	
	9		2					

Extreme - Puzzle 248

	5							
4			2		9			
	9					3		
					6			
	1					6	9	3
			3		5			8
		8			7			5
			9			1		

Extreme - Puzzle 249

6						7		
						4	6	
	5							
				3	5			
			1		9			
	1							9
					4			3
5		2	8		3			

Extreme - Puzzle 250

2							6	
				6	9			8
4		9			3			
						1		
		5			4			
		6			2			
9	4				6			
			1					7

Extreme - Puzzle 251

								9
7				1			5	3
	1					3		
		6						
	3			4	8			5
			2					8
			7					
		8					1	

Extreme - Puzzle 252

				8			1	
1								
				5		3		6
						5		7
			9		3			
	8					9		
	4	1						
7		9				6		
						4		9

Extreme - Puzzle 253

7	3		8					
4				6		2		
		3	5	4				
1					4			
						1		
					7	9	4	
							8	2
				9	1			

Extreme - Puzzle 254

	3		1					
		8	6					
						2		
					5			
2		5		3	8			
						4		3
						8		5
		7			3			

Extreme - Puzzle 255

		2						6
			7	1	6			
						9		
8			9					
	7						2	
				6		7		5
					4		7	
		8					5	

Extreme - Puzzle 256

								1
						2	9	
5			1	4				
		9		8			5	
						6		
	1		4					7
		2					6	3

Extreme - Puzzle 257

2							4	5
	3				1			
5								6
						9		8
			4					
		2			8	7		
				1		6	2	
4							6	

Extreme - Puzzle 258

		1						
							2	
	4				3		8	
	6	2				1		
			3	8		2		
		9		2				
9						8		
	1	3						9
							7	

Extreme - Puzzle 259

				9				
	6	5	1		9			
							2	6
							1	
	7					8		5
	4		2				8	
		4		8				2
				3			7	
					5			

Extreme - Puzzle 260

					1			
	9							3
			4		5	7		
		7		2			1	
	3							
							5	
8						9		
2			5	3				1

Extreme - Puzzle 261

					2			
			4	7	6			
	3						9	
			1			4		
			2		1	9		
	9	4		8			2	
				6				
							8	3

Extreme - Puzzle 262

					9			
						8	9	
7		9		5	3			8
3				7	1			9
		8	1		5			
			8				2	
			3					
							7	6

Extreme - Puzzle 263

	7					4	5	
	5					9		4
							2	
		8						3
		2	6					
	2	4		5		3	7	
1						5		
								2

Extreme - Puzzle 264

3			1		9		7	
								4
							8	
	2						6	3
7	9							
						2		
1	7					8		6
5				6			3	

Extreme - Puzzle 265

	5							
			9			6		
						4		
	9							
		8	4	5				
						5		
				3		9		
	4	9	8	1				6
	1		7					9

Extreme - Puzzle 266

		5				8		
			7		9	5		
							2	9
7	1						3	
	2		9		4			
4								1
8						7		

Extreme - Puzzle 267

1	8	9						3
					7			1
					9			
6								
						3		
3	2			7		5	1	4
		1	6					
	4			2	6		7	

Extreme - Puzzle 268

						6	4	
		5			2	1		
8					1			3
						9	8	
								2
			2	4	7			
		1	6			7		
		6		2	9			1

Extreme - Puzzle 269

				5	2		9	
	4			3	7			
8	2	3						
								7
	1		4					
		9				4		
			8					
2				4		8		

Extreme - Puzzle 270

		7	6				1	
	6			1				
8							7	
9			1		8			
		5				2		
	3							
		8			9		4	
1								6

Extreme - Puzzle 271

2		9			6	8		
1							4	
						7		
				6				8
7								4
	3				1			
	7		9					
						2	6	

Extreme - Puzzle 272

7						8		
		5						
3		9				2		
2								
			7		5			
			6			3	2	
		2						
6	4						8	
			4	1	9			

Extreme - Puzzle 273

7			8			3		
9			2		5			8
				3		5		2
1				2				
			7	6				
2						9		1
							3	
				9		1	5	

Extreme - Puzzle 274

		2		4				
9				1				
1					5			
2		8						
			3					7
		1				3		
5						1		
			4					
	3			8		7	9	

Extreme - Puzzle 275

3								
			8		5			
			5				6	
		9						7
5		6	7			8		
		7			1			
		1				9		
				7		2		

Extreme - Puzzle 276

	5				3			
7	8		1				2	
					2			
9	4							1
				6				
				5	8	9		
1	9				4	6		5
8								
			6					

Extreme - Puzzle 277

9		6			2		5	
			9	8				5
							6	8
				5	7	1		
5							1	
		7				8		
	8	3	2					

Extreme - Puzzle 278

							5	
			6		8			
					3			
						5		6
6	2							8
		1			6			
	1			4		3		
					2			
			9	6			4	

Extreme - Puzzle 279

	2		1					4
					8	7	1	
								6
		8		4				
9		6						
7						5		
		7						3
	3			6	2	4		

Extreme - Puzzle 280

		2						
						7		
				8			4	
		3		7	5	2		
		9						
		7					1	
		5		1	6			3
			9					8

Extreme - Puzzle 281

			8		5			
		7	9					5
1								
	8							
	7	6		1			5	
				3				
					8			
		1					2	
				7			4	3

Extreme - Puzzle 282

	1				9	4	2	
				7				
	2		9	6				
2								
		1						
				1				
		6			3			
5		7		9		3		
							4	

Extreme - Puzzle 283

						9	1	
		5				6		
6								
	8		7		5		4	
		4					5	
2			9					
				7			8	
		3	2	5				

Extreme - Puzzle 284

				4			3	
4		8	3					
2				9		8	4	
			2	8				9
			8			1		4
		2			7			
			9					
9								
7				1		6	8	

Extreme - Puzzle 285

3				2			5	9
		1						
	4					6		
4								
								3
							9	
				8				
	8		5	7				
	7			1			6	

Extreme - Puzzle 286

					8	1		
	9		4		5			
5		2				8		7
1	5					3		
								4
	2				1			
					9			
						5	6	2

Extreme - Puzzle 287

7			6	1				
1	7							9
		4			6			
3					1			
4		2	7					
							8	
						3	5	
			5			2		1

Extreme - Puzzle 288

	8		5				1	
6	1	4		8				
							9	
							3	
						1		
4			1	5				8
5				9				4
	2							
			7					

Extreme - Puzzle 289

5			6		7	4		
3				1				
	6						2	4
		9						8
8			2			6	3	
		2	3				9	
				3		7		
								7

Extreme - Puzzle 290

8						3		
			2	6				
	7	5					2	
6							8	4
	2		1					
4								
				3		9		
			6					
					7		5	

Extreme - Puzzle 291

8	7		1					
		5				2		
				3				
6				5				
		7						
	1	4	6					
	9					3	4	
				8				
3				2				5

Extreme - Puzzle 292

4	8							
						2	8	
			1					
	7			1				
	5							
							2	
			6		8			
						9		3
			2		5			

Extreme - Puzzle 293

				7				2
				3				9
3					2	7		
				6				
					7			
	1							5
	7				4			6
						8		

Extreme - Puzzle 294

	4			6				1
	2	8	5					
					3	5	2	
			6					9
			7	3				
						9		8
		4			9			
		6		5		7		

Extreme - Puzzle 295

			9	7				
								4
6				5		9	1	
		7		3		1	8	
	4					8		
	8		2	6				
							3	

Extreme - Puzzle 296

				3	1	4		
					4			
					5	6		
			8					
6		4	2				5	9
						2	3	8
		6				8		
7								

Extreme - Puzzle 297

	7		6		8		5	
					3			
	6					3		
					5			
1	8		7			6		
		6						
		7					9	8
							6	
				9			4	

Extreme - Puzzle 298

							3	
	5	8	7	1				
		2		6				7
1		9						
	6							
	4							2
					4	1		
				9				6

Extreme - Puzzle 299

5						8		
			9	4				
						3		
	3			1				
			2	6				
	7	5		8	1		6	
					8			
7			6					

Extreme - Puzzle 300

			4			7		
					7	2	4	
3								
			2	5				
			6			8		
	9		1		2			
		3			4		1	2

Easy - 1

9	2	4	7	3	6	5	8	1
6	5	3	2	7	9	4	1	8
1	8	6	5	2	3	9	7	4
4	1	8	3	9	5	2	6	7
7	3	5	4	1	8	6	9	2
2	4	9	6	8	1	7	5	3
5	6	2	1	4	7	8	3	9
3	9	7	8	5	4	1	2	6
8	7	1	9	6	2	3	4	5

Easy - 2

7	1	8	5	9	3	2	4	6
6	9	4	2	5	8	7	3	1
2	8	5	3	1	4	6	9	7
4	3	9	7	6	1	8	2	5
3	5	6	8	7	2	9	1	4
1	2	3	6	4	7	5	8	9
9	4	7	1	8	6	3	5	2
8	7	1	9	2	5	4	6	3
5	6	2	4	3	9	1	7	8

Easy - 3

2	9	8	1	4	5	6	7	3
4	8	6	7	9	2	1	3	5
6	4	3	5	7	9	8	1	2
3	2	5	4	6	1	9	8	7
1	7	9	8	5	3	4	2	6
8	1	4	2	3	7	5	6	9
9	6	2	3	1	8	7	5	4
7	5	1	9	2	6	3	4	8
5	3	7	6	8	4	2	9	1

Easy - 4

8	6	9	4	2	3	7	5	1
4	3	1	5	7	9	8	6	2
2	5	8	3	6	1	9	4	7
7	9	4	6	5	8	1	2	3
1	2	3	7	4	6	5	8	9
6	4	5	1	9	7	2	3	8
9	8	7	2	3	5	6	1	4
5	7	2	8	1	4	3	9	6
3	1	6	9	8	2	4	7	5

Easy - 5

8	3	7	4	1	6	9	2	5
1	9	8	3	4	2	5	6	7
7	5	2	9	6	8	1	4	3
5	4	6	2	7	3	8	9	1
4	7	3	6	8	5	2	1	9
3	2	9	1	5	7	4	8	6
9	6	1	5	2	4	3	7	8
6	1	4	8	3	9	7	5	2
2	8	5	7	9	1	6	3	4

Easy - 6

4	3	8	7	1	9	6	2	5
5	1	2	6	9	4	3	8	7
9	8	7	3	6	1	2	5	4
2	7	9	8	5	3	4	1	6
6	5	1	4	2	7	9	3	8
1	6	3	2	7	8	5	4	9
8	9	6	5	4	2	1	7	3
7	4	5	1	3	6	8	9	2
3	2	4	9	8	5	7	6	1

Easy - 7

5	4	8	2	7	1	3	9	6
9	1	5	8	3	6	2	4	7
6	3	9	7	4	2	1	8	5
1	2	7	4	8	5	6	3	9
8	6	1	5	9	3	7	2	4
3	9	2	6	5	7	4	1	8
4	7	3	1	6	8	9	5	2
7	8	4	3	2	9	5	6	1
2	5	6	9	1	4	8	7	3

Easy - 8

7	4	5	6	9	8	3	2	1
9	1	4	7	6	5	2	3	8
2	5	6	3	8	9	1	7	4
3	2	7	8	5	6	4	1	9
1	8	3	2	4	7	9	5	6
4	7	9	1	2	3	8	6	5
5	6	1	9	3	4	7	8	2
8	9	2	5	7	1	6	4	3
6	3	8	4	1	2	5	9	7

Easy - 9

6	3	7	5	1	4	2	8	9
7	8	9	6	5	2	4	1	3
9	1	3	8	4	7	6	2	5
4	6	5	9	3	1	8	7	2
3	2	1	4	7	9	5	6	8
5	4	8	3	2	6	7	9	1
8	7	2	1	6	5	9	3	4
2	9	4	7	8	3	1	5	6
1	5	6	2	9	8	3	4	7

Easy - 10

4	1	3	5	7	6	8	9	2
8	9	2	6	5	1	3	7	4
1	3	8	7	2	4	5	6	9
9	5	4	2	6	8	1	3	7
2	7	1	8	3	9	4	5	6
6	4	5	3	9	7	2	1	8
7	8	6	4	1	3	9	2	5
5	6	9	1	4	2	7	8	3
3	2	7	9	8	5	6	4	1

Easy - 11

8	1	7	9	5	3	6	4	2
4	2	6	1	9	8	5	3	7
2	6	3	5	7	4	9	1	8
5	9	1	8	6	2	3	7	4
9	7	5	3	4	1	2	8	6
3	4	2	6	8	5	7	9	1
6	8	4	2	3	7	1	5	9
7	3	9	4	1	6	8	2	5
1	5	8	7	2	9	4	6	3

Easy - 12

5	4	8	1	2	9	7	6	3
6	5	3	8	9	1	4	7	2
4	2	1	5	7	3	8	9	6
7	9	6	2	3	8	1	4	5
2	7	4	3	8	6	9	5	1
9	6	5	4	1	2	3	8	7
8	3	2	7	5	4	6	1	9
3	1	9	6	4	7	5	2	8
1	8	7	9	6	5	2	3	4

Easy - 13

4	1	2	8	7	3	6	9	5
8	6	1	3	5	4	9	2	7
9	2	5	7	6	8	4	3	1
5	7	3	6	4	9	1	8	2
3	4	8	5	9	1	2	7	6
7	9	4	1	2	6	8	5	3
6	3	7	9	1	2	5	4	8
2	8	6	4	3	5	7	1	9
1	5	9	2	8	7	3	6	4

Easy - 14

4	3	1	2	6	9	8	7	5
8	5	7	6	4	3	2	9	1
5	4	6	7	1	8	9	2	3
9	8	3	5	2	1	7	6	4
2	1	4	9	7	6	3	5	8
1	9	5	4	3	2	6	8	7
3	7	2	8	9	4	5	1	6
6	2	8	1	5	7	4	3	9
7	6	9	3	8	5	1	4	2

Easy - 15

2	1	8	9	3	6	5	7	4
8	3	6	5	9	2	7	4	1
5	6	9	4	7	3	1	8	2
4	2	7	3	1	5	6	9	8
1	4	5	6	2	7	8	3	9
7	9	3	8	4	1	2	5	6
3	8	1	7	6	4	9	2	5
6	5	4	2	8	9	3	1	7
9	7	2	1	5	8	4	6	3

Easy - 16

7	2	1	5	9	3	6	4	8
6	3	5	8	7	4	1	2	9
4	9	7	3	5	2	8	6	1
8	1	6	2	4	9	7	5	3
9	5	3	1	6	8	4	7	2
5	8	2	7	3	6	9	1	4
2	4	9	6	8	1	5	3	7
1	6	4	9	2	7	3	8	5
3	7	8	4	1	5	2	9	6

Easy - 17

9	7	1	4	6	2	5	3	8
2	5	8	6	3	1	7	4	9
7	1	3	8	9	4	6	2	5
6	4	9	5	8	3	1	7	2
8	2	6	3	1	7	9	5	4
5	9	7	2	4	8	3	1	6
3	6	4	9	7	5	2	8	1
4	3	2	1	5	9	8	6	7
1	8	5	7	2	6	4	9	3

Easy - 18

6	3	8	9	7	2	4	5	1
2	5	1	8	9	4	6	3	7
4	7	5	1	3	9	2	8	6
9	4	7	5	8	6	1	2	3
8	1	6	2	4	3	5	7	9
5	6	3	7	2	1	8	9	4
3	9	4	6	5	8	7	1	2
7	2	9	4	1	5	3	6	8
1	8	2	3	6	7	9	4	5

Easy - 19

4	9	7	8	1	2	5	6	3
7	5	3	9	6	1	4	8	2
6	8	1	3	2	4	7	5	9
5	6	4	7	9	8	3	2	1
8	2	9	4	7	6	1	3	5
3	1	2	5	4	9	6	7	8
1	3	5	2	8	7	9	4	6
2	7	6	1	3	5	8	9	4
9	4	8	6	5	3	2	1	7

Easy - 20

5	2	7	8	4	9	1	3	6
1	3	6	2	9	8	5	4	7
2	7	5	3	8	4	6	1	9
4	1	8	6	7	2	9	5	3
9	6	1	7	5	3	4	8	2
3	5	9	4	1	6	7	2	8
8	4	2	5	6	7	3	9	1
7	8	4	9	3	1	2	6	5
6	9	3	1	2	5	8	7	4

Easy - 21

8	4	2	6	9	1	5	7	3
1	5	4	9	3	2	7	8	6
9	7	5	3	4	8	1	6	2
7	1	8	4	2	6	3	5	9
3	8	1	7	6	5	2	9	4
6	2	7	5	1	4	9	3	8
2	9	3	8	5	7	6	4	1
5	6	9	1	8	3	4	2	7
4	3	6	2	7	9	8	1	5

Easy - 22

6	8	4	3	1	2	5	9	7
7	5	9	4	3	6	2	1	8
1	3	2	5	9	7	8	4	6
4	7	8	1	5	9	6	3	2
9	6	1	2	7	8	4	5	3
3	2	5	8	6	4	9	7	1
2	9	6	7	4	3	1	8	5
8	1	7	9	2	5	3	6	4
5	4	3	6	8	1	7	2	9

Easy - 23

3	7	5	1	8	9	2	4	6
1	8	6	3	2	4	9	7	5
4	5	2	9	7	6	3	1	8
6	3	4	7	5	8	1	2	9
9	2	1	6	3	5	7	8	4
8	4	7	2	9	1	5	6	3
5	9	8	4	1	2	6	3	7
2	6	3	5	4	7	8	9	1
7	1	9	8	6	3	4	5	2

Easy - 24

1	9	4	5	2	3	6	8	7
7	4	9	2	8	6	3	5	1
8	2	1	3	6	7	4	9	5
2	3	7	6	4	5	9	1	8
4	6	5	7	3	1	8	2	9
6	5	2	8	1	9	7	4	3
9	8	3	1	7	2	5	6	4
5	7	6	4	9	8	1	3	2
3	1	8	9	5	4	2	7	6

Easy - 25

5	9	8	6	2	3	4	1	7
6	7	3	4	1	5	9	8	2
3	6	1	7	4	2	8	5	9
2	5	4	8	6	9	3	7	1
7	8	2	3	9	1	5	6	4
4	1	9	5	7	6	2	3	8
8	3	7	2	5	4	1	9	6
1	2	5	9	8	7	6	4	3
9	4	6	1	3	8	7	2	5

Easy - 26

6	8	1	4	3	5	7	9	2
2	6	5	1	9	7	8	4	3
3	4	9	8	2	1	6	5	7
8	1	2	7	5	3	9	6	4
7	5	4	3	6	2	1	8	9
9	2	3	5	1	6	4	7	8
1	3	7	9	4	8	5	2	6
4	7	6	2	8	9	3	1	5
5	9	8	6	7	4	2	3	1

Easy - 27

1	4	5	9	2	8	7	6	3
6	7	2	3	4	1	5	9	8
8	5	1	2	6	7	9	3	4
9	8	3	4	5	2	6	1	7
7	9	8	5	1	6	3	4	2
4	3	6	1	7	9	8	2	5
5	1	9	7	3	4	2	8	6
3	2	4	6	8	5	1	7	9
2	6	7	8	9	3	4	5	1

Easy - 28

8	9	3	1	4	2	6	5	7
5	4	7	2	1	8	9	6	3
6	5	8	4	7	3	2	1	9
3	6	9	7	2	1	5	4	8
4	8	5	3	6	7	1	9	2
9	2	1	6	8	5	3	7	4
2	3	4	5	9	6	7	8	1
7	1	6	8	3	9	4	2	5
1	7	2	9	5	4	8	3	6

Easy - 29

4	2	9	1	7	6	3	5	8
3	7	5	6	9	4	8	2	1
5	8	1	2	3	9	6	4	7
1	9	6	8	5	2	4	7	3
8	3	7	4	1	5	9	6	2
6	4	2	7	8	3	1	9	5
7	5	3	9	4	8	2	1	6
2	1	4	3	6	7	5	8	9
9	6	8	5	2	1	7	3	4

Easy - 30

2	3	7	4	6	1	5	9	8
8	9	6	3	2	5	7	1	4
1	7	9	5	4	8	2	3	6
5	8	3	9	1	7	6	4	2
6	1	2	8	9	4	3	7	5
3	5	4	6	8	9	1	2	7
4	6	8	7	3	2	9	5	1
7	4	1	2	5	3	8	6	9
9	2	5	1	7	6	4	8	3

Easy - 31

9	6	7	2	1	4	8	5	3
5	3	8	4	7	2	6	9	1
6	1	9	5	4	3	7	2	8
7	8	3	1	2	9	4	6	5
2	7	4	3	6	8	5	1	9
4	2	6	8	5	1	9	3	7
1	5	2	7	9	6	3	8	4
3	4	1	9	8	5	2	7	6
8	9	5	6	3	7	1	4	2

Easy - 32

1	2	9	3	4	7	8	5	6
8	6	4	5	2	1	9	7	3
9	3	7	8	1	5	2	6	4
6	4	3	2	7	9	1	8	5
5	7	2	4	6	8	3	1	9
4	1	6	9	5	3	7	2	8
7	9	5	1	8	6	4	3	2
2	8	1	6	3	4	5	9	7
3	5	8	7	9	2	6	4	1

Easy - 33

2	1	3	5	4	7	6	8	9
8	2	7	6	1	9	3	4	5
3	8	6	2	9	5	1	7	4
4	6	1	9	7	2	5	3	8
9	7	8	4	5	3	2	6	1
5	9	4	3	8	6	7	1	2
1	5	2	7	3	8	4	9	6
6	3	9	1	2	4	8	5	7
7	4	5	8	6	1	9	2	3

Easy - 34

3	2	7	9	1	4	8	6	5
9	1	5	6	3	8	2	4	7
8	6	2	5	7	3	1	9	4
4	8	3	7	9	1	6	5	2
5	4	1	2	8	6	9	7	3
7	9	6	3	2	5	4	1	8
6	3	9	8	4	7	5	2	1
2	7	4	1	5	9	3	8	6
1	5	8	4	6	2	7	3	9

Easy - 35

6	7	3	1	2	5	8	9	4
1	3	4	9	8	2	5	7	6
4	9	8	2	5	6	1	3	7
9	4	1	6	7	3	2	5	8
3	8	7	5	4	1	6	2	9
2	6	5	7	9	8	4	1	3
8	2	9	3	1	4	7	6	5
7	5	2	4	6	9	3	8	1
5	1	6	8	3	7	9	4	2

Easy - 36

4	3	2	6	7	1	5	9	8
8	9	6	3	5	7	1	2	4
3	8	1	4	2	9	7	6	5
6	7	5	8	9	4	2	3	1
2	4	7	1	6	5	9	8	3
1	2	9	5	3	8	4	7	6
9	5	8	7	4	6	3	1	2
7	1	4	2	8	3	6	5	9
5	6	3	9	1	2	8	4	7

Easy - 37

9	1	6	2	3	7	8	4	5
7	8	4	5	2	1	3	6	9
2	5	3	4	1	6	7	9	8
8	7	5	6	9	3	4	2	1
6	9	7	8	5	4	2	1	3
4	3	1	7	8	9	6	5	2
1	2	9	3	4	8	5	7	6
5	4	8	9	6	2	1	3	7
3	6	2	1	7	5	9	8	4

Easy - 38

6	3	2	9	1	8	5	7	4
8	2	1	4	5	7	3	6	9
5	4	9	6	7	3	2	8	1
9	7	4	3	8	2	1	5	6
3	1	8	5	9	4	6	2	7
7	8	6	1	4	5	9	3	2
1	6	5	2	3	9	7	4	8
4	9	3	7	2	6	8	1	5
2	5	7	8	6	1	4	9	3

Easy - 39

5	1	9	8	2	3	6	4	7
7	6	1	9	5	4	8	2	3
4	9	2	3	1	6	7	8	5
2	5	8	6	7	9	4	3	1
8	4	3	7	6	2	1	5	9
3	7	6	4	9	8	5	1	2
1	3	7	2	4	5	9	6	8
6	2	5	1	8	7	3	9	4
9	8	4	5	3	1	2	7	6

Easy - 40

7	8	4	5	1	3	9	2	6
6	7	2	9	3	5	1	8	4
1	3	8	2	9	4	5	6	7
5	4	6	3	7	8	2	1	9
4	6	9	1	8	2	7	5	3
9	5	7	8	2	6	3	4	1
2	1	3	6	5	7	4	9	8
3	9	5	4	6	1	8	7	2
8	2	1	7	4	9	6	3	5

Easy - 41

8	6	7	1	5	9	4	3	2
3	2	5	7	6	8	1	4	9
4	9	3	6	8	2	7	5	1
2	5	1	9	7	4	3	8	6
5	4	6	8	9	1	2	7	3
9	8	4	2	1	3	5	6	7
6	3	9	5	2	7	8	1	4
1	7	8	4	3	6	9	2	5
7	1	2	3	4	5	6	9	8

Easy - 42

1	3	2	6	7	5	4	8	9
4	8	9	5	2	7	3	6	1
7	6	8	1	9	4	2	3	5
3	2	4	9	1	8	5	7	6
9	5	1	8	6	3	7	4	2
6	4	3	2	8	1	9	5	7
8	7	6	3	5	9	1	2	4
5	1	7	4	3	2	6	9	8
2	9	5	7	4	6	8	1	3

Easy - 43

5	7	1	8	6	9	3	2	4
4	5	2	3	9	6	8	7	1
9	4	6	7	8	2	5	1	3
6	2	7	1	4	3	9	5	8
7	3	4	6	2	8	1	9	5
3	9	8	5	1	7	4	6	2
1	8	9	2	5	4	6	3	7
8	1	3	9	7	5	2	4	6
2	6	5	4	3	1	7	8	9

Easy - 44

2	4	5	9	8	1	6	3	7
8	6	4	5	3	2	7	1	9
3	7	1	6	5	8	2	9	4
1	3	9	2	4	7	5	8	6
5	8	7	1	6	9	3	4	2
4	9	2	7	1	6	8	5	3
9	5	6	3	7	4	1	2	8
6	1	8	4	2	3	9	7	5
7	2	3	8	9	5	4	6	1

Easy - 45

2	9	7	4	3	6	1	8	5
6	5	9	7	8	4	3	2	1
3	1	8	6	9	2	5	7	4
1	7	5	2	4	8	6	9	3
7	8	2	1	6	3	4	5	9
5	4	6	9	1	7	2	3	8
9	6	1	3	7	5	8	4	2
4	2	3	8	5	1	9	6	7
8	3	4	5	2	9	7	1	6

Easy - 46

8	7	3	4	5	2	1	6	9
1	2	6	9	4	8	7	5	3
9	3	5	8	7	1	6	2	4
6	4	1	5	2	9	8	3	7
3	8	4	2	9	6	5	7	1
5	1	9	7	6	3	4	8	2
7	6	2	3	1	5	9	4	8
2	9	7	6	8	4	3	1	5
4	5	8	1	3	7	2	9	6

Easy - 47

1	6	4	2	5	3	7	9	8
5	9	3	6	4	2	8	1	7
3	2	7	5	9	4	1	8	6
4	8	1	9	6	7	5	3	2
2	1	8	3	7	5	9	6	4
8	4	6	7	2	9	3	5	1
7	5	2	8	3	1	6	4	9
6	3	9	4	1	8	2	7	5
9	7	5	1	8	6	4	2	3

Easy - 48

5	8	6	9	7	3	2	4	1
4	2	1	3	9	5	8	7	6
1	5	7	8	6	2	4	3	9
9	6	2	4	3	7	1	5	8
3	4	8	6	2	1	5	9	7
7	3	9	5	1	4	6	8	2
2	9	5	1	4	8	7	6	3
8	7	3	2	5	6	9	1	4
6	1	4	7	8	9	3	2	5

Easy - 49

6	1	2	8	5	4	7	9	3
1	3	9	4	7	8	5	2	6
2	8	5	3	6	9	4	1	7
4	5	7	9	1	2	3	6	8
7	9	8	5	3	6	2	4	1
3	4	1	6	2	5	8	7	9
5	6	3	1	4	7	9	8	2
8	7	6	2	9	3	1	5	4
9	2	4	7	8	1	6	3	5

Easy - 50

8	3	5	9	1	7	4	6	2
1	2	6	4	7	5	3	9	8
4	6	9	7	8	3	1	2	5
3	5	2	8	6	1	7	4	9
6	7	8	2	4	9	5	1	3
5	1	4	3	2	6	9	8	7
9	8	1	5	3	4	2	7	6
2	9	7	1	5	8	6	3	4
7	4	3	6	9	2	8	5	1

Easy - 51

2	4	6	7	9	8	3	1	5
3	1	5	9	2	4	8	6	7
1	8	7	6	5	3	9	4	2
4	7	3	5	6	1	2	9	8
6	5	2	8	4	7	1	3	9
9	3	1	2	8	6	7	5	4
8	9	4	3	1	2	5	7	6
7	2	9	4	3	5	6	8	1
5	6	8	1	7	9	4	2	3

Easy - 52

5	3	8	9	2	1	7	4	6
2	1	5	6	3	4	9	8	7
7	4	9	5	6	8	3	1	2
9	8	7	2	4	3	6	5	1
3	6	4	8	5	2	1	7	9
6	2	1	4	9	7	8	3	5
4	9	3	7	1	5	2	6	8
8	5	6	1	7	9	4	2	3
1	7	2	3	8	6	5	9	4

Easy - 53

1	3	2	5	7	4	8	9	6
5	9	4	3	6	8	1	2	7
8	7	6	2	9	1	5	4	3
6	4	1	9	8	3	7	5	2
9	6	8	1	5	2	3	7	4
2	1	7	4	3	5	6	8	9
7	5	3	8	2	9	4	6	1
3	8	9	7	4	6	2	1	5
4	2	5	6	1	7	9	3	8

Easy - 54

5	7	6	2	1	3	8	9	4
8	4	9	1	7	6	3	2	5
6	5	3	9	4	7	2	8	1
9	8	4	5	6	1	7	3	2
7	2	1	3	8	9	4	5	6
3	1	7	8	5	2	6	4	9
4	3	2	6	9	5	1	7	8
2	6	5	4	3	8	9	1	7
1	9	8	7	2	4	5	6	3

Easy - 55

9	1	7	6	2	4	5	3	8
2	4	8	1	7	5	3	6	9
1	3	6	8	5	7	9	2	4
5	6	2	4	9	8	7	1	3
8	7	5	2	4	3	6	9	1
4	9	3	5	8	2	1	7	6
6	8	1	7	3	9	4	5	2
7	2	9	3	6	1	8	4	5
3	5	4	9	1	6	2	8	7

Easy - 56

1	5	6	2	4	9	3	7	8
9	1	3	8	7	5	6	2	4
4	9	7	1	8	6	5	3	2
2	3	4	5	1	7	9	8	6
7	2	8	6	9	3	4	1	5
8	6	5	7	3	4	2	9	1
5	7	9	4	2	8	1	6	3
6	8	2	3	5	1	7	4	9
3	4	1	9	6	2	8	5	7

Easy - 57

5	3	7	4	2	9	6	8	1
4	1	6	5	9	8	3	7	2
8	2	9	1	3	6	7	5	4
7	6	3	8	1	2	5	4	9
3	9	8	7	4	5	1	2	6
2	4	1	6	7	3	8	9	5
1	8	4	2	5	7	9	6	3
6	5	2	9	8	1	4	3	7
9	7	5	3	6	4	2	1	8

Easy - 58

8	3	4	2	9	1	5	6	7
5	6	1	9	7	8	4	2	3
4	5	7	1	6	2	3	9	8
6	2	3	8	1	5	7	4	9
1	9	5	3	2	7	6	8	4
9	4	8	5	3	6	2	7	1
7	1	2	6	8	4	9	3	5
2	8	9	7	4	3	1	5	6
3	7	6	4	5	9	8	1	2

Easy - 59

3	5	4	7	8	1	9	6	2
1	9	8	2	7	6	4	3	5
5	8	3	1	9	2	7	4	6
2	6	5	4	1	3	8	9	7
6	4	9	3	5	8	2	7	1
4	3	7	8	2	5	6	1	9
8	7	1	6	3	9	5	2	4
9	2	6	5	4	7	1	8	3
7	1	2	9	6	4	3	5	8

Easy - 60

7	4	3	9	2	6	1	8	5
9	2	6	5	8	1	3	4	7
3	7	8	2	6	9	4	5	1
4	1	5	3	9	2	8	7	6
1	6	4	8	7	5	2	9	3
8	5	7	6	3	4	9	1	2
6	9	2	1	5	8	7	3	4
2	8	1	7	4	3	5	6	9
5	3	9	4	1	7	6	2	8

Easy - 61

2	3	5	8	9	4	7	6	1
9	4	8	5	1	6	2	3	7
6	7	1	9	5	2	3	8	4
1	2	6	3	8	7	4	9	5
4	5	7	6	3	9	1	2	8
7	9	4	1	6	3	8	5	2
5	8	3	2	7	1	6	4	9
3	1	9	4	2	8	5	7	6
8	6	2	7	4	5	9	1	3

Easy - 62

1	2	7	6	8	4	9	3	5
5	7	4	2	3	1	6	8	9
6	8	9	5	1	2	3	7	4
3	4	6	1	9	5	8	2	7
9	1	8	7	2	6	5	4	3
8	5	2	3	4	9	7	1	6
4	6	3	9	7	8	2	5	1
2	3	5	4	6	7	1	9	8
7	9	1	8	5	3	4	6	2

Easy - 63

3	6	1	8	7	9	4	5	2
1	5	2	9	4	3	6	7	8
4	7	5	3	2	6	1	8	9
8	9	4	6	3	2	7	1	5
2	1	3	5	8	7	9	4	6
6	4	9	1	5	8	2	3	7
5	2	8	7	9	1	3	6	4
9	3	7	4	6	5	8	2	1
7	8	6	2	1	4	5	9	3

Easy - 64

9	6	4	7	5	8	1	3	2
3	2	8	5	1	6	9	7	4
1	3	9	2	7	4	8	6	5
4	9	7	8	3	1	5	2	6
5	7	1	4	2	3	6	9	8
2	1	5	6	8	9	3	4	7
6	8	3	9	4	7	2	5	1
8	4	2	3	6	5	7	1	9
7	5	6	1	9	2	4	8	3

Easy - 65

9	5	8	2	6	1	3	7	4
3	8	4	1	7	6	9	5	2
6	1	7	4	3	5	2	8	9
5	9	3	6	2	4	8	1	7
7	2	1	8	4	9	5	3	6
1	6	2	3	8	7	4	9	5
2	4	5	9	1	3	7	6	8
8	7	6	5	9	2	1	4	3
4	3	9	7	5	8	6	2	1

Easy - 66

7	1	3	2	6	5	4	9	8
5	3	2	8	1	7	9	6	4
6	4	7	1	3	8	5	2	9
8	2	4	6	5	9	1	7	3
1	8	9	5	4	6	2	3	7
3	5	6	9	8	1	7	4	2
4	9	5	3	7	2	6	8	1
2	7	1	4	9	3	8	5	6
9	6	8	7	2	4	3	1	5

Easy - 67

4	5	3	9	7	1	8	2	6
1	6	2	4	9	8	5	3	7
5	7	8	6	2	4	1	9	3
6	9	4	3	5	7	2	1	8
8	2	9	1	3	5	7	6	4
3	8	6	7	4	2	9	5	1
9	4	5	8	1	3	6	7	2
7	3	1	2	6	9	4	8	5
2	1	7	5	8	6	3	4	9

Easy - 68

4	1	2	5	9	6	3	7	8
1	7	9	3	8	4	6	5	2
3	6	4	8	1	5	7	2	9
7	9	6	1	2	3	5	8	4
2	5	8	9	3	7	4	6	1
5	8	3	4	6	2	9	1	7
8	2	7	6	5	9	1	4	3
6	3	1	7	4	8	2	9	5
9	4	5	2	7	1	8	3	6

Easy - 69

2	6	8	7	5	3	4	9	1
7	4	3	9	1	6	2	8	5
1	5	9	4	8	2	3	7	6
6	2	1	5	3	8	7	4	9
9	3	5	2	7	4	1	6	8
5	9	7	8	4	1	6	2	3
8	1	2	3	6	7	9	5	4
3	7	4	6	9	5	8	1	2
4	8	6	1	2	9	5	3	7

Easy - 70

6	1	3	9	5	4	7	2	8
4	9	5	7	1	2	6	8	3
2	3	9	8	7	6	4	1	5
8	4	2	6	3	7	1	5	9
7	5	1	4	6	9	8	3	2
5	2	6	1	8	3	9	7	4
9	8	7	2	4	5	3	6	1
3	7	8	5	9	1	2	4	6
1	6	4	3	2	8	5	9	7

Easy - 71

3	8	5	2	6	9	7	4	1
6	2	1	5	8	3	4	9	7
9	6	3	7	4	2	8	1	5
4	1	2	3	9	7	5	8	6
7	9	8	4	5	1	6	3	2
2	5	9	1	7	8	3	6	4
5	3	6	8	2	4	1	7	9
1	7	4	9	3	6	2	5	8
8	4	7	6	1	5	9	2	3

Easy - 72

6	9	7	4	3	5	8	2	1
8	4	5	2	1	3	7	9	6
1	2	3	9	8	4	5	6	7
5	6	4	7	9	1	2	3	8
7	5	1	8	2	6	3	4	9
9	8	2	3	6	7	1	5	4
2	1	6	5	7	9	4	8	3
4	3	9	1	5	8	6	7	2
3	7	8	6	4	2	9	1	5

Easy - 73

4	2	8	5	9	6	3	7	1
3	5	1	7	6	9	2	4	8
1	7	3	8	4	2	9	6	5
9	6	4	2	1	8	7	5	3
2	1	9	6	7	5	8	3	4
8	4	5	1	3	7	6	2	9
7	9	2	4	8	3	5	1	6
6	8	7	3	5	4	1	9	2
5	3	6	9	2	1	4	8	7

Easy - 74

8	5	7	9	3	1	2	6	4
4	1	2	6	5	9	8	7	3
6	2	1	8	4	7	3	5	9
2	7	3	5	9	6	4	1	8
9	6	5	3	7	8	1	4	2
7	9	6	4	2	3	5	8	1
5	3	9	1	8	4	7	2	6
1	8	4	7	6	2	9	3	5
3	4	8	2	1	5	6	9	7

Easy - 75

4	1	7	9	6	8	2	5	3
3	5	1	4	2	6	7	9	8
2	8	6	3	9	4	1	7	5
7	6	9	8	5	3	4	2	1
8	9	3	5	4	2	6	1	7
1	4	5	6	7	9	8	3	2
5	7	4	2	8	1	3	6	9
9	2	8	1	3	7	5	4	6
6	3	2	7	1	5	9	8	4

Easy - 76

5	8	4	3	6	9	2	7	1
3	1	9	2	7	4	5	6	8
6	4	1	9	5	8	3	2	7
2	5	7	8	1	6	9	4	3
4	2	6	7	3	5	8	1	9
7	3	8	1	9	2	4	5	6
9	7	5	4	8	1	6	3	2
1	9	2	6	4	3	7	8	5
8	6	3	5	2	7	1	9	4

Easy - 77

8	5	3	7	6	2	1	4	9
2	6	1	4	9	5	8	3	7
6	9	2	5	4	7	3	1	8
5	1	4	8	3	6	9	7	2
3	4	9	2	8	1	7	5	6
7	3	8	1	2	9	4	6	5
1	2	6	9	7	3	5	8	4
4	7	5	6	1	8	2	9	3
9	8	7	3	5	4	6	2	1

Easy - 78

8	7	2	6	3	9	4	5	1
9	1	4	8	7	2	6	3	5
6	9	3	5	2	8	7	1	4
7	5	8	1	6	3	9	4	2
3	6	1	4	9	5	2	8	7
1	3	5	2	4	7	8	9	6
5	4	7	9	8	6	1	2	3
4	2	9	7	5	1	3	6	8
2	8	6	3	1	4	5	7	9

Easy - 79

7	8	6	1	2	9	4	3	5
5	1	3	4	9	2	8	7	6
4	9	7	8	3	6	5	2	1
3	5	1	2	6	8	9	4	7
8	2	9	7	5	4	6	1	3
2	7	5	6	4	3	1	8	9
1	6	4	3	7	5	2	9	8
9	3	2	5	8	1	7	6	4
6	4	8	9	1	7	3	5	2

Easy - 80

1	9	5	2	8	4	6	3	7
4	5	6	9	7	3	1	8	2
2	8	7	3	4	1	5	9	6
9	3	2	8	5	6	7	1	4
6	7	1	5	3	8	2	4	9
8	1	3	7	2	9	4	6	5
5	6	4	1	9	2	3	7	8
3	2	9	4	6	7	8	5	1
7	4	8	6	1	5	9	2	3

Easy - 81

4	1	9	8	2	6	3	7	5
5	3	6	9	4	1	7	8	2
7	8	3	2	5	4	9	6	1
1	2	8	7	6	9	5	4	3
6	9	5	4	8	3	2	1	7
2	6	7	3	1	5	4	9	8
8	4	1	5	7	2	6	3	9
3	5	4	1	9	7	8	2	6
9	7	2	6	3	8	1	5	4

Easy - 82

4	1	8	5	7	2	6	3	9
5	8	1	6	3	9	2	4	7
7	2	4	3	6	1	8	9	5
3	6	9	8	2	5	4	7	1
9	7	3	4	1	6	5	2	8
2	5	6	7	9	8	3	1	4
1	9	5	2	4	3	7	8	6
8	4	2	1	5	7	9	6	3
6	3	7	9	8	4	1	5	2

Easy - 83

4	5	6	1	9	2	8	7	3
9	7	3	4	6	1	2	5	8
3	2	8	5	1	7	4	6	9
1	6	2	7	8	4	3	9	5
6	4	7	8	2	9	5	3	1
2	8	4	9	5	3	7	1	6
7	9	1	3	4	5	6	8	2
8	1	5	2	3	6	9	4	7
5	3	9	6	7	8	1	2	4

Easy - 84

6	4	9	3	2	7	5	8	1
5	9	6	8	1	3	2	7	4
1	8	7	2	4	5	6	3	9
2	3	4	6	5	8	9	1	7
8	2	3	7	6	9	1	4	5
7	1	5	9	8	4	3	2	6
9	5	8	4	3	1	7	6	2
3	7	2	1	9	6	4	5	8
4	6	1	5	7	2	8	9	3

Easy - 85

1	7	3	9	4	2	8	5	6
3	9	5	8	6	7	1	2	4
4	6	7	1	5	9	2	3	8
8	5	1	2	9	6	3	4	7
2	3	8	6	7	4	5	9	1
7	2	6	3	1	5	4	8	9
6	4	2	7	8	3	9	1	5
9	1	4	5	3	8	7	6	2
5	8	9	4	2	1	6	7	3

Easy - 86

6	5	2	9	4	3	8	7	1
7	3	1	8	5	9	4	6	2
2	6	8	4	1	7	3	9	5
5	2	3	7	6	8	9	1	4
3	4	9	1	2	5	7	8	6
4	8	6	3	9	2	1	5	7
1	9	7	6	8	4	5	2	3
9	7	5	2	3	1	6	4	8
8	1	4	5	7	6	2	3	9

Easy - 87

4	2	3	6	7	8	9	5	1
9	5	1	7	2	4	3	6	8
5	7	2	8	4	3	1	9	6
6	9	8	4	3	1	5	2	7
3	1	7	5	6	9	2	8	4
2	6	4	9	1	7	8	3	5
1	8	5	2	9	6	4	7	3
8	4	6	3	5	2	7	1	9
7	3	9	1	8	5	6	4	2

Easy - 88

4	7	3	1	8	6	9	5	2
9	8	2	5	1	4	7	3	6
8	3	9	7	6	5	1	2	4
5	2	4	6	9	7	3	1	8
1	5	7	3	2	8	6	4	9
6	9	8	2	4	1	5	7	3
3	4	1	8	5	9	2	6	7
7	1	6	9	3	2	4	8	5
2	6	5	4	7	3	8	9	1

Easy - 89

3	7	5	6	8	1	2	4	9
5	3	9	4	1	2	7	8	6
7	1	4	2	6	8	9	5	3
6	5	8	9	2	3	4	1	7
4	8	1	7	3	9	6	2	5
9	2	3	1	7	4	5	6	8
2	9	6	3	4	5	8	7	1
8	4	7	5	9	6	1	3	2
1	6	2	8	5	7	3	9	4

Easy - 90

1	8	7	9	6	2	3	4	5
5	7	6	2	1	3	4	8	9
3	2	4	7	8	9	5	1	6
4	3	5	1	9	7	8	6	2
7	5	8	6	3	4	9	2	1
8	4	9	3	2	6	1	5	7
9	6	2	5	4	1	7	3	8
6	9	1	4	5	8	2	7	3
2	1	3	8	7	5	6	9	4

Easy - 91

6	4	2	1	5	3	9	7	8
8	7	9	6	2	1	5	4	3
3	6	1	7	4	5	8	9	2
9	8	4	3	7	2	1	5	6
7	5	6	2	1	4	3	8	9
2	3	8	4	6	9	7	1	5
4	1	3	5	9	8	2	6	7
1	2	5	9	8	7	6	3	4
5	9	7	8	3	6	4	2	1

Easy - 92

6	1	9	8	2	3	4	7	5
5	9	3	2	7	4	1	8	6
2	8	7	4	1	5	9	6	3
1	7	2	9	8	6	3	5	4
8	3	5	6	4	9	7	2	1
7	4	6	1	9	2	5	3	8
9	6	4	5	3	7	8	1	2
3	2	8	7	5	1	6	4	9
4	5	1	3	6	8	2	9	7

Easy - 93

2	6	1	7	9	3	4	5	8
3	9	5	4	8	1	6	7	2
9	7	2	5	1	4	8	3	6
4	8	6	3	7	2	5	9	1
5	1	7	8	6	9	2	4	3
7	5	3	9	2	6	1	8	4
6	4	8	2	3	5	9	1	7
1	3	9	6	4	8	7	2	5
8	2	4	1	5	7	3	6	9

Easy - 94

5	3	2	7	6	8	9	4	1
9	6	8	1	7	2	4	5	3
8	9	7	4	3	1	5	2	6
1	5	9	6	2	3	8	7	4
6	4	3	2	1	9	7	8	5
3	7	4	5	8	6	1	9	2
4	2	1	8	5	7	6	3	9
2	8	6	9	4	5	3	1	7
7	1	5	3	9	4	2	6	8

Easy - 95

7	5	3	1	2	4	9	6	8
9	3	1	4	6	7	5	8	2
2	4	8	3	1	5	6	7	9
6	8	5	2	9	1	3	4	7
4	7	9	5	8	3	2	1	6
5	2	6	7	3	8	4	9	1
3	1	4	9	7	6	8	2	5
1	6	2	8	5	9	7	3	4
8	9	7	6	4	2	1	5	3

Easy - 96

2	8	4	3	6	5	9	7	1
7	9	1	2	5	4	3	8	6
9	7	3	6	2	8	1	4	5
1	3	8	5	4	6	7	9	2
6	4	9	8	7	1	5	2	3
5	2	6	1	8	9	4	3	7
3	1	2	4	9	7	6	5	8
4	6	5	7	3	2	8	1	9
8	5	7	9	1	3	2	6	4

Easy - 97

3	7	1	8	4	2	6	9	5
9	8	3	4	6	1	5	2	7
4	1	5	2	3	7	9	8	6
7	6	8	9	1	5	2	4	3
1	3	4	5	7	9	8	6	2
5	4	9	1	2	6	3	7	8
2	5	7	6	8	3	4	1	9
6	9	2	7	5	8	1	3	4
8	2	6	3	9	4	7	5	1

Easy - 98

1	8	4	9	5	6	3	2	7
4	6	9	3	7	2	1	5	8
3	2	5	8	6	7	4	9	1
8	5	7	1	2	3	9	6	4
7	9	8	6	4	1	5	3	2
9	4	3	2	1	5	7	8	6
6	7	2	4	3	9	8	1	5
2	3	1	5	8	4	6	7	9
5	1	6	7	9	8	2	4	3

Easy - 99

3	1	8	9	5	2	6	4	7
4	7	5	8	3	1	9	2	6
6	9	2	1	4	3	8	7	5
5	2	6	3	8	4	7	9	1
8	6	9	7	1	5	2	3	4
7	3	4	5	9	6	1	8	2
2	4	1	6	7	9	3	5	8
1	8	3	4	2	7	5	6	9
9	5	7	2	6	8	4	1	3

Easy - 100

2	1	8	5	4	6	3	9	7
8	9	5	7	6	3	1	2	4
9	3	4	1	7	2	5	8	6
3	7	6	8	2	1	4	5	9
6	5	1	2	9	4	8	7	3
1	8	9	4	3	7	2	6	5
4	6	2	3	5	9	7	1	8
5	4	7	6	1	8	9	3	2
7	2	3	9	8	5	6	4	1

Easy - 101

1	4	7	9	5	6	3	2	8
8	2	1	6	9	5	7	4	3
6	7	4	5	3	2	8	9	1
9	6	5	8	4	1	2	3	7
2	8	3	1	7	4	9	5	6
7	3	9	2	6	8	5	1	4
4	5	2	7	1	3	6	8	9
5	1	6	3	8	9	4	7	2
3	9	8	4	2	7	1	6	5

Easy - 102

5	2	3	9	8	7	4	1	6
4	8	6	1	5	3	2	7	9
7	9	4	6	3	1	8	5	2
1	3	2	8	9	5	7	6	4
9	7	5	4	2	8	6	3	1
2	6	7	3	4	9	1	8	5
3	4	8	5	1	6	9	2	7
6	5	1	2	7	4	3	9	8
8	1	9	7	6	2	5	4	3

Easy - 103

8	7	4	1	5	2	9	3	6
5	4	6	9	2	3	8	7	1
1	3	8	6	9	7	2	5	4
2	9	5	7	6	4	3	1	8
3	2	7	5	1	8	4	6	9
9	6	1	4	3	5	7	8	2
6	1	2	8	7	9	5	4	3
4	5	3	2	8	6	1	9	7
7	8	9	3	4	1	6	2	5

Easy - 104

2	3	4	6	8	9	1	5	7
6	8	2	5	9	4	7	3	1
7	1	9	3	2	8	5	6	4
5	4	8	7	3	1	2	9	6
9	5	1	2	4	7	6	8	3
4	6	3	1	7	5	8	2	9
3	7	6	9	5	2	4	1	8
1	2	7	8	6	3	9	4	5
8	9	5	4	1	6	3	7	2

Easy - 105

1	7	3	2	6	4	8	5	9
3	1	5	4	7	6	9	8	2
5	4	8	1	9	2	3	7	6
2	5	6	9	3	8	1	4	7
4	2	7	8	1	9	5	6	3
7	8	9	6	5	3	2	1	4
9	6	1	3	8	7	4	2	5
8	9	4	7	2	5	6	3	1
6	3	2	5	4	1	7	9	8

Easy - 106

9	3	1	4	5	8	2	6	7
7	6	9	3	1	4	8	2	5
3	8	5	2	7	6	4	9	1
2	5	7	9	8	1	6	4	3
8	1	4	6	3	2	5	7	9
6	2	8	7	9	3	1	5	4
5	4	3	8	2	7	9	1	6
1	7	6	5	4	9	3	8	2
4	9	2	1	6	5	7	3	8

Easy - 107

4	6	9	3	5	8	2	1	7
1	7	8	5	2	9	6	4	3
5	3	6	2	1	4	7	9	8
7	1	4	8	6	3	9	2	5
2	9	7	4	3	6	8	5	1
8	5	3	7	9	1	4	6	2
6	2	1	9	8	7	5	3	4
9	4	2	1	7	5	3	8	6
3	8	5	6	4	2	1	7	9

Easy - 108

3	6	8	2	5	1	4	7	9
5	9	4	7	1	2	6	8	3
6	7	9	1	3	4	2	5	8
4	3	7	8	2	9	1	6	5
8	2	6	5	4	7	9	3	1
9	1	5	6	7	8	3	2	4
7	5	1	9	6	3	8	4	2
2	8	3	4	9	6	5	1	7
1	4	2	3	8	5	7	9	6

Easy - 109

3	7	8	5	2	4	6	1	9
1	9	4	6	3	7	5	2	8
5	6	3	9	7	2	8	4	1
2	5	7	4	9	8	1	6	3
6	1	5	3	8	9	4	7	2
9	2	6	1	4	5	3	8	7
7	8	1	2	5	6	9	3	4
4	3	2	8	6	1	7	9	5
8	4	9	7	1	3	2	5	6

Easy - 110

4	6	1	9	8	3	7	2	5
8	5	7	6	4	2	3	9	1
2	3	9	4	1	7	5	8	6
3	7	8	5	2	1	9	6	4
9	2	6	1	5	8	4	7	3
6	1	2	3	9	4	8	5	7
5	4	3	8	7	9	6	1	2
7	8	5	2	3	6	1	4	9
1	9	4	7	6	5	2	3	8

Easy - 111

8	2	5	1	9	3	4	6	7
6	3	2	7	4	9	8	5	1
5	1	3	6	8	4	7	9	2
4	5	7	9	6	8	2	1	3
7	6	4	8	3	5	1	2	9
1	9	8	3	5	2	6	7	4
2	7	9	4	1	6	5	3	8
9	4	1	5	2	7	3	8	6
3	8	6	2	7	1	9	4	5

Easy - 112

1	3	2	8	9	6	4	7	5
5	8	1	7	4	2	9	3	6
9	2	5	4	6	7	3	1	8
7	9	8	5	3	1	6	4	2
3	4	6	2	1	5	8	9	7
6	7	4	3	2	8	1	5	9
4	5	7	9	8	3	2	6	1
2	6	9	1	5	4	7	8	3
8	1	3	6	7	9	5	2	4

Easy - 113

4	9	8	7	6	2	1	3	5
1	3	5	9	7	8	2	6	4
3	8	1	6	5	4	9	2	7
5	4	9	2	3	1	7	8	6
8	7	6	4	2	3	5	9	1
2	1	4	8	9	5	6	7	3
6	5	2	3	1	7	8	4	9
9	2	7	1	4	6	3	5	8
7	6	3	5	8	9	4	1	2

Easy - 114

7	8	9	4	6	3	1	5	2
4	6	7	1	2	8	5	3	9
1	5	8	2	9	4	3	6	7
3	4	5	6	7	9	2	8	1
5	2	3	9	8	1	7	4	6
2	7	6	3	4	5	9	1	8
9	1	2	8	3	6	4	7	5
8	9	4	5	1	7	6	2	3
6	3	1	7	5	2	8	9	4

Easy - 115

5	1	6	8	3	2	7	4	9
9	3	8	6	7	1	2	5	4
8	6	4	2	5	9	1	3	7
3	2	1	4	9	6	8	7	5
7	5	9	3	4	8	6	1	2
6	8	7	9	1	5	4	2	3
1	4	5	7	2	3	9	6	8
2	7	3	1	8	4	5	9	6
4	9	2	5	6	7	3	8	1

Easy - 116

7	8	4	6	1	5	3	9	2
3	1	6	2	5	4	8	7	9
5	2	9	4	6	3	1	8	7
2	7	3	1	9	8	6	5	4
6	3	5	7	8	2	9	4	1
4	9	1	8	2	7	5	3	6
1	5	8	9	4	6	7	2	3
8	6	2	3	7	9	4	1	5
9	4	7	5	3	1	2	6	8

Easy - 117

2	7	6	1	3	9	4	5	8
9	6	5	3	4	1	8	2	7
1	8	7	2	9	6	5	4	3
8	3	1	4	5	7	2	6	9
5	4	9	7	8	2	6	3	1
6	2	3	8	1	4	9	7	5
3	5	2	6	7	8	1	9	4
4	9	8	5	6	3	7	1	2
7	1	4	9	2	5	3	8	6

Easy - 118

3	9	7	6	4	1	2	5	8
8	6	2	9	3	5	7	1	4
5	4	8	1	2	7	3	9	6
1	5	9	8	6	3	4	2	7
4	7	1	2	8	9	5	6	3
7	2	6	3	5	8	9	4	1
9	8	5	7	1	4	6	3	2
6	1	3	4	9	2	8	7	5
2	3	4	5	7	6	1	8	9

Easy - 119

2	1	4	6	9	3	7	5	8
7	9	6	5	8	2	1	4	3
1	2	7	9	3	5	4	8	6
5	4	9	2	7	6	8	3	1
8	6	5	3	1	7	9	2	4
3	5	2	8	4	1	6	7	9
4	3	1	7	6	8	5	9	2
9	7	8	1	2	4	3	6	5
6	8	3	4	5	9	2	1	7

Easy - 120

7	9	5	3	6	8	2	1	4
8	2	1	5	7	4	3	6	9
4	3	6	9	8	1	5	7	2
1	4	2	8	5	9	6	3	7
9	6	7	2	4	5	1	8	3
2	7	9	6	1	3	4	5	8
3	5	8	4	2	6	7	9	1
6	8	4	1	3	7	9	2	5
5	1	3	7	9	2	8	4	6

Easy - 121

1	2	5	8	3	4	9	6	7
4	5	9	1	6	7	8	2	3
3	1	7	6	8	2	4	5	9
6	8	4	3	9	5	1	7	2
2	7	3	9	5	1	6	8	4
8	6	2	7	4	9	3	1	5
9	3	1	5	7	6	2	4	8
5	4	8	2	1	3	7	9	6
7	9	6	4	2	8	5	3	1

Easy - 122

4	8	2	3	6	9	1	7	5
1	7	9	6	5	8	3	4	2
5	6	7	1	3	2	4	8	9
8	4	3	2	9	1	5	6	7
6	1	5	9	8	3	7	2	4
2	9	4	7	1	6	8	5	3
7	3	8	5	2	4	9	1	6
3	2	1	4	7	5	6	9	8
9	5	6	8	4	7	2	3	1

Easy - 123

5	9	4	3	8	1	6	2	7
1	3	7	2	9	4	5	8	6
8	4	6	7	5	9	3	1	2
2	7	1	5	6	8	4	9	3
6	1	5	4	3	2	8	7	9
7	6	9	8	1	3	2	5	4
3	2	8	9	4	5	7	6	1
9	8	3	6	2	7	1	4	5
4	5	2	1	7	6	9	3	8

Easy - 124

2	9	4	3	5	6	7	8	1
8	7	1	6	2	5	9	3	4
6	3	5	9	1	7	8	4	2
5	2	9	1	3	8	4	6	7
4	6	7	5	8	9	2	1	3
1	8	2	4	7	3	5	9	6
7	1	6	8	4	2	3	5	9
3	4	8	2	9	1	6	7	5
9	5	3	7	6	4	1	2	8

Easy - 125

7	2	3	5	6	1	4	8	9
8	1	9	4	2	5	3	7	6
5	6	7	9	1	8	2	4	3
1	4	2	3	8	7	9	6	5
6	8	4	2	5	3	1	9	7
3	9	5	7	4	2	6	1	8
4	7	6	1	3	9	8	5	2
2	5	8	6	9	4	7	3	1
9	3	1	8	7	6	5	2	4

Easy - 126

3	2	1	9	6	7	4	8	5
7	8	3	5	4	6	1	9	2
8	4	6	2	5	1	9	7	3
2	7	4	1	9	5	8	3	6
5	6	9	4	8	2	3	1	7
1	5	8	3	7	4	6	2	9
6	1	2	7	3	9	5	4	8
9	3	7	6	1	8	2	5	4
4	9	5	8	2	3	7	6	1

Easy - 127

5	7	6	8	2	3	1	4	9
4	3	1	5	7	9	6	8	2
3	6	8	2	9	1	4	7	5
1	4	2	7	8	5	9	6	3
9	1	3	4	5	7	8	2	6
7	5	4	9	1	6	2	3	8
2	8	5	6	3	4	7	9	1
6	2	9	3	4	8	5	1	7
8	9	7	1	6	2	3	5	4

Easy - 128

6	4	7	3	2	1	5	8	9
5	9	8	7	4	3	6	1	2
8	7	2	4	9	6	1	5	3
3	2	9	5	1	7	4	6	8
7	8	4	1	6	9	3	2	5
1	6	3	9	5	2	8	7	4
9	1	5	2	3	8	7	4	6
4	3	6	8	7	5	2	9	1
2	5	1	6	8	4	9	3	7

Easy - 129

5	6	9	1	8	3	2	4	7
8	4	7	3	6	2	9	5	1
2	7	1	5	4	9	3	6	8
7	3	4	2	1	8	6	9	5
4	1	6	9	7	5	8	2	3
9	5	2	8	3	7	4	1	6
6	2	8	4	5	1	7	3	9
3	8	5	6	9	4	1	7	2
1	9	3	7	2	6	5	8	4

Easy - 130

8	3	6	5	2	4	7	1	9
7	2	4	3	8	9	1	6	5
3	4	9	6	1	8	2	5	7
1	6	2	9	5	7	3	8	4
6	9	5	8	7	3	4	2	1
2	8	1	7	4	5	6	9	3
4	5	7	1	9	2	8	3	6
5	7	3	2	6	1	9	4	8
9	1	8	4	3	6	5	7	2

Easy - 131

7	5	4	6	1	2	9	3	8
4	7	6	9	2	3	8	1	5
9	2	5	1	7	6	3	8	4
3	1	8	2	9	5	4	6	7
5	4	9	3	6	8	2	7	1
2	8	1	7	5	4	6	9	3
8	9	2	4	3	7	1	5	6
1	6	3	5	8	9	7	4	2
6	3	7	8	4	1	5	2	9

Easy - 132

5	2	4	6	1	3	8	9	7
7	6	9	8	5	2	4	1	3
3	9	2	7	4	1	6	8	5
8	5	1	4	2	6	7	3	9
1	4	6	5	3	8	9	7	2
4	8	7	3	6	9	2	5	1
2	3	8	9	7	5	1	6	4
9	7	5	1	8	4	3	2	6
6	1	3	2	9	7	5	4	8

Easy - 133

7	6	4	8	9	2	1	5	3
5	4	8	1	3	7	6	2	9
2	1	7	3	6	9	5	8	4
3	9	5	2	1	4	8	6	7
8	2	6	5	7	3	4	9	1
1	8	9	4	5	6	7	3	2
9	5	3	6	4	1	2	7	8
6	3	1	7	2	8	9	4	5
4	7	2	9	8	5	3	1	6

Easy - 134

1	4	7	8	6	3	9	2	5
7	8	6	9	2	5	3	4	1
6	9	2	3	1	4	5	7	8
8	5	1	7	4	2	6	9	3
4	3	9	2	5	8	1	6	7
2	7	5	1	8	9	4	3	6
5	2	3	4	7	6	8	1	9
9	1	8	6	3	7	2	5	4
3	6	4	5	9	1	7	8	2

Easy - 135

3	8	5	7	4	9	2	6	1
1	6	8	5	3	2	7	9	4
4	9	7	2	8	3	6	1	5
7	2	6	4	5	1	9	3	8
9	5	1	8	7	6	4	2	3
6	4	9	3	1	8	5	7	2
2	3	4	9	6	5	1	8	7
5	1	3	6	2	7	8	4	9
8	7	2	1	9	4	3	5	6

Easy - 136

2	3	8	9	6	4	7	5	1
6	4	9	8	5	7	1	3	2
5	1	2	7	3	9	6	4	8
3	7	5	1	2	8	4	9	6
4	8	7	3	1	5	2	6	9
9	2	6	5	4	1	3	8	7
1	9	4	6	8	2	5	7	3
7	5	3	2	9	6	8	1	4
8	6	1	4	7	3	9	2	5

Easy - 137

4	3	8	6	7	9	2	1	5
5	1	6	2	8	4	3	7	9
3	6	2	7	9	5	1	8	4
9	2	4	5	3	1	8	6	7
1	7	9	4	5	8	6	2	3
8	9	7	1	2	3	4	5	6
7	8	3	9	1	6	5	4	2
6	5	1	3	4	2	7	9	8
2	4	5	8	6	7	9	3	1

Easy - 138

5	6	9	4	7	2	1	3	8
4	7	1	3	5	8	6	2	9
3	1	6	8	2	9	4	7	5
2	8	7	5	9	4	3	6	1
8	9	2	1	6	3	7	5	4
1	4	3	2	8	6	5	9	7
9	5	4	7	3	1	2	8	6
7	2	8	6	4	5	9	1	3
6	3	5	9	1	7	8	4	2

Easy - 139

3	5	4	7	8	9	1	2	6
2	8	9	6	4	3	7	5	1
9	3	5	4	2	1	8	6	7
1	6	8	3	7	2	9	4	5
4	9	7	2	1	5	6	8	3
5	7	3	1	6	8	2	9	4
6	2	1	8	3	4	5	7	9
7	4	2	9	5	6	3	1	8
8	1	6	5	9	7	4	3	2

Easy - 140

1	8	9	6	7	2	4	3	5
6	1	4	9	2	5	3	7	8
7	2	5	3	9	1	6	8	4
3	7	1	8	5	4	2	9	6
5	3	6	4	8	9	7	1	2
2	9	7	5	1	6	8	4	3
8	4	3	1	6	7	5	2	9
9	5	8	2	4	3	1	6	7
4	6	2	7	3	8	9	5	1

Easy - 141

1	4	2	5	9	6	8	3	7
4	5	1	8	3	7	9	2	6
9	7	6	3	8	4	2	1	5
2	3	9	6	7	5	1	8	4
8	6	4	7	2	1	3	5	9
5	1	8	9	6	2	7	4	3
7	2	3	1	5	9	4	6	8
6	8	7	2	4	3	5	9	1
3	9	5	4	1	8	6	7	2

Easy - 142

4	5	8	1	3	6	9	7	2
6	7	2	9	4	3	5	1	8
3	9	6	5	7	4	2	8	1
1	2	3	7	9	5	8	6	4
8	4	5	2	6	7	1	9	3
5	8	9	6	1	2	3	4	7
7	1	4	3	8	9	6	2	5
9	3	7	8	2	1	4	5	6
2	6	1	4	5	8	7	3	9

Easy - 143

5	2	6	3	7	8	4	1	9
4	9	8	7	1	6	3	2	5
9	6	3	1	4	7	2	5	8
3	4	7	5	6	2	8	9	1
7	1	2	4	8	9	5	3	6
8	5	1	6	2	3	9	4	7
6	8	9	2	5	4	1	7	3
2	7	5	9	3	1	6	8	4
1	3	4	8	9	5	7	6	2

Easy - 144

4	7	6	3	9	8	5	2	1
3	9	8	5	2	1	6	4	7
6	4	1	7	8	5	2	9	3
2	8	3	9	5	6	1	7	4
1	3	2	6	4	9	7	8	5
7	5	9	8	1	2	4	3	6
8	2	5	4	6	7	3	1	9
9	6	4	1	7	3	8	5	2
5	1	7	2	3	4	9	6	8

Easy - 145

1	6	7	8	2	5	9	4	3
3	2	9	4	8	7	6	1	5
7	9	2	5	3	1	4	6	8
8	4	5	3	9	6	1	2	7
6	5	8	2	1	4	7	3	9
9	1	3	7	6	8	2	5	4
4	3	6	9	7	2	5	8	1
5	7	1	6	4	3	8	9	2
2	8	4	1	5	9	3	7	6

Easy - 146

2	7	8	9	1	3	4	6	5
1	3	5	8	6	2	9	7	4
5	9	4	2	3	7	6	1	8
8	2	1	6	4	5	7	9	3
4	1	9	3	7	6	8	5	2
3	8	6	7	9	4	5	2	1
7	4	2	5	8	9	1	3	6
6	5	7	1	2	8	3	4	9
9	6	3	4	5	1	2	8	7

Easy - 147

1	7	4	6	2	9	8	3	5
3	4	9	5	1	8	2	6	7
5	8	2	3	7	6	4	9	1
6	9	5	7	8	3	1	4	2
2	1	3	4	9	7	5	8	6
7	2	6	8	4	5	9	1	3
9	5	1	2	3	4	6	7	8
8	6	7	9	5	1	3	2	4
4	3	8	1	6	2	7	5	9

Easy - 148

5	6	8	2	4	7	9	1	3
1	8	5	3	2	4	6	7	9
9	7	3	4	6	8	1	2	5
3	9	2	5	8	1	7	4	6
2	4	6	1	7	5	3	9	8
4	1	7	8	3	9	5	6	2
7	2	9	6	5	3	4	8	1
6	5	4	9	1	2	8	3	7
8	3	1	7	9	6	2	5	4

Easy - 149

7	1	5	9	8	6	4	3	2
2	6	4	3	9	5	7	8	1
4	3	7	8	6	2	1	9	5
1	8	3	6	4	7	2	5	9
9	2	8	7	5	1	3	4	6
8	5	9	4	2	3	6	1	7
6	9	1	2	3	4	5	7	8
5	4	6	1	7	9	8	2	3
3	7	2	5	1	8	9	6	4

Easy - 150

8	5	7	6	2	9	1	4	3
2	7	3	8	4	5	9	6	1
9	3	4	7	5	1	6	2	8
1	6	9	3	8	4	2	5	7
4	2	1	5	6	3	7	8	9
7	9	2	4	1	8	5	3	6
5	1	8	2	9	6	3	7	4
3	8	6	9	7	2	4	1	5
6	4	5	1	3	7	8	9	2

Easy - 151

5	3	4	2	7	6	9	8	1
1	7	5	9	8	2	4	3	6
6	8	3	1	9	4	2	5	7
7	2	6	4	1	5	3	9	8
8	9	2	3	5	7	1	6	4
4	5	9	8	6	1	7	2	3
2	4	7	5	3	8	6	1	9
9	6	1	7	2	3	8	4	5
3	1	8	6	4	9	5	7	2

Easy - 152

3	2	4	7	6	5	1	9	8
6	1	7	4	2	9	3	8	5
5	8	1	6	3	2	4	7	9
8	9	5	3	1	7	2	4	6
4	3	6	9	7	8	5	2	1
7	4	2	8	5	1	9	6	3
2	6	9	1	8	3	7	5	4
1	7	8	5	9	4	6	3	2
9	5	3	2	4	6	8	1	7

Easy - 153

4	5	6	7	2	1	3	9	8
1	7	8	9	6	3	4	5	2
9	6	1	5	3	2	8	4	7
3	9	7	2	8	4	5	6	1
8	1	5	3	7	6	9	2	4
2	4	9	6	1	8	7	3	5
5	3	2	8	4	7	6	1	9
7	2	3	4	9	5	1	8	6
6	8	4	1	5	9	2	7	3

Easy - 154

1	5	6	3	2	8	7	9	4
7	3	5	8	9	2	6	4	1
4	9	8	2	6	3	1	5	7
5	4	9	1	7	6	2	3	8
2	7	3	5	1	4	9	8	6
8	6	7	4	5	9	3	1	2
6	8	1	7	3	5	4	2	9
9	2	4	6	8	1	5	7	3
3	1	2	9	4	7	8	6	5

Easy - 155

6	7	8	1	3	9	2	5	4
2	4	5	6	8	7	9	1	3
9	5	7	2	4	3	6	8	1
3	1	4	9	2	6	5	7	8
5	9	3	8	1	2	7	4	6
8	2	9	4	6	5	1	3	7
4	3	2	5	7	1	8	6	9
1	8	6	7	9	4	3	2	5
7	6	1	3	5	8	4	9	2

Easy - 156

5	4	2	7	6	3	1	8	9
1	6	4	9	5	8	2	3	7
2	9	8	3	7	1	6	4	5
3	2	5	8	9	6	4	7	1
9	8	7	1	4	2	5	6	3
7	5	1	6	3	4	9	2	8
4	3	6	5	1	7	8	9	2
6	1	3	2	8	9	7	5	4
8	7	9	4	2	5	3	1	6

Easy - 157

4	7	6	9	3	5	2	1	8
2	1	9	8	4	3	7	6	5
6	3	7	2	8	1	5	9	4
5	6	8	7	1	9	4	2	3
3	8	1	6	2	4	9	5	7
1	9	5	4	6	7	8	3	2
7	4	3	5	9	2	6	8	1
9	5	2	3	7	8	1	4	6
8	2	4	1	5	6	3	7	9

Easy - 158

3	9	5	2	4	8	6	1	7
8	2	4	6	1	7	9	3	5
1	4	9	7	5	3	8	6	2
5	6	2	8	3	1	7	4	9
7	1	6	5	9	4	2	8	3
4	8	7	3	2	5	1	9	6
2	7	8	1	6	9	3	5	4
9	3	1	4	7	6	5	2	8
6	5	3	9	8	2	4	7	1

Easy - 159

2	4	9	5	6	1	7	8	3
7	6	3	2	1	8	5	9	4
5	1	8	6	7	3	9	4	2
8	3	5	7	2	6	4	1	9
9	2	7	1	5	4	8	3	6
4	8	2	9	3	5	1	6	7
1	7	6	3	4	9	2	5	8
6	5	4	8	9	7	3	2	1
3	9	1	4	8	2	6	7	5

Easy - 160

1	8	9	3	7	2	6	4	5
7	5	3	6	1	4	2	8	9
9	4	2	5	8	6	3	1	7
8	6	1	2	9	3	7	5	4
6	3	4	7	5	8	1	9	2
2	7	5	9	4	1	8	3	6
4	1	6	8	2	5	9	7	3
5	2	7	1	3	9	4	6	8
3	9	8	4	6	7	5	2	1

Easy - 161

4	8	6	2	7	5	3	1	9
1	3	5	7	9	8	6	2	4
3	4	1	9	6	7	2	5	8
2	9	3	8	5	4	1	7	6
8	5	7	1	4	6	9	3	2
9	7	4	6	2	1	5	8	3
5	6	2	3	8	9	7	4	1
6	2	8	5	1	3	4	9	7
7	1	9	4	3	2	8	6	5

Easy - 162

4	7	8	2	3	6	9	1	5
2	5	3	8	7	9	1	6	4
5	4	9	1	6	2	7	8	3
8	9	6	3	1	7	4	5	2
7	8	2	6	4	5	3	9	1
1	3	7	4	9	8	5	2	6
6	1	5	9	2	3	8	4	7
9	6	1	7	5	4	2	3	8
3	2	4	5	8	1	6	7	9

Easy - 163

5	6	3	1	8	9	4	7	2
7	5	9	8	2	3	1	4	6
3	9	2	4	6	1	8	5	7
6	8	7	5	1	4	3	2	9
2	4	1	9	3	6	7	8	5
8	7	5	3	9	2	6	1	4
9	1	8	2	4	7	5	6	3
1	2	4	6	7	5	9	3	8
4	3	6	7	5	8	2	9	1

Easy - 164

7	5	3	4	6	1	8	9	2
9	1	4	5	8	2	7	6	3
4	7	2	6	9	3	1	8	5
5	3	1	8	2	9	4	7	6
6	2	9	1	3	8	5	4	7
2	4	5	9	1	7	6	3	8
8	6	7	3	4	5	2	1	9
3	8	6	2	7	4	9	5	1
1	9	8	7	5	6	3	2	4

Easy - 165

6	3	2	7	9	4	5	8	1
5	9	8	4	1	7	2	3	6
3	2	4	6	8	5	1	7	9
1	7	9	8	5	6	3	4	2
2	8	5	9	7	3	6	1	4
7	5	6	2	4	1	8	9	3
8	6	1	3	2	9	4	5	7
9	4	3	1	6	8	7	2	5
4	1	7	5	3	2	9	6	8

Easy - 166

2	6	1	9	3	4	7	5	8
9	3	8	2	5	6	1	4	7
1	4	6	5	8	7	9	2	3
8	1	4	3	6	5	2	7	9
5	7	3	8	9	1	4	6	2
7	9	2	4	1	8	6	3	5
3	5	7	6	4	2	8	9	1
4	8	9	7	2	3	5	1	6
6	2	5	1	7	9	3	8	4

Easy - 167

5	1	8	9	2	4	3	7	6
3	5	9	7	8	1	6	4	2
2	9	4	6	3	5	7	1	8
1	6	3	4	9	2	5	8	7
8	7	1	3	5	6	2	9	4
7	8	2	5	4	9	1	6	3
6	4	5	2	7	8	9	3	1
4	2	7	1	6	3	8	5	9
9	3	6	8	1	7	4	2	5

Easy - 168

7	5	2	9	3	4	6	1	8
1	7	8	6	2	9	4	5	3
8	6	4	2	5	1	3	9	7
5	9	3	4	1	7	2	8	6
3	4	1	8	7	2	5	6	9
6	3	9	1	8	5	7	4	2
4	2	5	7	6	8	9	3	1
2	8	6	5	9	3	1	7	4
9	1	7	3	4	6	8	2	5

Easy - 169

9	1	5	6	4	7	2	3	8
3	2	4	5	7	8	1	9	6
8	3	9	2	6	1	4	5	7
7	6	1	9	8	2	3	4	5
1	4	6	7	5	9	8	2	3
5	8	3	1	2	4	6	7	9
2	7	8	3	9	6	5	1	4
4	5	7	8	1	3	9	6	2
6	9	2	4	3	5	7	8	1

Easy - 170

1	5	9	2	7	6	3	8	4
5	6	3	4	8	9	1	2	7
2	7	6	1	3	4	5	9	8
9	4	8	6	1	7	2	5	3
8	2	4	5	9	3	7	1	6
3	1	7	9	5	8	4	6	2
4	3	2	8	6	1	9	7	5
6	9	5	7	4	2	8	3	1
7	8	1	3	2	5	6	4	9

Easy - 171

8	5	4	3	7	2	1	6	9
9	1	3	6	2	4	7	8	5
5	3	8	7	1	6	2	9	4
2	8	7	4	6	9	3	5	1
7	6	2	5	9	1	4	3	8
3	4	9	1	8	5	6	2	7
4	7	5	2	3	8	9	1	6
1	9	6	8	4	3	5	7	2
6	2	1	9	5	7	8	4	3

Easy - 172

7	3	5	8	4	6	1	2	9
9	1	2	3	8	5	6	4	7
4	2	7	6	9	1	8	3	5
2	5	8	1	6	4	9	7	3
5	6	4	9	1	3	7	8	2
8	4	6	7	3	2	5	9	1
3	7	9	2	5	8	4	1	6
1	8	3	5	7	9	2	6	4
6	9	1	4	2	7	3	5	8

Easy - 173

1	8	4	6	2	5	7	3	9
2	5	9	3	6	7	1	8	4
7	2	3	4	9	6	8	5	1
6	3	5	1	8	4	2	9	7
9	4	1	5	7	8	3	6	2
5	6	2	9	3	1	4	7	8
4	1	8	7	5	9	6	2	3
8	7	6	2	4	3	9	1	5
3	9	7	8	1	2	5	4	6

Easy - 174

3	1	8	5	7	6	2	9	4
9	8	4	2	6	3	5	1	7
7	6	9	4	8	1	3	5	2
4	7	3	9	5	2	1	6	8
1	5	2	6	4	8	9	7	3
5	3	1	7	2	9	4	8	6
8	4	7	3	1	5	6	2	9
2	9	6	1	3	7	8	4	5
6	2	5	8	9	4	7	3	1

Easy - 175

8	1	9	5	3	6	2	7	4
1	2	4	7	6	9	3	8	5
2	6	7	3	8	1	4	5	9
7	5	2	9	4	8	1	6	3
9	8	3	6	5	4	7	2	1
3	4	5	2	9	7	8	1	6
6	3	8	1	2	5	9	4	7
4	7	6	8	1	3	5	9	2
5	9	1	4	7	2	6	3	8

Easy - 176

7	9	8	6	5	4	1	2	3
6	3	1	9	8	5	4	7	2
1	7	3	2	4	6	5	9	8
8	5	2	7	3	9	6	1	4
3	4	6	8	9	1	2	5	7
9	8	4	5	2	7	3	6	1
4	6	5	1	7	2	8	3	9
2	1	7	3	6	8	9	4	5
5	2	9	4	1	3	7	8	6

Easy - 177

1	2	7	3	6	9	8	5	4
5	3	8	4	1	2	6	9	7
2	9	4	1	5	3	7	8	6
3	6	2	5	8	7	4	1	9
9	4	6	7	2	8	1	3	5
8	7	5	6	9	1	3	4	2
6	8	1	9	4	5	2	7	3
4	5	3	8	7	6	9	2	1
7	1	9	2	3	4	5	6	8

Easy - 178

7	1	9	6	2	3	4	5	8
8	4	5	3	1	7	2	6	9
5	3	7	2	6	4	9	8	1
6	5	4	8	9	1	3	7	2
4	8	1	9	7	6	5	2	3
2	7	3	4	5	8	1	9	6
3	2	6	1	8	9	7	4	5
1	9	8	5	4	2	6	3	7
9	6	2	7	3	5	8	1	4

Easy - 179

1	4	3	9	6	7	8	2	5
7	6	2	5	3	9	4	1	8
2	7	8	4	1	5	3	9	6
8	5	9	1	4	6	2	7	3
5	3	7	8	2	1	6	4	9
6	1	4	7	9	8	5	3	2
9	8	6	3	7	2	1	5	4
3	9	5	2	8	4	7	6	1
4	2	1	6	5	3	9	8	7

Easy - 180

2	8	3	7	5	9	1	4	6
4	6	5	1	3	2	9	7	8
9	7	1	4	8	6	3	2	5
3	5	6	2	9	4	7	8	1
7	3	9	5	1	8	4	6	2
1	2	8	6	4	7	5	3	9
5	4	2	8	7	1	6	9	3
6	1	4	9	2	3	8	5	7
8	9	7	3	6	5	2	1	4

Easy - 181

2	7	1	9	8	3	6	4	5
4	3	6	5	7	1	9	8	2
5	1	4	3	9	2	8	7	6
7	6	2	1	4	8	5	3	9
1	4	5	8	2	6	7	9	3
3	9	8	2	1	5	4	6	7
8	2	3	7	6	9	1	5	4
9	5	7	6	3	4	2	1	8
6	8	9	4	5	7	3	2	1

Easy - 182

3	7	2	1	9	4	5	6	8
5	4	9	8	6	3	7	1	2
8	6	3	2	5	1	4	7	9
4	9	5	3	7	2	6	8	1
2	8	1	7	3	6	9	4	5
1	2	4	5	8	7	3	9	6
9	1	6	4	2	5	8	3	7
7	3	8	6	1	9	2	5	4
6	5	7	9	4	8	1	2	3

Easy - 183

5	9	1	8	7	6	3	2	4
4	6	7	2	1	5	9	3	8
3	1	2	5	4	9	8	6	7
8	2	4	6	3	7	1	9	5
1	7	6	3	8	2	5	4	9
9	3	8	4	5	1	6	7	2
6	5	9	7	2	3	4	8	1
2	8	5	9	6	4	7	1	3
7	4	3	1	9	8	2	5	6

Easy - 184

9	8	1	7	2	3	6	4	5
4	5	7	3	9	2	1	6	8
5	4	2	6	1	8	3	9	7
6	1	8	4	5	7	9	3	2
3	6	4	8	7	1	5	2	9
2	9	5	1	3	4	8	7	6
8	2	6	5	4	9	7	1	3
1	7	3	9	8	6	2	5	4
7	3	9	2	6	5	4	8	1

Easy - 185

9	1	7	6	4	5	2	3	8
7	9	2	4	3	8	6	1	5
8	3	1	5	2	9	7	4	6
6	2	8	3	5	4	1	9	7
5	8	9	1	6	7	4	2	3
4	7	6	2	1	3	5	8	9
2	5	4	8	9	6	3	7	1
3	4	5	9	7	1	8	6	2
1	6	3	7	8	2	9	5	4

Easy - 186

5	8	7	1	2	6	3	9	4
9	1	3	4	6	2	7	5	8
6	7	4	3	8	9	5	2	1
3	2	1	6	5	8	4	7	9
8	4	9	5	7	1	2	3	6
7	5	8	2	9	4	1	6	3
4	6	2	7	1	3	9	8	5
2	3	6	9	4	5	8	1	7
1	9	5	8	3	7	6	4	2

Easy - 187

9	1	8	4	7	3	6	5	2
6	2	5	3	4	9	7	1	8
5	8	7	9	6	2	4	3	1
2	3	4	1	5	6	8	7	9
1	4	9	8	2	7	3	6	5
4	9	1	6	3	8	5	2	7
3	5	2	7	8	4	1	9	6
8	7	6	2	1	5	9	4	3
7	6	3	5	9	1	2	8	4

Easy - 188

5	8	9	6	3	4	2	1	7
2	5	8	1	7	9	6	4	3
1	3	7	8	2	5	4	6	9
7	9	6	4	5	2	8	3	1
6	4	1	3	9	8	7	5	2
3	2	5	7	8	6	1	9	4
8	1	4	9	6	7	3	2	5
9	7	3	2	4	1	5	8	6
4	6	2	5	1	3	9	7	8

Easy - 189

6	9	8	1	3	5	4	7	2
1	4	7	5	6	2	9	3	8
8	2	9	4	5	7	1	6	3
9	3	1	8	7	6	2	5	4
5	7	3	2	4	9	6	8	1
4	1	5	6	2	3	8	9	7
7	8	6	9	1	4	3	2	5
2	5	4	3	9	8	7	1	6
3	6	2	7	8	1	5	4	9

Easy - 190

3	7	2	8	4	1	6	9	5
1	3	7	5	9	6	2	4	8
9	1	5	7	6	4	8	2	3
2	9	4	3	8	7	5	6	1
8	4	6	2	5	3	9	1	7
5	6	3	4	7	9	1	8	2
7	8	1	6	2	5	4	3	9
4	2	9	1	3	8	7	5	6
6	5	8	9	1	2	3	7	4

Easy - 191

1	2	7	9	4	6	8	5	3
8	5	3	4	6	7	1	9	2
2	9	6	8	5	1	7	3	4
5	4	1	3	7	8	6	2	9
7	3	4	6	8	9	2	1	5
3	8	5	7	1	2	9	4	6
4	6	2	1	9	3	5	8	7
9	7	8	5	2	4	3	6	1
6	1	9	2	3	5	4	7	8

Easy - 192

8	4	7	6	9	3	1	2	5
9	5	8	2	4	1	7	6	3
6	2	1	5	3	7	8	9	4
4	9	3	7	1	6	2	5	8
1	7	5	9	6	4	3	8	2
2	6	4	3	7	8	5	1	9
3	8	9	1	5	2	6	4	7
5	3	6	8	2	9	4	7	1
7	1	2	4	8	5	9	3	6

Easy - 193

2	6	8	9	5	4	7	3	1
5	9	4	2	1	6	8	7	3
7	1	6	3	9	5	2	4	8
6	3	1	4	8	7	5	2	9
8	7	9	1	2	3	4	6	5
4	5	2	8	6	9	3	1	7
3	2	5	7	4	1	9	8	6
9	4	3	6	7	8	1	5	2
1	8	7	5	3	2	6	9	4

Easy - 194

3	8	1	9	4	6	5	7	2
2	7	9	8	1	3	6	5	4
4	1	6	5	2	8	3	9	7
5	9	2	3	7	4	8	1	6
8	6	7	4	5	1	2	3	9
7	2	8	6	3	9	1	4	5
6	3	4	1	9	5	7	2	8
9	5	3	7	6	2	4	8	1
1	4	5	2	8	7	9	6	3

Easy - 195

2	6	7	9	5	3	8	4	1
6	3	1	7	9	4	2	8	5
9	5	8	4	2	1	6	3	7
8	1	5	3	6	2	7	9	4
7	4	6	2	3	8	5	1	9
4	8	2	5	1	7	9	6	3
5	7	3	1	8	9	4	2	6
3	2	9	6	4	5	1	7	8
1	9	4	8	7	6	3	5	2

Easy - 196

9	8	1	3	4	5	6	2	7
2	5	6	9	7	1	4	8	3
8	4	7	6	2	3	1	9	5
5	3	4	1	6	8	9	7	2
4	1	8	7	9	2	5	3	6
6	2	3	5	1	9	7	4	8
7	9	2	8	5	4	3	6	1
1	7	9	2	3	6	8	5	4
3	6	5	4	8	7	2	1	9

Easy - 197

9	7	6	5	3	8	1	4	2
1	2	7	4	9	5	6	8	3
7	1	9	6	8	2	4	3	5
8	3	4	2	5	9	7	1	6
5	8	3	7	4	6	2	9	1
4	6	2	8	1	7	3	5	9
6	4	5	3	2	1	9	7	8
3	5	1	9	6	4	8	2	7
2	9	8	1	7	3	5	6	4

Easy - 198

8	9	2	7	3	4	6	1	5
5	2	3	4	6	8	1	9	7
7	8	4	1	5	9	2	3	6
9	6	1	2	7	5	3	8	4
3	1	5	6	8	7	4	2	9
6	3	8	5	9	1	7	4	2
1	4	7	3	2	6	9	5	8
4	5	6	9	1	2	8	7	3
2	7	9	8	4	3	5	6	1

Easy - 199

5	9	2	4	7	1	3	6	8
1	7	4	8	9	5	2	3	6
8	6	3	5	2	7	4	1	9
3	8	5	2	4	6	1	9	7
6	3	7	9	1	4	8	5	2
2	1	6	3	8	9	7	4	5
9	4	8	1	6	2	5	7	3
4	5	9	7	3	8	6	2	1
7	2	1	6	5	3	9	8	4

Easy - 200

2	6	3	7	5	4	8	1	9
5	9	1	8	4	6	7	3	2
9	7	8	4	6	1	5	2	3
1	8	9	2	3	5	4	6	7
7	3	6	5	1	8	2	9	4
4	5	2	3	9	7	6	8	1
8	1	7	6	2	9	3	4	5
6	2	4	9	7	3	1	5	8
3	4	5	1	8	2	9	7	6

Easy - 201

3	9	7	4	8	1	6	5	2
1	5	6	7	9	8	2	4	3
8	4	9	2	3	7	1	6	5
5	3	4	9	2	6	8	7	1
9	7	3	8	1	4	5	2	6
2	1	8	6	4	5	7	3	9
4	6	5	1	7	2	3	9	8
7	8	2	5	6	3	9	1	4
6	2	1	3	5	9	4	8	7

Easy - 202

9	4	8	6	5	1	7	2	3
3	2	5	4	9	7	6	8	1
7	8	2	9	4	5	3	1	6
4	6	1	3	7	2	8	9	5
1	7	6	8	2	3	9	5	4
2	9	4	5	6	8	1	3	7
6	1	7	2	3	9	5	4	8
8	5	3	7	1	4	2	6	9
5	3	9	1	8	6	4	7	2

Easy - 203

9	6	3	4	7	5	2	8	1
7	5	4	8	1	2	3	9	6
1	2	8	6	9	3	7	5	4
5	8	1	9	3	7	6	4	2
6	3	7	2	4	8	5	1	9
2	4	9	5	6	1	8	3	7
3	9	2	1	8	6	4	7	5
4	7	5	3	2	9	1	6	8
8	1	6	7	5	4	9	2	3

Easy - 204

4	3	2	1	8	6	7	5	9
1	7	5	2	9	4	3	6	8
6	4	7	9	2	3	5	8	1
7	5	4	3	1	8	6	9	2
8	1	9	5	6	7	2	3	4
3	9	8	6	4	5	1	2	7
5	2	6	8	7	9	4	1	3
9	6	1	4	3	2	8	7	5
2	8	3	7	5	1	9	4	6

Easy - 205

3	7	6	8	5	2	1	4	9
9	1	2	7	4	5	6	8	3
2	6	9	4	3	1	7	5	8
4	8	3	5	1	6	9	7	2
1	5	8	2	6	4	3	9	7
6	4	7	9	8	3	2	1	5
7	9	4	1	2	8	5	3	6
5	3	1	6	7	9	8	2	4
8	2	5	3	9	7	4	6	1

Easy - 206

7	2	1	5	8	6	3	4	9
8	4	3	9	1	2	6	7	5
1	8	7	6	9	4	5	3	2
2	5	4	3	6	9	7	1	8
9	3	6	2	7	8	4	5	1
6	7	9	4	5	1	2	8	3
3	6	8	1	4	5	9	2	7
4	1	5	7	2	3	8	9	6
5	9	2	8	3	7	1	6	4

Easy - 207

8	3	6	2	4	7	9	1	5
6	9	1	5	7	8	2	3	4
1	4	5	3	8	9	6	7	2
7	2	4	1	5	3	8	6	9
9	6	2	8	1	5	7	4	3
2	7	9	4	3	6	5	8	1
4	1	7	9	6	2	3	5	8
5	8	3	7	2	1	4	9	6
3	5	8	6	9	4	1	2	7

Easy - 208

1	2	6	9	3	7	8	5	4
5	9	8	1	6	4	3	7	2
4	1	7	3	2	5	6	8	9
9	5	4	7	1	3	2	6	8
2	7	5	6	9	8	4	3	1
8	4	3	2	7	6	9	1	5
6	8	9	5	4	1	7	2	3
3	6	1	4	8	2	5	9	7
7	3	2	8	5	9	1	4	6

Easy - 209

6	3	2	5	7	4	8	1	9
4	1	9	2	5	7	6	3	8
8	7	1	9	6	3	4	2	5
5	6	3	8	4	2	1	9	7
3	5	6	1	8	9	7	4	2
2	8	7	4	9	1	3	5	6
7	9	4	3	2	8	5	6	1
9	4	8	6	1	5	2	7	3
1	2	5	7	3	6	9	8	4

Easy - 210

9	6	7	2	5	4	3	8	1
7	1	4	8	3	5	9	6	2
2	3	1	9	4	7	6	5	8
6	8	5	4	2	1	7	3	9
1	9	3	7	6	8	5	2	4
8	5	2	3	1	9	4	7	6
3	4	8	6	7	2	1	9	5
4	2	6	5	9	3	8	1	7
5	7	9	1	8	6	2	4	3

Easy - 211

7	1	2	9	4	5	8	3	6
5	6	3	8	9	1	2	7	4
9	2	7	5	8	3	6	4	1
3	8	1	2	6	4	9	5	7
8	9	6	4	3	7	5	1	2
6	7	4	3	5	2	1	8	9
2	4	8	1	7	6	3	9	5
1	5	9	7	2	8	4	6	3
4	3	5	6	1	9	7	2	8

Easy - 212

5	2	3	1	9	8	6	4	7
8	6	9	4	3	7	2	5	1
4	8	7	3	2	1	5	6	9
6	7	2	5	1	9	4	3	8
1	3	5	2	7	4	8	9	6
9	4	8	7	5	6	3	1	2
2	1	6	9	4	5	7	8	3
3	9	4	6	8	2	1	7	5
7	5	1	8	6	3	9	2	4

Easy - 213

5	2	6	8	1	7	9	3	4
1	8	9	5	3	4	2	6	7
3	6	1	4	7	9	8	2	5
7	9	2	3	8	5	4	1	6
2	4	3	6	5	8	7	9	1
8	3	4	7	9	1	6	5	2
6	1	7	9	4	2	5	8	3
9	7	5	2	6	3	1	4	8
4	5	8	1	2	6	3	7	9

Easy - 214

7	1	9	4	3	8	2	6	5
5	2	6	8	9	4	1	3	7
3	4	8	5	6	9	7	2	1
2	9	7	1	4	6	5	8	3
6	5	3	2	8	7	4	1	9
1	3	2	6	7	5	9	4	8
4	8	5	9	2	1	3	7	6
9	6	4	7	1	3	8	5	2
8	7	1	3	5	2	6	9	4

Easy - 215

9	5	8	3	6	7	4	1	2
4	1	3	8	5	2	7	6	9
7	2	1	9	3	4	6	5	8
2	4	9	7	1	8	5	3	6
3	6	4	2	7	1	9	8	5
5	8	6	1	9	3	2	4	7
6	3	5	4	2	9	8	7	1
8	7	2	5	4	6	1	9	3
1	9	7	6	8	5	3	2	4

Easy - 216

5	4	2	3	9	8	1	6	7
7	6	8	1	2	9	5	3	4
1	8	9	4	5	3	2	7	6
6	7	5	8	4	1	9	2	3
2	3	1	5	7	6	8	4	9
3	9	6	7	1	5	4	8	2
8	2	4	9	3	7	6	5	1
9	5	3	2	6	4	7	1	8
4	1	7	6	8	2	3	9	5

Easy - 217

9	6	1	8	2	4	5	7	3
2	8	3	9	6	5	7	1	4
7	5	8	4	3	9	1	2	6
1	4	7	6	5	2	3	8	9
6	2	4	7	8	3	9	5	1
5	3	6	1	7	8	4	9	2
4	1	2	5	9	6	8	3	7
3	9	5	2	1	7	6	4	8
8	7	9	3	4	1	2	6	5

Easy - 218

5	1	8	7	4	9	6	2	3
4	2	6	9	3	7	1	8	5
1	7	2	3	6	8	9	5	4
9	4	1	2	8	3	5	7	6
8	6	3	5	7	2	4	1	9
2	9	7	8	5	6	3	4	1
7	3	5	1	9	4	8	6	2
6	8	9	4	1	5	2	3	7
3	5	4	6	2	1	7	9	8

Easy - 219

3	8	2	1	7	4	5	9	6
7	1	5	4	8	3	9	6	2
6	9	4	5	2	7	8	1	3
4	7	1	6	9	2	3	5	8
8	3	6	9	4	1	2	7	5
5	2	3	8	6	9	7	4	1
9	5	7	2	1	8	6	3	4
2	4	9	3	5	6	1	8	7
1	6	8	7	3	5	4	2	9

Easy - 220

6	1	9	8	2	4	7	5	3
1	8	5	7	4	3	9	2	6
5	6	2	9	3	7	8	1	4
3	4	8	2	5	6	1	7	9
9	7	4	3	1	2	6	8	5
7	2	3	4	8	9	5	6	1
8	9	7	5	6	1	4	3	2
4	3	1	6	7	5	2	9	8
2	5	6	1	9	8	3	4	7

Easy - 221

6	7	3	2	1	8	4	5	9
3	5	4	9	6	1	7	2	8
2	8	7	1	5	9	6	4	3
9	6	5	3	4	2	8	7	1
4	1	2	8	7	3	9	6	5
1	4	9	7	8	6	5	3	2
7	2	8	5	3	4	1	9	6
5	9	1	6	2	7	3	8	4
8	3	6	4	9	5	2	1	7

Easy - 222

5	4	2	1	6	3	7	8	9
9	7	8	6	1	5	3	4	2
4	5	7	3	9	2	8	6	1
2	8	3	7	4	9	1	5	6
6	9	1	2	7	8	4	3	5
8	6	9	4	2	7	5	1	3
3	2	4	5	8	1	6	9	7
1	3	6	9	5	4	2	7	8
7	1	5	8	3	6	9	2	4

Easy - 223

2	7	9	8	3	4	1	6	5
4	1	2	5	6	8	7	9	3
3	9	8	1	5	7	4	2	6
7	4	6	2	8	3	5	1	9
9	6	5	3	1	2	8	4	7
8	5	1	9	2	6	3	7	4
6	3	4	7	9	1	2	5	8
5	2	3	4	7	9	6	8	1
1	8	7	6	4	5	9	3	2

Easy - 224

2	7	5	3	6	8	4	9	1
1	9	7	2	5	4	6	8	3
8	3	1	6	4	9	2	7	5
5	4	8	1	9	3	7	2	6
9	6	4	7	3	2	1	5	8
7	1	9	5	2	6	8	3	4
6	5	3	4	8	7	9	1	2
3	2	6	8	7	1	5	4	9
4	8	2	9	1	5	3	6	7

Easy - 225

2	9	8	4	3	5	7	6	1
4	3	7	6	1	9	2	5	8
8	1	6	5	7	3	4	2	9
3	6	9	2	4	8	5	1	7
7	5	1	8	2	6	3	9	4
9	7	2	3	8	1	6	4	5
5	8	4	9	6	2	1	7	3
6	4	5	1	9	7	8	3	2
1	2	3	7	5	4	9	8	6

Easy - 226

9	3	5	8	4	2	1	6	7
6	7	1	4	2	3	9	5	8
3	4	6	5	8	9	2	7	1
2	9	7	1	5	8	6	3	4
8	1	4	3	6	5	7	2	9
7	6	3	2	9	4	8	1	5
5	2	8	9	7	1	3	4	6
4	8	2	7	1	6	5	9	3
1	5	9	6	3	7	4	8	2

Easy - 227

8	3	9	7	5	2	6	4	1
4	6	7	8	3	9	5	1	2
3	9	1	6	8	5	4	2	7
5	1	2	4	9	7	3	6	8
7	2	4	5	1	6	8	3	9
6	7	5	9	2	3	1	8	4
1	8	3	2	6	4	7	9	5
2	4	8	3	7	1	9	5	6
9	5	6	1	4	8	2	7	3

Easy - 228

5	6	9	2	8	7	3	1	4
7	4	3	1	9	2	8	6	5
4	2	8	5	6	3	1	9	7
8	9	1	6	7	5	4	2	3
3	1	4	9	5	6	2	7	8
6	5	2	7	3	4	9	8	1
1	8	6	3	4	9	7	5	2
2	7	5	4	1	8	6	3	9
9	3	7	8	2	1	5	4	6

Easy - 229

5	7	9	8	4	6	1	3	2
1	5	2	6	8	4	3	7	9
4	9	3	1	7	5	6	2	8
3	4	6	2	1	9	8	5	7
2	3	8	7	6	1	4	9	5
8	6	1	5	9	2	7	4	3
9	8	7	4	2	3	5	1	6
7	2	4	3	5	8	9	6	1
6	1	5	9	3	7	2	8	4

Easy - 230

9	7	6	8	3	2	1	4	5
2	1	4	5	6	9	8	7	3
8	4	5	2	1	3	7	9	6
3	5	8	1	7	6	9	2	4
7	6	9	3	4	5	2	8	1
4	3	1	9	2	8	6	5	7
6	8	3	4	9	7	5	1	2
1	9	2	7	5	4	3	6	8
5	2	7	6	8	1	4	3	9

Easy - 231

6	7	9	3	1	4	8	5	2
5	4	8	7	2	3	6	1	9
4	3	1	2	9	7	5	8	6
2	6	7	1	8	5	4	9	3
9	8	3	5	4	6	1	2	7
7	9	2	4	5	1	3	6	8
8	1	4	6	3	9	2	7	5
3	5	6	8	7	2	9	4	1
1	2	5	9	6	8	7	3	4

Easy - 232

2	1	3	7	8	5	4	6	9
6	4	7	1	5	9	8	3	2
4	9	8	2	6	3	1	5	7
1	6	2	5	9	4	3	7	8
7	3	6	9	2	8	5	4	1
5	8	4	6	7	1	9	2	3
9	2	1	4	3	7	6	8	5
8	7	5	3	1	6	2	9	4
3	5	9	8	4	2	7	1	6

Easy - 233

1	9	7	6	8	2	5	3	4
5	8	4	7	9	1	3	6	2
4	2	5	9	1	3	6	7	8
2	3	8	4	7	6	1	9	5
3	6	1	8	4	5	9	2	7
7	1	9	3	2	4	8	5	6
8	4	6	2	5	9	7	1	3
9	7	3	5	6	8	2	4	1
6	5	2	1	3	7	4	8	9

Easy - 234

1	4	8	6	9	2	5	7	3
3	7	4	8	5	6	1	9	2
9	5	1	2	6	4	7	3	8
4	9	2	1	3	7	8	6	5
7	8	6	3	4	5	9	2	1
6	3	5	7	1	8	2	4	9
8	2	9	5	7	3	6	1	4
5	6	3	9	2	1	4	8	7
2	1	7	4	8	9	3	5	6

Easy - 235

2	9	8	5	4	3	6	1	7
8	6	1	7	3	9	2	5	4
6	1	5	4	9	2	8	7	3
4	3	7	9	2	8	5	6	1
5	7	6	3	1	4	9	8	2
1	8	9	2	7	6	4	3	5
3	5	4	8	6	1	7	2	9
9	2	3	6	5	7	1	4	8
7	4	2	1	8	5	3	9	6

Easy - 236

8	1	7	9	4	6	3	5	2
3	5	2	4	8	9	6	1	7
2	7	3	5	9	4	1	8	6
5	8	4	2	1	3	7	6	9
1	6	9	3	5	7	8	2	4
4	9	1	6	3	8	2	7	5
6	2	8	1	7	5	9	4	3
7	3	5	8	6	2	4	9	1
9	4	6	7	2	1	5	3	8

Easy - 237

1	6	4	8	5	3	2	7	9
8	9	2	7	3	5	1	6	4
3	4	9	6	1	7	5	2	8
2	5	7	4	6	9	8	3	1
7	1	3	2	9	8	6	4	5
9	7	6	5	8	4	3	1	2
5	8	1	3	2	6	4	9	7
4	3	5	1	7	2	9	8	6
6	2	8	9	4	1	7	5	3

Easy - 238

2	5	3	4	9	7	1	6	8
7	1	8	9	2	5	6	4	3
6	9	2	7	8	4	3	1	5
1	4	6	3	5	8	9	7	2
5	8	4	1	7	6	2	3	9
8	3	1	5	6	2	7	9	4
9	6	7	2	4	3	8	5	1
4	7	9	8	3	1	5	2	6
3	2	5	6	1	9	4	8	7

Easy - 239

4	6	5	9	3	2	8	7	1
9	1	7	8	5	6	2	3	4
5	8	1	3	4	7	9	2	6
7	3	4	6	2	8	1	5	9
2	9	3	7	1	5	6	4	8
6	2	8	5	7	9	4	1	3
8	7	2	1	6	4	3	9	5
1	4	6	2	9	3	5	8	7
3	5	9	4	8	1	7	6	2

Easy - 240

4	8	6	1	3	7	5	9	2
2	7	3	8	5	9	4	1	6
6	2	9	5	1	8	7	3	4
1	3	8	7	4	6	9	2	5
9	5	1	4	7	2	8	6	3
5	9	4	2	6	3	1	7	8
7	4	2	6	8	1	3	5	9
3	1	5	9	2	4	6	8	7
8	6	7	3	9	5	2	4	1

Easy - 241

8	2	5	1	4	3	9	6	7
3	7	1	6	9	4	8	2	5
5	8	6	9	7	2	1	4	3
2	5	3	7	8	9	6	1	4
6	1	8	4	2	7	5	3	9
9	3	7	5	1	6	4	8	2
4	6	2	3	5	1	7	9	8
1	9	4	8	3	5	2	7	6
7	4	9	2	6	8	3	5	1

Easy - 242

6	7	5	4	1	3	8	9	2
2	9	1	5	3	8	7	4	6
7	3	4	6	5	2	1	8	9
5	8	9	1	2	7	4	6	3
1	4	3	2	8	6	9	7	5
8	6	2	3	7	9	5	1	4
4	2	8	9	6	1	3	5	7
9	1	6	7	4	5	2	3	8
3	5	7	8	9	4	6	2	1

Easy - 243

6	8	3	4	7	9	1	5	2
2	6	8	5	1	4	7	9	3
1	2	7	3	9	5	8	4	6
7	3	4	8	2	6	9	1	5
5	9	1	6	3	7	2	8	4
9	4	2	1	5	8	3	6	7
8	7	5	9	4	2	6	3	1
3	5	9	7	6	1	4	2	8
4	1	6	2	8	3	5	7	9

Easy - 244

7	3	9	4	1	5	2	8	6
9	5	6	8	7	2	3	1	4
2	8	7	3	4	1	6	9	5
4	1	8	6	9	3	5	7	2
1	7	4	5	2	6	9	3	8
6	2	5	1	3	7	8	4	9
5	6	1	7	8	9	4	2	3
3	4	2	9	6	8	7	5	1
8	9	3	2	5	4	1	6	7

Easy - 245

1	2	5	9	4	3	7	6	8
7	6	4	8	5	1	9	2	3
4	9	6	3	7	2	8	1	5
5	8	9	4	3	6	2	7	1
3	1	2	7	8	5	6	9	4
9	5	3	6	1	7	4	8	2
6	3	1	2	9	8	5	4	7
8	4	7	1	2	9	3	5	6
2	7	8	5	6	4	1	3	9

Easy - 246

4	7	1	5	8	3	2	6	9
5	3	8	1	9	7	6	2	4
8	1	6	9	2	5	4	3	7
3	9	2	6	7	4	8	5	1
6	8	4	7	3	1	5	9	2
9	2	7	4	6	8	3	1	5
1	5	9	2	4	6	7	8	3
7	6	5	3	1	2	9	4	8
2	4	3	8	5	9	1	7	6

Easy - 247

2	1	6	7	8	9	5	3	4
1	9	7	6	5	4	3	2	8
3	5	2	8	9	7	6	4	1
6	8	9	4	3	5	1	7	2
9	7	1	5	2	3	4	8	6
4	3	8	2	7	1	9	6	5
7	6	5	3	4	8	2	1	9
8	2	4	9	1	6	7	5	3
5	4	3	1	6	2	8	9	7

Easy - 248

6	4	1	8	3	2	9	5	7
3	9	7	2	5	4	1	6	8
9	7	6	4	2	8	3	1	5
2	1	3	5	8	7	4	9	6
4	8	5	1	7	3	6	2	9
8	5	2	9	6	1	7	3	4
1	3	9	6	4	5	8	7	2
5	6	4	7	1	9	2	8	3
7	2	8	3	9	6	5	4	1

Easy - 249

8	1	4	9	7	5	6	2	3
9	2	7	3	6	8	5	4	1
3	4	1	6	2	9	7	8	5
5	6	8	7	1	4	2	3	9
7	5	9	2	3	6	8	1	4
4	9	2	1	5	7	3	6	8
2	3	6	8	9	1	4	5	7
6	7	5	4	8	3	1	9	2
1	8	3	5	4	2	9	7	6

Easy - 250

5	4	9	6	1	8	2	7	3
8	9	7	4	5	2	3	1	6
7	3	5	8	2	6	1	4	9
6	1	2	9	3	4	7	5	8
9	7	1	5	6	3	4	8	2
3	2	8	1	4	7	6	9	5
4	6	3	7	8	9	5	2	1
1	8	6	2	7	5	9	3	4
2	5	4	3	9	1	8	6	7

Easy - 251

9	3	2	1	6	4	7	8	5
1	8	5	4	7	6	2	9	3
7	5	6	3	9	1	8	2	4
4	9	1	5	8	2	3	7	6
8	2	3	6	4	7	9	5	1
5	4	7	2	3	9	6	1	8
2	6	4	7	5	8	1	3	9
3	1	8	9	2	5	4	6	7
6	7	9	8	1	3	5	4	2

Easy - 252

1	6	5	7	4	9	8	3	2
9	4	3	2	7	6	5	1	8
5	7	8	1	2	4	6	9	3
3	8	6	9	5	1	4	2	7
7	9	2	6	8	3	1	4	5
2	5	1	4	3	8	7	6	9
8	1	7	3	6	2	9	5	4
6	2	4	8	9	5	3	7	1
4	3	9	5	1	7	2	8	6

Easy - 253

2	8	6	7	5	4	3	1	9
1	7	9	8	2	3	4	5	6
3	6	5	4	7	8	1	9	2
4	9	2	3	6	1	7	8	5
5	3	7	1	8	9	2	6	4
6	1	4	5	9	7	8	2	3
8	2	3	6	1	5	9	4	7
9	4	8	2	3	6	5	7	1
7	5	1	9	4	2	6	3	8

Easy - 254

7	1	4	2	5	9	3	8	6
4	6	3	9	8	2	5	1	7
2	5	6	7	3	8	1	9	4
3	7	8	4	6	1	9	5	2
9	8	5	6	2	3	7	4	1
1	4	2	3	9	7	8	6	5
6	2	9	8	1	5	4	7	3
8	3	1	5	7	4	6	2	9
5	9	7	1	4	6	2	3	8

Easy - 255

5	6	3	7	8	1	4	2	9
4	9	2	8	7	3	6	5	1
2	3	5	4	1	7	9	8	6
1	4	9	5	3	6	8	7	2
6	7	8	2	4	9	1	3	5
3	8	6	9	2	4	5	1	7
7	1	4	3	6	5	2	9	8
9	2	1	6	5	8	7	4	3
8	5	7	1	9	2	3	6	4

Easy - 256

1	3	5	9	8	4	6	2	7
4	8	6	3	1	2	7	5	9
5	9	2	7	4	8	3	1	6
6	7	3	4	2	1	9	8	5
8	2	1	6	7	3	5	9	4
2	6	7	8	5	9	4	3	1
3	4	9	1	6	5	8	7	2
9	5	4	2	3	7	1	6	8
7	1	8	5	9	6	2	4	3

Easy - 257

9	7	5	1	8	4	3	2	6
4	6	3	8	2	9	1	7	5
1	9	2	3	6	7	5	8	4
8	2	7	4	1	3	6	5	9
5	3	8	2	7	6	9	4	1
2	5	6	9	4	1	8	3	7
3	1	9	7	5	8	4	6	2
6	8	4	5	9	2	7	1	3
7	4	1	6	3	5	2	9	8

Easy - 258

2	1	4	7	5	3	9	6	8
9	5	3	6	8	4	7	2	1
6	7	8	2	3	5	1	9	4
4	8	1	9	2	7	3	5	6
7	2	9	3	1	8	6	4	5
5	4	6	1	9	2	8	3	7
8	6	7	5	4	9	2	1	3
1	3	2	4	7	6	5	8	9
3	9	5	8	6	1	4	7	2

Easy - 259

1	4	3	5	9	6	2	8	7
5	6	9	8	7	2	4	3	1
8	7	4	3	6	1	9	2	5
9	2	8	6	5	4	7	1	3
4	8	1	7	2	3	5	6	9
7	1	2	9	4	8	3	5	6
3	5	6	4	8	9	1	7	2
2	9	5	1	3	7	6	4	8
6	3	7	2	1	5	8	9	4

Easy - 260

2	7	1	3	6	9	8	5	4
9	1	7	2	4	6	3	8	5
5	6	4	1	8	2	9	3	7
6	5	3	4	7	8	1	9	2
4	3	8	7	9	5	6	2	1
3	2	9	8	1	4	5	7	6
1	8	5	9	2	7	4	6	3
8	4	2	6	5	3	7	1	9
7	9	6	5	3	1	2	4	8

Easy - 261

9	7	3	1	4	5	6	8	2
2	8	6	5	7	9	1	4	3
6	9	2	4	1	3	5	7	8
3	6	7	2	9	8	4	5	1
5	3	1	7	8	6	2	9	4
4	1	8	9	5	2	3	6	7
8	2	9	3	6	4	7	1	5
1	4	5	6	2	7	8	3	9
7	5	4	8	3	1	9	2	6

Easy - 262

4	5	8	9	6	7	1	2	3
8	3	4	6	7	1	2	5	9
6	9	5	2	1	8	3	4	7
3	7	2	1	9	5	8	6	4
2	1	7	8	4	3	6	9	5
9	8	3	4	5	6	7	1	2
7	6	9	5	3	2	4	8	1
1	4	6	7	2	9	5	3	8
5	2	1	3	8	4	9	7	6

Easy - 263

6	5	8	9	4	1	7	2	3
7	3	1	2	5	8	6	9	4
4	6	3	7	8	2	9	5	1
8	2	7	6	3	9	4	1	5
1	9	5	4	2	6	3	7	8
2	1	6	8	9	3	5	4	7
3	8	4	5	1	7	2	6	9
5	7	9	3	6	4	1	8	2
9	4	2	1	7	5	8	3	6

Easy - 264

8	7	2	3	1	4	5	9	6
7	3	1	4	5	6	9	8	2
2	5	8	6	9	1	4	7	3
4	9	6	8	2	5	7	3	1
1	6	4	7	3	9	8	2	5
5	8	9	2	6	7	3	1	4
9	2	3	5	4	8	1	6	7
6	4	7	1	8	3	2	5	9
3	1	5	9	7	2	6	4	8

Easy - 265

3	9	4	7	2	5	6	8	1
9	4	5	3	6	1	7	2	8
2	1	7	8	5	4	9	3	6
6	8	2	1	3	7	5	9	4
7	5	6	9	4	8	3	1	2
1	2	3	5	7	6	8	4	9
4	3	9	6	8	2	1	5	7
5	7	8	4	1	9	2	6	3
8	6	1	2	9	3	4	7	5

Easy - 266

7	2	5	9	1	6	3	4	8
4	1	2	6	9	8	7	3	5
8	3	7	1	5	9	6	2	4
9	4	3	2	7	1	8	5	6
5	8	6	4	3	7	2	1	9
2	6	1	5	8	3	4	9	7
3	9	4	7	6	5	1	8	2
1	7	9	8	2	4	5	6	3
6	5	8	3	4	2	9	7	1

Easy - 267

6	3	9	5	7	8	1	2	4
2	8	1	4	5	9	6	7	3
7	2	8	3	4	5	9	1	6
5	7	2	6	1	3	4	9	8
9	4	6	1	8	7	2	3	5
1	9	5	8	2	6	3	4	7
4	5	3	7	9	1	8	6	2
8	6	4	9	3	2	7	5	1
3	1	7	2	6	4	5	8	9

Easy - 268

2	7	5	4	6	9	8	1	3
4	8	3	6	7	1	5	2	9
9	1	6	5	3	8	2	4	7
5	2	4	1	9	3	7	6	8
6	3	7	8	1	2	9	5	4
7	5	2	9	8	4	1	3	6
8	4	9	2	5	6	3	7	1
1	6	8	3	2	7	4	9	5
3	9	1	7	4	5	6	8	2

Easy - 269

4	7	2	8	5	9	3	1	6
3	9	1	6	4	8	7	2	5
1	5	6	3	2	4	9	8	7
8	2	3	7	9	5	4	6	1
5	1	9	4	3	6	2	7	8
6	8	7	9	1	2	5	4	3
7	3	5	2	6	1	8	9	4
2	4	8	1	7	3	6	5	9
9	6	4	5	8	7	1	3	2

Easy - 270

8	4	3	9	1	5	6	7	2
1	7	4	2	5	6	3	9	8
9	3	5	6	8	2	7	1	4
4	6	8	7	3	9	2	5	1
6	8	9	1	2	7	4	3	5
2	5	1	3	9	4	8	6	7
3	9	2	8	7	1	5	4	6
5	2	7	4	6	3	1	8	9
7	1	6	5	4	8	9	2	3

Easy - 271

3	2	1	6	8	9	7	5	4
5	8	7	1	3	4	2	9	6
4	3	9	5	2	7	8	6	1
6	9	4	8	7	5	1	2	3
2	1	6	4	5	3	9	7	8
9	7	2	3	4	1	6	8	5
8	6	5	9	1	2	3	4	7
1	5	8	7	9	6	4	3	2
7	4	3	2	6	8	5	1	9

Easy - 272

5	6	4	8	2	1	7	3	9
9	2	3	1	7	8	6	4	5
7	3	9	6	8	4	5	1	2
1	7	8	2	5	9	3	6	4
4	9	1	5	3	6	8	2	7
3	8	6	9	4	7	2	5	1
6	4	5	7	9	2	1	8	3
2	1	7	3	6	5	4	9	8
8	5	2	4	1	3	9	7	6

Easy - 273

3	1	7	6	5	2	4	9	8
6	2	4	3	9	7	1	8	5
8	7	5	9	4	1	3	2	6
5	9	1	4	3	6	8	7	2
1	3	8	7	6	9	2	5	4
4	6	2	8	7	3	5	1	9
7	5	9	1	2	8	6	4	3
9	4	3	2	8	5	7	6	1
2	8	6	5	1	4	9	3	7

Easy - 274

5	9	2	3	7	8	6	1	4
6	8	9	5	1	2	4	7	3
8	3	1	6	4	7	9	5	2
1	4	7	2	8	6	5	3	9
3	7	5	4	2	9	8	6	1
2	6	8	1	9	3	7	4	5
9	5	4	7	3	1	2	8	6
7	1	6	9	5	4	3	2	8
4	2	3	8	6	5	1	9	7

Easy - 275

5	4	2	3	8	1	9	7	6
7	9	6	8	4	3	5	2	1
1	6	4	7	5	9	2	3	8
9	7	1	6	2	5	8	4	3
8	2	3	5	6	4	7	1	9
3	5	8	4	1	2	6	9	7
6	3	9	2	7	8	1	5	4
2	1	7	9	3	6	4	8	5
4	8	5	1	9	7	3	6	2

Easy - 276

3	9	2	5	1	4	6	7	8
4	8	6	2	9	7	3	1	5
5	1	7	6	8	3	9	4	2
6	3	4	1	7	5	8	2	9
9	7	8	4	2	6	5	3	1
2	5	1	9	3	8	4	6	7
7	6	3	8	5	2	1	9	4
1	2	5	3	4	9	7	8	6
8	4	9	7	6	1	2	5	3

Easy - 277

7	6	2	4	8	1	9	5	3
9	1	3	5	2	7	4	8	6
5	9	7	8	1	2	6	3	4
3	4	1	9	5	6	8	7	2
8	2	6	7	4	3	5	1	9
6	8	4	3	9	5	7	2	1
2	7	5	6	3	4	1	9	8
4	3	9	1	7	8	2	6	5
1	5	8	2	6	9	3	4	7

Easy - 278

5	2	8	1	6	4	9	3	7
3	7	9	6	1	2	5	8	4
8	5	4	2	3	7	6	9	1
1	6	3	8	4	9	2	7	5
9	4	7	5	8	1	3	2	6
7	8	1	9	5	3	4	6	2
4	3	5	7	2	6	8	1	9
6	9	2	4	7	8	1	5	3
2	1	6	3	9	5	7	4	8

Easy - 279

1	5	7	3	6	9	4	2	8
3	6	8	2	5	7	1	9	4
2	4	9	8	1	5	6	3	7
7	9	6	4	8	3	2	5	1
6	7	5	1	3	8	9	4	2
4	8	1	5	2	6	3	7	9
9	2	3	7	4	1	8	6	5
8	3	4	9	7	2	5	1	6
5	1	2	6	9	4	7	8	3

Easy - 280

8	5	1	4	2	3	7	6	9
2	6	9	7	8	4	1	5	3
4	1	8	6	3	2	5	9	7
1	7	3	2	5	9	4	8	6
6	9	7	1	4	5	3	2	8
5	3	2	9	7	6	8	4	1
3	8	4	5	6	1	9	7	2
9	2	5	8	1	7	6	3	4
7	4	6	3	9	8	2	1	5

Easy - 281

2	6	8	4	1	3	5	7	9
4	1	7	6	2	8	9	5	3
9	8	3	5	7	4	6	2	1
7	5	6	2	3	9	4	1	8
5	2	9	3	8	6	1	4	7
8	4	2	7	6	1	3	9	5
1	7	5	9	4	2	8	3	6
6	3	4	1	9	5	7	8	2
3	9	1	8	5	7	2	6	4

Easy - 282

5	2	1	6	3	4	9	7	8
9	4	3	7	2	8	5	1	6
1	6	9	8	4	7	3	2	5
3	7	8	9	6	1	4	5	2
8	1	4	3	5	6	2	9	7
7	5	2	1	8	9	6	4	3
6	3	7	5	9	2	1	8	4
4	9	5	2	7	3	8	6	1
2	8	6	4	1	5	7	3	9

Easy - 283

1	7	5	4	8	9	3	6	2
6	4	9	2	3	5	1	7	8
2	3	7	9	1	8	6	5	4
5	8	1	3	2	6	9	4	7
4	5	8	7	6	3	2	1	9
9	2	6	5	7	4	8	3	1
8	1	2	6	4	7	5	9	3
3	6	4	1	9	2	7	8	5
7	9	3	8	5	1	4	2	6

Easy - 284

8	2	5	6	4	9	1	7	3
1	4	9	8	3	7	5	2	6
3	6	2	9	1	8	7	4	5
6	7	3	1	5	2	9	8	4
9	8	1	4	7	5	3	6	2
4	1	6	7	2	3	8	5	9
2	3	8	5	9	4	6	1	7
7	5	4	3	8	6	2	9	1
5	9	7	2	6	1	4	3	8

Easy - 285

6	9	2	7	1	8	3	4	5
3	5	4	2	6	7	1	9	8
7	4	9	8	3	2	6	5	1
1	6	7	3	5	9	8	2	4
2	3	5	1	8	4	7	6	9
5	8	6	9	4	1	2	7	3
9	2	1	4	7	3	5	8	6
4	1	8	6	2	5	9	3	7
8	7	3	5	9	6	4	1	2

Easy - 286

8	6	1	2	9	4	5	7	3
7	2	9	4	5	3	6	1	8
6	5	3	8	7	1	4	9	2
1	4	8	5	3	7	9	2	6
4	9	5	7	6	2	8	3	1
3	1	2	6	4	5	7	8	9
5	8	4	3	1	9	2	6	7
9	7	6	1	2	8	3	5	4
2	3	7	9	8	6	1	4	5

Easy - 287

2	5	9	4	3	6	8	1	7
6	1	2	8	5	7	4	3	9
3	8	4	9	6	5	2	7	1
7	2	6	5	9	1	3	8	4
9	7	1	3	4	8	6	5	2
1	4	7	2	8	3	9	6	5
8	3	5	1	2	9	7	4	6
5	9	3	6	7	4	1	2	8
4	6	8	7	1	2	5	9	3

Easy - 288

6	2	1	7	8	9	5	4	3
3	5	8	9	4	1	2	7	6
7	8	3	1	9	5	4	6	2
9	3	2	4	1	7	6	8	5
4	7	5	6	2	8	9	3	1
8	6	9	5	3	4	1	2	7
2	1	7	8	5	6	3	9	4
1	4	6	2	7	3	8	5	9
5	9	4	3	6	2	7	1	8

Easy - 289

5	2	8	6	3	1	9	4	7
9	3	6	5	4	7	2	1	8
2	6	5	9	1	4	7	8	3
4	9	7	1	8	2	5	3	6
6	4	2	3	9	8	1	7	5
3	7	1	8	5	6	4	2	9
8	1	3	4	7	9	6	5	2
1	8	9	7	2	5	3	6	4
7	5	4	2	6	3	8	9	1

Easy - 290

7	5	6	1	8	3	2	4	9
3	4	2	9	6	1	5	7	8
8	7	1	4	5	2	6	9	3
4	1	5	8	7	9	3	2	6
5	9	3	2	4	6	1	8	7
1	2	9	6	3	8	7	5	4
2	6	8	3	9	7	4	1	5
6	8	4	7	2	5	9	3	1
9	3	7	5	1	4	8	6	2

Easy - 291

6	4	9	7	1	2	8	3	5
8	3	4	2	5	7	9	1	6
1	5	2	4	9	3	7	6	8
2	7	1	9	8	6	5	4	3
5	6	8	3	7	9	4	2	1
4	8	3	1	6	5	2	9	7
9	1	7	6	2	8	3	5	4
3	2	5	8	4	1	6	7	9
7	9	6	5	3	4	1	8	2

Easy - 292

8	9	2	1	5	4	7	3	6
3	8	6	7	9	2	5	1	4
5	7	4	6	1	3	2	8	9
4	2	3	9	8	7	1	6	5
9	5	1	3	4	6	8	7	2
6	1	7	5	2	8	4	9	3
1	4	8	2	6	9	3	5	7
2	3	9	8	7	5	6	4	1
7	6	5	4	3	1	9	2	8

Easy - 293

8	2	3	1	5	9	6	4	7
9	6	1	7	4	3	8	5	2
3	5	2	4	6	7	9	8	1
5	7	6	8	9	2	3	1	4
1	3	8	9	7	5	4	2	6
4	9	7	2	3	8	1	6	5
7	4	5	3	1	6	2	9	8
6	8	4	5	2	1	7	3	9
2	1	9	6	8	4	5	7	3

Easy - 294

9	5	7	6	2	3	4	1	8
3	1	4	8	9	5	7	6	2
7	8	9	3	6	2	1	5	4
4	6	5	2	1	8	3	9	7
1	9	2	4	8	7	6	3	5
5	3	6	7	4	1	8	2	9
6	2	1	5	7	4	9	8	3
2	7	8	1	3	9	5	4	6
8	4	3	9	5	6	2	7	1

Easy - 295

2	1	8	3	5	6	4	7	9
5	4	6	1	8	9	3	2	7
7	9	3	6	2	8	5	4	1
9	8	5	2	1	4	7	6	3
6	5	1	9	7	3	2	8	4
4	3	2	7	6	5	1	9	8
1	7	9	8	4	2	6	3	5
8	2	4	5	3	7	9	1	6
3	6	7	4	9	1	8	5	2

Easy - 296

4	9	2	8	5	3	1	7	6
6	1	5	3	7	8	2	4	9
5	8	1	9	6	4	7	2	3
7	6	3	4	2	1	9	5	8
3	5	9	2	8	7	4	6	1
1	7	4	6	9	2	8	3	5
9	2	7	5	1	6	3	8	4
8	4	6	7	3	9	5	1	2
2	3	8	1	4	5	6	9	7

Easy - 297

7	8	9	1	3	2	5	6	4
3	4	2	6	5	9	7	1	8
9	6	4	5	1	7	2	8	3
5	7	8	9	2	3	1	4	6
1	3	5	4	8	6	9	7	2
2	9	6	8	7	5	4	3	1
4	2	3	7	6	1	8	5	9
6	5	1	2	4	8	3	9	7
8	1	7	3	9	4	6	2	5

Easy - 298

7	2	4	5	1	9	8	3	6
8	6	5	9	4	3	1	7	2
2	1	7	8	3	6	9	5	4
1	4	8	3	5	7	6	2	9
3	9	2	7	6	8	4	1	5
6	5	1	4	9	2	3	8	7
5	3	9	6	2	1	7	4	8
9	8	3	2	7	4	5	6	1
4	7	6	1	8	5	2	9	3

Easy - 299

2	3	9	4	7	6	5	1	8
6	8	4	5	1	9	2	7	3
9	7	1	3	5	8	4	6	2
5	2	8	6	3	1	7	4	9
7	4	2	1	8	3	6	9	5
4	1	3	9	6	5	8	2	7
8	5	6	7	9	2	1	3	4
1	9	5	2	4	7	3	8	6
3	6	7	8	2	4	9	5	1

Easy - 300

7	5	4	1	6	8	3	9	2
8	9	6	2	3	4	5	1	7
5	2	9	8	1	7	4	6	3
3	4	1	7	8	6	9	2	5
6	3	2	9	5	1	8	7	4
2	7	8	5	9	3	1	4	6
1	6	3	4	2	5	7	8	9
9	1	7	3	4	2	6	5	8
4	8	5	6	7	9	2	3	1

Medium - 1

5	7	1	3	2	9	6	4	8
4	6	2	1	8	5	7	9	3
3	9	8	6	4	7	1	2	5
9	1	7	8	5	2	3	6	4
2	8	9	5	6	3	4	7	1
6	5	3	4	7	1	2	8	9
7	2	4	9	3	8	5	1	6
8	3	6	7	1	4	9	5	2
1	4	5	2	9	6	8	3	7

Medium - 2

4	8	1	6	7	3	2	9	5
3	1	4	8	9	7	6	5	2
7	6	9	2	3	4	5	1	8
6	7	5	3	8	1	4	2	9
1	3	2	5	4	9	8	6	7
8	2	7	9	6	5	1	3	4
5	9	3	4	1	2	7	8	6
9	5	8	7	2	6	3	4	1
2	4	6	1	5	8	9	7	3

Medium - 3

3	4	9	7	6	1	8	2	5
5	2	1	4	8	9	3	7	6
6	5	7	3	1	4	2	9	8
9	8	6	5	2	3	7	1	4
4	7	8	2	9	6	5	3	1
2	1	3	8	7	5	4	6	9
7	6	4	9	3	8	1	5	2
8	9	2	1	5	7	6	4	3
1	3	5	6	4	2	9	8	7

Medium - 4

3	4	6	2	9	8	1	7	5
5	8	7	6	1	3	9	4	2
2	1	5	4	8	9	6	3	7
1	7	3	9	6	4	2	5	8
7	2	8	1	4	5	3	9	6
9	6	2	3	5	1	7	8	4
8	5	9	7	3	6	4	2	1
4	9	1	8	7	2	5	6	3
6	3	4	5	2	7	8	1	9

Medium - 5

4	5	1	3	2	7	6	8	9
6	8	9	7	5	4	2	3	1
9	7	3	8	1	2	5	4	6
1	2	8	5	9	3	4	6	7
7	6	4	2	8	5	9	1	3
8	3	2	6	4	1	7	9	5
3	4	5	9	6	8	1	7	2
5	9	7	1	3	6	8	2	4
2	1	6	4	7	9	3	5	8

Medium - 6

1	6	3	8	9	2	4	5	7
2	4	7	5	6	9	1	3	8
3	8	5	7	1	4	6	2	9
8	7	9	1	4	3	2	6	5
4	9	2	6	5	7	3	8	1
6	3	1	2	8	5	9	7	4
9	2	8	4	7	6	5	1	3
5	1	6	9	3	8	7	4	2
7	5	4	3	2	1	8	9	6

Medium - 7

5	1	6	9	2	4	3	8	7
6	3	7	8	5	1	9	2	4
9	8	2	7	4	3	1	6	5
2	6	8	5	1	7	4	9	3
3	5	4	6	9	8	7	1	2
1	4	3	2	7	9	6	5	8
7	9	5	4	8	6	2	3	1
8	7	9	1	3	2	5	4	6
4	2	1	3	6	5	8	7	9

Medium - 8

3	5	8	2	7	6	1	4	9
2	4	9	5	6	1	3	8	7
8	7	6	1	4	5	9	3	2
6	9	1	7	5	8	4	2	3
1	6	7	4	2	3	5	9	8
9	2	3	8	1	4	7	5	6
5	3	4	6	8	9	2	7	1
7	8	5	3	9	2	6	1	4
4	1	2	9	3	7	8	6	5

Medium - 9

8	2	1	7	9	6	3	4	5
3	6	4	2	7	1	5	8	9
5	1	7	4	2	9	8	6	3
6	5	9	3	4	8	1	7	2
7	9	6	5	3	2	4	1	8
2	4	8	9	6	5	7	3	1
9	7	2	8	1	3	6	5	4
1	3	5	6	8	4	2	9	7
4	8	3	1	5	7	9	2	6

Medium - 10

2	3	4	6	9	7	8	5	1
5	1	8	7	6	3	4	9	2
7	5	2	3	1	8	9	4	6
9	6	1	5	8	4	3	2	7
8	4	6	1	2	9	5	7	3
3	7	9	2	4	5	6	1	8
6	9	5	8	7	2	1	3	4
1	2	3	4	5	6	7	8	9
4	8	7	9	3	1	2	6	5

Medium - 11

1	2	3	4	5	8	6	7	9
9	5	8	2	1	4	7	3	6
6	8	7	3	4	2	9	5	1
5	7	9	8	6	3	1	2	4
7	3	4	1	2	9	5	6	8
4	6	2	5	9	7	8	1	3
8	1	5	7	3	6	4	9	2
2	4	6	9	7	1	3	8	5
3	9	1	6	8	5	2	4	7

Medium - 12

3	5	9	4	6	1	2	8	7
1	8	6	2	5	9	7	4	3
7	3	8	6	4	2	1	9	5
5	7	2	1	9	3	4	6	8
6	1	4	9	3	7	8	5	2
9	4	7	3	1	8	5	2	6
4	2	5	7	8	6	3	1	9
2	9	1	8	7	5	6	3	4
8	6	3	5	2	4	9	7	1

Medium - 13

5	1	9	2	4	3	6	8	7
3	7	8	6	2	4	5	1	9
1	4	5	3	9	8	7	6	2
7	6	3	1	8	2	9	5	4
9	8	4	5	7	6	2	3	1
2	3	1	4	5	7	8	9	6
8	2	7	9	6	1	3	4	5
6	5	2	8	1	9	4	7	3
4	9	6	7	3	5	1	2	8

Medium - 14

2	1	7	4	6	9	8	5	3
8	4	3	7	1	5	6	9	2
3	8	6	2	9	4	5	7	1
5	9	4	1	8	6	3	2	7
7	2	9	5	3	8	1	6	4
9	3	2	6	7	1	4	8	5
6	5	1	8	4	2	7	3	9
1	7	8	9	5	3	2	4	6
4	6	5	3	2	7	9	1	8

Medium - 15

1	8	9	3	7	5	6	4	2
7	1	5	6	8	2	4	3	9
5	4	2	8	6	9	3	1	7
3	9	7	4	5	1	2	6	8
9	2	3	7	4	8	1	5	6
2	6	8	5	1	3	7	9	4
4	5	1	2	9	6	8	7	3
8	7	6	9	3	4	5	2	1
6	3	4	1	2	7	9	8	5

Medium - 16

5	3	2	8	4	6	7	9	1
2	7	1	5	3	9	8	4	6
8	1	6	4	9	7	2	5	3
6	9	5	3	7	8	4	1	2
7	5	4	1	2	3	9	6	8
1	6	9	7	8	4	3	2	5
4	2	8	9	1	5	6	3	7
9	8	3	2	6	1	5	7	4
3	4	7	6	5	2	1	8	9

Medium - 17

7	5	6	2	9	3	1	4	8
5	4	8	3	1	2	7	6	9
8	7	3	1	5	6	2	9	4
6	1	4	5	2	9	8	7	3
2	3	9	8	4	5	6	1	7
9	6	2	4	7	1	3	8	5
3	2	7	6	8	4	9	5	1
1	9	5	7	3	8	4	2	6
4	8	1	9	6	7	5	3	2

Medium - 18

7	3	2	8	1	6	9	4	5
1	6	5	4	9	7	8	3	2
3	5	4	7	8	2	6	9	1
8	4	9	2	6	5	3	1	7
9	2	8	1	4	3	7	5	6
5	9	3	6	7	1	4	2	8
2	8	7	5	3	9	1	6	4
6	7	1	3	5	4	2	8	9
4	1	6	9	2	8	5	7	3

Medium - 19

9	3	7	1	4	6	8	2	5
2	6	8	5	9	7	4	1	3
5	9	3	7	1	8	2	6	4
6	7	1	4	3	2	5	8	9
1	2	6	8	5	4	9	3	7
8	4	5	3	2	1	7	9	6
3	8	4	2	7	9	6	5	1
7	1	2	9	6	5	3	4	8
4	5	9	6	8	3	1	7	2

Medium - 20

1	4	2	8	9	3	5	6	7
6	2	9	5	7	1	4	3	8
5	3	1	4	8	7	9	2	6
8	7	4	3	5	2	6	9	1
7	1	6	9	2	8	3	5	4
4	6	5	7	1	9	2	8	3
9	8	3	2	6	4	1	7	5
2	5	8	1	3	6	7	4	9
3	9	7	6	4	5	8	1	2

Medium - 21

4	8	2	1	6	3	7	5	9
7	5	6	9	3	4	8	2	1
5	3	8	2	9	7	1	6	4
1	7	4	6	5	8	9	3	2
3	2	5	7	1	9	6	4	8
9	6	7	8	2	5	4	1	3
8	4	1	3	7	2	5	9	6
6	9	3	4	8	1	2	7	5
2	1	9	5	4	6	3	8	7

Medium - 22

9	3	2	8	6	1	4	7	5
4	2	5	3	9	7	1	6	8
5	6	1	7	8	3	2	9	4
1	7	3	5	4	9	8	2	6
8	4	9	2	5	6	3	1	7
2	5	6	1	7	4	9	8	3
3	9	7	6	1	8	5	4	2
7	1	8	4	3	2	6	5	9
6	8	4	9	2	5	7	3	1

Medium - 23

7	1	6	5	2	9	3	8	4
2	3	8	7	4	6	5	9	1
4	7	9	1	8	3	2	6	5
8	5	1	6	7	4	9	2	3
3	9	4	2	6	5	8	1	7
9	2	3	4	5	8	1	7	6
6	8	5	9	3	1	7	4	2
5	6	7	8	1	2	4	3	9
1	4	2	3	9	7	6	5	8

Medium - 24

3	1	2	5	4	6	7	9	8
6	5	3	9	8	7	1	4	2
9	4	8	7	2	5	6	1	3
8	6	7	1	3	9	4	2	5
2	8	6	4	5	3	9	7	1
4	3	9	2	7	1	5	8	6
7	9	5	3	1	8	2	6	4
5	2	1	6	9	4	8	3	7
1	7	4	8	6	2	3	5	9

Medium - 25

6	5	3	2	7	4	9	8	1
7	2	8	1	6	9	5	4	3
3	4	5	9	1	8	7	2	6
8	9	6	3	5	2	1	7	4
4	7	1	5	3	6	2	9	8
2	8	9	7	4	1	3	6	5
1	6	7	8	9	5	4	3	2
5	3	2	4	8	7	6	1	9
9	1	4	6	2	3	8	5	7

Medium - 26

5	7	2	6	1	9	4	3	8
7	6	3	4	8	2	9	5	1
6	9	7	2	4	5	1	8	3
4	8	1	5	9	6	3	7	2
9	3	8	7	5	1	2	6	4
2	1	6	8	3	4	7	9	5
3	5	4	9	2	8	6	1	7
1	4	5	3	6	7	8	2	9
8	2	9	1	7	3	5	4	6

Medium - 27

4	2	1	8	7	5	3	6	9
6	7	5	9	4	1	8	2	3
3	8	6	7	2	9	1	4	5
9	3	4	1	5	8	2	7	6
7	5	3	6	8	4	9	1	2
2	1	8	5	9	7	6	3	4
1	4	9	3	6	2	5	8	7
5	6	2	4	1	3	7	9	8
8	9	7	2	3	6	4	5	1

Medium - 28

8	5	7	1	4	6	9	2	3
6	1	4	3	9	2	5	8	7
3	2	5	4	6	8	1	7	9
7	9	8	2	5	4	6	3	1
9	4	3	6	2	5	7	1	8
4	3	1	9	8	7	2	6	5
5	7	6	8	1	9	3	4	2
2	6	9	7	3	1	8	5	4
1	8	2	5	7	3	4	9	6

Medium - 29

2	1	4	9	3	6	7	8	5
1	7	5	8	4	3	6	2	9
9	6	8	5	2	7	3	4	1
4	8	2	7	5	1	9	3	6
3	5	7	4	6	9	8	1	2
6	2	3	1	9	4	5	7	8
5	4	9	3	1	8	2	6	7
8	9	1	6	7	2	4	5	3
7	3	6	2	8	5	1	9	4

Medium - 30

5	1	3	4	7	9	8	6	2
6	9	7	2	1	5	3	4	8
9	8	1	7	4	2	6	3	5
8	3	2	5	6	7	4	9	1
1	6	4	3	9	8	5	2	7
3	5	6	8	2	1	9	7	4
2	7	8	9	3	4	1	5	6
7	4	9	1	5	6	2	8	3
4	2	5	6	8	3	7	1	9

Medium - 31

5	4	7	3	1	9	2	6	8
4	5	9	8	6	1	3	7	2
3	6	8	5	9	7	1	2	4
7	1	3	6	2	4	5	8	9
8	2	5	1	3	6	9	4	7
9	3	2	4	7	5	8	1	6
2	8	4	7	5	3	6	9	1
1	9	6	2	4	8	7	3	5
6	7	1	9	8	2	4	5	3

Medium - 32

7	5	2	9	3	6	1	4	8
8	3	6	1	2	7	5	9	4
9	4	3	6	7	2	8	5	1
2	9	1	8	5	4	7	3	6
5	1	9	4	8	3	2	6	7
1	7	5	2	6	9	4	8	3
3	6	8	7	4	5	9	1	2
6	2	4	5	1	8	3	7	9
4	8	7	3	9	1	6	2	5

Medium - 33

9	5	6	2	4	3	7	8	1
3	7	8	1	2	6	4	9	5
8	1	5	7	9	4	3	6	2
2	4	9	6	3	1	5	7	8
1	6	3	5	8	7	9	2	4
5	8	2	4	7	9	6	1	3
4	9	1	3	6	8	2	5	7
7	2	4	9	1	5	8	3	6
6	3	7	8	5	2	1	4	9

Medium - 34

3	8	7	9	5	6	2	4	1
2	9	4	6	8	1	7	5	3
5	7	2	8	1	3	6	9	4
1	5	6	4	9	7	3	2	8
7	3	5	1	2	8	4	6	9
6	2	8	3	4	9	1	7	5
4	1	9	5	7	2	8	3	6
9	6	1	7	3	4	5	8	2
8	4	3	2	6	5	9	1	7

Medium - 35

5	9	4	2	6	1	8	3	7
3	2	5	9	7	6	4	8	1
1	8	7	4	2	5	3	9	6
4	6	1	7	9	8	5	2	3
2	3	8	6	5	9	7	1	4
7	5	6	8	1	3	9	4	2
9	1	3	5	4	7	2	6	8
8	4	9	1	3	2	6	7	5
6	7	2	3	8	4	1	5	9

Medium - 36

8	9	3	4	7	2	5	1	6
3	5	7	6	8	9	2	4	1
4	8	2	1	9	7	3	6	5
9	3	4	5	6	8	1	2	7
5	4	8	2	1	6	7	9	3
1	6	5	7	2	3	9	8	4
2	1	6	3	5	4	8	7	9
7	2	1	9	4	5	6	3	8
6	7	9	8	3	1	4	5	2

Medium - 37

9	8	6	2	3	5	7	1	4
7	5	1	4	9	2	6	8	3
2	6	3	8	7	9	5	4	1
3	1	4	5	2	6	9	7	8
8	4	5	6	1	7	3	9	2
1	7	8	9	5	3	4	2	6
6	9	2	3	4	8	1	5	7
4	3	9	7	8	1	2	6	5
5	2	7	1	6	4	8	3	9

Medium - 38

2	4	7	8	1	6	3	9	5
8	1	5	6	3	4	2	7	9
1	6	4	3	2	9	8	5	7
9	5	3	7	6	8	1	4	2
5	7	1	2	8	3	9	6	4
3	8	9	5	4	2	7	1	6
4	2	6	1	9	7	5	3	8
7	9	8	4	5	1	6	2	3
6	3	2	9	7	5	4	8	1

Medium - 39

1	9	5	3	7	8	4	6	2
2	8	7	4	5	6	9	1	3
6	3	4	7	8	9	2	5	1
3	2	1	6	9	5	8	4	7
9	6	2	1	3	4	7	8	5
8	7	3	9	6	1	5	2	4
5	4	8	2	1	7	6	3	9
7	1	6	5	4	2	3	9	8
4	5	9	8	2	3	1	7	6

Medium - 40

1	2	8	4	3	7	6	9	5
7	9	5	6	4	3	8	1	2
3	5	2	9	8	1	7	6	4
6	4	1	5	7	8	2	3	9
2	3	6	1	9	4	5	8	7
4	7	3	2	6	9	1	5	8
5	8	9	7	1	2	3	4	6
8	6	4	3	2	5	9	7	1
9	1	7	8	5	6	4	2	3

Medium - 41

4	9	5	3	7	6	8	2	1
7	3	6	5	4	1	2	8	9
5	1	8	2	9	7	6	4	3
9	6	2	8	1	4	3	5	7
1	2	7	6	8	5	9	3	4
3	4	1	9	6	8	5	7	2
6	8	3	7	2	9	4	1	5
8	5	4	1	3	2	7	9	6
2	7	9	4	5	3	1	6	8

Medium - 42

5	6	2	9	8	1	4	7	3
4	2	6	5	7	3	1	9	8
3	7	1	4	2	8	9	6	5
1	4	8	3	9	6	5	2	7
7	5	9	8	6	2	3	4	1
8	3	5	7	4	9	6	1	2
6	8	7	1	5	4	2	3	9
2	9	3	6	1	5	7	8	4
9	1	4	2	3	7	8	5	6

Medium - 43

5	3	8	1	4	9	6	7	2
2	6	1	7	3	5	9	4	8
9	4	7	2	8	6	1	5	3
1	9	3	6	2	7	4	8	5
8	5	6	4	7	3	2	9	1
3	2	4	8	5	1	7	6	9
7	1	5	9	6	8	3	2	4
4	7	9	5	1	2	8	3	6
6	8	2	3	9	4	5	1	7

Medium - 44

7	6	8	4	1	9	2	5	3
5	9	2	1	6	7	3	4	8
2	5	7	3	8	4	6	9	1
4	1	9	2	7	5	8	3	6
8	3	6	5	9	1	4	2	7
9	4	3	8	2	6	1	7	5
6	2	5	9	3	8	7	1	4
1	7	4	6	5	3	9	8	2
3	8	1	7	4	2	5	6	9

Medium - 45

7	4	3	6	1	5	8	9	2
8	2	1	9	5	7	4	6	3
5	7	6	8	4	3	9	2	1
1	9	8	5	2	6	3	4	7
2	3	4	7	9	1	6	8	5
3	6	9	1	8	2	7	5	4
4	8	5	2	7	9	1	3	6
6	5	7	4	3	8	2	1	9
9	1	2	3	6	4	5	7	8

Medium - 46

7	2	8	5	1	6	4	9	3
4	1	5	2	8	7	9	3	6
2	4	3	6	9	5	8	7	1
1	7	9	3	4	8	2	6	5
9	8	6	1	7	3	5	4	2
6	3	7	8	5	9	1	2	4
5	6	4	9	3	2	7	1	8
8	9	2	4	6	1	3	5	7
3	5	1	7	2	4	6	8	9

Medium - 47

7	6	9	8	3	5	1	2	4
8	5	6	4	2	1	7	9	3
3	1	5	2	9	4	8	6	7
4	8	2	6	7	3	9	5	1
5	3	4	9	1	7	2	8	6
6	7	8	3	5	9	4	1	2
1	2	7	5	8	6	3	4	9
9	4	3	1	6	2	5	7	8
2	9	1	7	4	8	6	3	5

Medium - 48

4	7	6	5	1	8	2	3	9
3	2	9	1	8	5	6	4	7
5	6	8	4	3	7	9	2	1
8	3	4	2	9	1	7	5	6
1	9	3	6	5	2	4	7	8
7	5	2	8	6	3	1	9	4
2	8	1	9	7	4	5	6	3
6	1	5	7	4	9	3	8	2
9	4	7	3	2	6	8	1	5

Medium - 49

1	5	4	9	6	8	3	2	7
8	2	3	1	4	7	9	5	6
9	7	6	3	5	2	8	4	1
7	9	2	5	1	3	6	8	4
3	6	8	4	7	5	1	9	2
4	8	1	6	2	9	7	3	5
2	3	5	7	9	6	4	1	8
5	4	7	8	3	1	2	6	9
6	1	9	2	8	4	5	7	3

Medium - 50

2	9	8	1	7	3	4	5	6
3	4	5	9	6	8	1	2	7
5	2	3	7	4	6	9	8	1
6	7	1	8	3	5	2	9	4
8	1	6	5	9	2	7	4	3
7	8	4	2	5	1	6	3	9
4	6	7	3	2	9	8	1	5
9	5	2	6	1	4	3	7	8
1	3	9	4	8	7	5	6	2

Medium - 51

6	9	8	1	5	3	4	2	7
1	4	3	7	2	6	8	9	5
2	5	7	4	8	9	1	6	3
7	2	9	6	4	1	5	3	8
8	3	5	2	1	4	9	7	6
5	8	6	3	9	7	2	1	4
4	7	1	9	3	5	6	8	2
3	1	4	8	6	2	7	5	9
9	6	2	5	7	8	3	4	1

Medium - 52

9	8	7	4	3	6	1	5	2
2	5	3	9	8	1	4	6	7
8	2	1	5	7	4	3	9	6
3	1	5	7	6	9	2	8	4
7	9	2	6	4	3	5	1	8
6	4	8	3	9	5	7	2	1
5	6	4	1	2	7	8	3	9
4	3	9	2	1	8	6	7	5
1	7	6	8	5	2	9	4	3

Medium - 53

2	6	4	1	9	7	3	5	8
3	4	2	7	5	9	6	8	1
8	7	5	9	3	6	1	2	4
5	1	9	3	6	8	2	4	7
7	2	8	4	1	3	5	9	6
6	5	7	2	4	1	8	3	9
9	3	1	8	2	4	7	6	5
4	8	6	5	7	2	9	1	3
1	9	3	6	8	5	4	7	2

Medium - 54

7	6	3	2	9	8	5	4	1
4	9	2	8	1	7	3	6	5
3	7	9	4	5	6	1	2	8
1	5	8	6	3	4	2	7	9
2	8	5	9	7	1	6	3	4
6	1	4	5	8	3	7	9	2
5	4	6	7	2	9	8	1	3
9	2	1	3	6	5	4	8	7
8	3	7	1	4	2	9	5	6

Medium - 55

7	2	9	5	1	4	6	8	3
5	8	4	3	6	9	7	2	1
1	6	8	7	3	2	9	5	4
3	9	5	6	7	1	8	4	2
4	1	2	8	9	7	5	3	6
9	4	7	2	8	6	3	1	5
6	3	1	4	5	8	2	9	7
2	5	6	9	4	3	1	7	8
8	7	3	1	2	5	4	6	9

Medium - 56

7	5	8	4	2	6	1	3	9
4	3	1	2	6	9	8	5	7
5	7	3	9	8	1	4	6	2
1	2	9	8	5	7	3	4	6
8	6	4	5	7	3	2	9	1
6	9	2	1	3	4	5	7	8
3	8	7	6	1	5	9	2	4
2	4	6	3	9	8	7	1	5
9	1	5	7	4	2	6	8	3

Medium - 57

9	5	4	2	8	7	1	3	6
2	1	3	6	9	8	5	4	7
3	4	7	8	5	1	6	9	2
8	7	5	4	2	6	9	1	3
1	9	2	5	6	4	3	7	8
6	2	8	9	1	3	7	5	4
5	6	9	3	7	2	4	8	1
4	8	1	7	3	5	2	6	9
7	3	6	1	4	9	8	2	5

Medium - 58

7	1	8	6	2	9	4	5	3
4	5	6	1	7	8	3	9	2
1	2	3	5	9	7	8	4	6
5	4	9	2	1	6	7	3	8
3	9	7	8	6	1	5	2	4
6	8	2	3	4	5	9	1	7
2	3	1	9	8	4	6	7	5
8	7	5	4	3	2	1	6	9
9	6	4	7	5	3	2	8	1

Medium - 59

8	3	1	9	4	7	6	5	2
3	1	5	6	2	9	8	7	4
7	6	4	2	5	8	9	3	1
9	8	7	3	1	2	5	4	6
4	9	2	8	6	5	7	1	3
6	5	8	1	9	3	4	2	7
1	2	6	5	7	4	3	8	9
2	4	3	7	8	6	1	9	5
5	7	9	4	3	1	2	6	8

Medium - 60

8	3	2	7	6	4	5	1	9
1	5	6	9	4	2	7	8	3
5	1	9	3	7	6	8	4	2
4	8	5	1	2	7	3	9	6
9	2	3	8	5	1	4	6	7
7	6	4	5	1	3	9	2	8
3	4	7	6	8	9	2	5	1
2	9	1	4	3	8	6	7	5
6	7	8	2	9	5	1	3	4

Medium - 61

8	2	7	3	5	4	1	6	9
9	1	6	5	2	7	3	8	4
3	7	2	8	4	6	9	1	5
5	6	1	4	9	8	2	7	3
4	5	9	7	3	1	6	2	8
2	3	4	6	7	5	8	9	1
1	8	5	9	6	3	7	4	2
7	4	8	2	1	9	5	3	6
6	9	3	1	8	2	4	5	7

Medium - 62

6	4	8	3	1	5	7	2	9
7	9	4	5	2	3	6	8	1
3	2	9	7	5	1	8	6	4
9	8	7	6	4	2	1	3	5
5	6	1	8	9	4	3	7	2
1	3	2	4	8	6	5	9	7
4	5	6	9	3	7	2	1	8
2	7	5	1	6	8	9	4	3
8	1	3	2	7	9	4	5	6

Medium - 63

8	4	7	6	1	9	5	2	3
3	5	2	7	4	1	8	9	6
9	1	6	2	3	8	7	4	5
6	2	4	5	8	3	1	7	9
1	3	9	8	5	4	2	6	7
4	7	1	3	9	5	6	8	2
7	8	3	4	6	2	9	5	1
2	9	5	1	7	6	4	3	8
5	6	8	9	2	7	3	1	4

Medium - 64

4	3	6	2	8	1	9	5	7
9	4	3	8	2	7	5	1	6
1	6	5	9	7	8	2	4	3
2	1	7	4	6	5	3	9	8
6	5	8	7	3	4	1	2	9
5	9	1	3	4	6	8	7	2
8	7	2	6	1	9	4	3	5
7	2	9	1	5	3	6	8	4
3	8	4	5	9	2	7	6	1

Medium - 65

5	7	1	3	2	6	4	9	8
2	5	9	8	7	1	3	6	4
3	1	4	6	9	8	5	7	2
9	3	2	4	8	7	6	5	1
4	6	7	5	1	2	8	3	9
6	2	5	1	3	4	9	8	7
7	8	3	2	5	9	1	4	6
8	9	6	7	4	5	2	1	3
1	4	8	9	6	3	7	2	5

Medium - 66

8	1	4	9	2	3	5	7	6
3	7	5	6	1	9	2	8	4
6	8	3	2	7	5	1	4	9
5	4	9	1	6	8	7	3	2
1	2	6	7	8	4	9	5	3
2	9	1	4	3	7	8	6	5
4	5	7	3	9	2	6	1	8
7	3	2	8	5	6	4	9	1
9	6	8	5	4	1	3	2	7

Medium - 67

5	7	8	1	2	6	9	3	4
8	2	9	5	3	4	6	7	1
1	6	3	4	9	8	7	2	5
9	3	5	6	1	2	8	4	7
6	4	2	9	7	3	5	1	8
7	1	4	8	5	9	3	6	2
4	8	7	3	6	1	2	5	9
2	9	6	7	4	5	1	8	3
3	5	1	2	8	7	4	9	6

Medium - 68

3	6	9	4	2	1	7	8	5
1	8	7	9	6	2	5	3	4
5	2	6	1	9	3	8	4	7
4	5	3	8	1	7	6	2	9
2	4	5	7	8	6	3	9	1
8	9	1	3	4	5	2	7	6
6	7	8	5	3	9	4	1	2
9	3	2	6	7	4	1	5	8
7	1	4	2	5	8	9	6	3

Medium - 69

7	3	2	5	6	8	9	4	1
1	5	8	6	9	4	2	7	3
9	6	4	7	2	3	5	1	8
6	2	5	3	8	1	7	9	4
4	9	1	8	7	2	6	3	5
8	7	9	1	4	6	3	5	2
5	4	3	2	1	7	8	6	9
3	8	7	4	5	9	1	2	6
2	1	6	9	3	5	4	8	7

Medium - 70

4	9	7	8	6	2	3	1	5
3	5	8	4	9	6	1	7	2
2	1	5	3	7	9	8	6	4
7	2	1	5	8	4	6	9	3
9	6	3	2	5	1	4	8	7
6	8	2	9	4	3	7	5	1
5	7	9	1	3	8	2	4	6
1	4	6	7	2	5	9	3	8
8	3	4	6	1	7	5	2	9

Medium - 71

9	7	5	8	1	2	4	3	6
6	9	2	4	5	3	1	8	7
4	6	3	7	9	8	2	5	1
1	5	7	3	2	4	8	6	9
8	4	9	2	6	1	5	7	3
3	1	8	5	7	9	6	4	2
5	2	4	1	3	6	7	9	8
7	3	1	6	8	5	9	2	4
2	8	6	9	4	7	3	1	5

Medium - 72

4	8	9	2	6	3	5	7	1
1	4	7	5	9	6	3	2	8
3	9	4	8	1	5	7	6	2
5	1	6	7	2	8	9	3	4
8	7	2	9	3	1	6	4	5
6	3	1	4	5	2	8	9	7
9	6	8	1	7	4	2	5	3
7	2	5	3	4	9	1	8	6
2	5	3	6	8	7	4	1	9

Medium - 73

4	5	2	7	9	8	6	1	3
9	8	4	5	6	2	1	3	7
7	6	1	8	3	4	5	9	2
1	2	5	6	8	3	7	4	9
6	7	9	3	4	1	8	2	5
2	9	3	1	7	5	4	6	8
8	3	6	2	1	7	9	5	4
3	4	8	9	5	6	2	7	1
5	1	7	4	2	9	3	8	6

Medium - 74

8	9	1	3	2	5	4	7	6
4	5	3	1	6	7	9	8	2
2	6	7	9	8	1	5	3	4
7	4	5	2	9	3	8	6	1
1	3	6	5	7	4	2	9	8
9	8	4	7	5	2	6	1	3
5	2	8	6	1	9	3	4	7
3	7	2	8	4	6	1	5	9
6	1	9	4	3	8	7	2	5

Medium - 75

9	4	2	3	8	1	7	5	6
7	8	6	4	2	5	9	3	1
4	1	3	5	6	8	2	7	9
1	3	5	9	7	4	6	8	2
2	6	9	1	3	7	5	4	8
8	5	7	6	9	2	3	1	4
5	2	8	7	1	6	4	9	3
6	9	4	8	5	3	1	2	7
3	7	1	2	4	9	8	6	5

Medium - 76

7	9	5	4	3	8	1	6	2
1	5	3	2	8	6	7	9	4
4	8	6	7	2	1	3	5	9
2	6	4	1	9	7	5	3	8
3	4	9	5	7	2	8	1	6
9	2	8	6	1	3	4	7	5
6	3	1	8	5	4	9	2	7
8	1	7	9	6	5	2	4	3
5	7	2	3	4	9	6	8	1

Medium - 77

5	7	8	2	4	9	6	3	1
1	5	6	3	7	2	9	8	4
3	4	2	8	6	5	7	1	9
4	2	5	1	9	7	8	6	3
9	3	1	7	5	6	4	2	8
6	1	7	9	3	8	5	4	2
7	8	4	5	2	1	3	9	6
2	9	3	6	8	4	1	5	7
8	6	9	4	1	3	2	7	5

Medium - 78

8	3	2	6	5	7	4	9	1
9	4	7	1	8	2	6	5	3
6	1	8	7	9	4	3	2	5
1	7	9	2	3	5	8	4	6
3	2	4	5	1	6	9	7	8
4	8	6	9	2	3	5	1	7
5	9	3	8	4	1	7	6	2
7	5	1	4	6	8	2	3	9
2	6	5	3	7	9	1	8	4

Medium - 79

9	8	4	1	7	2	3	6	5
2	5	6	4	9	3	7	8	1
3	7	2	6	8	1	5	9	4
1	6	5	8	3	7	2	4	9
8	1	7	2	4	5	9	3	6
4	9	3	5	1	8	6	7	2
5	2	9	7	6	4	8	1	3
6	4	8	3	2	9	1	5	7
7	3	1	9	5	6	4	2	8

Medium - 80

9	6	4	5	3	2	1	7	8
1	5	2	7	8	3	6	9	4
3	7	8	1	4	6	9	2	5
8	4	6	3	2	1	7	5	9
7	9	3	8	1	5	2	4	6
5	2	7	6	9	4	3	8	1
6	3	5	9	7	8	4	1	2
4	8	1	2	6	9	5	3	7
2	1	9	4	5	7	8	6	3

Medium - 81

6	1	8	5	7	9	2	4	3
2	9	4	7	8	1	6	3	5
9	7	6	4	1	5	3	2	8
1	6	5	3	2	7	8	9	4
5	3	7	2	9	8	4	6	1
4	8	2	1	5	3	9	7	6
7	4	1	6	3	2	5	8	9
8	5	3	9	6	4	7	1	2
3	2	9	8	4	6	1	5	7

Medium - 82

6	7	1	2	5	9	4	8	3
4	5	6	8	7	2	1	3	9
3	1	4	9	2	8	5	6	7
9	4	8	7	3	1	6	5	2
2	6	9	5	1	3	8	7	4
5	3	7	6	8	4	9	2	1
1	8	5	3	4	7	2	9	6
7	9	2	1	6	5	3	4	8
8	2	3	4	9	6	7	1	5

Medium - 83

2	7	4	9	5	6	8	3	1
1	8	6	3	2	7	4	5	9
5	1	3	4	6	8	9	7	2
7	2	9	1	8	5	3	4	6
3	9	5	6	1	4	2	8	7
9	4	2	8	7	1	5	6	3
4	5	1	7	3	2	6	9	8
8	6	7	5	9	3	1	2	4
6	3	8	2	4	9	7	1	5

Medium - 84

3	4	5	8	1	7	6	2	9
1	6	9	7	2	3	5	4	8
6	9	4	2	8	5	3	7	1
5	8	7	3	6	2	1	9	4
8	1	2	5	3	9	4	6	7
2	7	3	1	4	6	9	8	5
4	5	6	9	7	1	8	3	2
9	2	8	6	5	4	7	1	3
7	3	1	4	9	8	2	5	6

Medium - 85

8	6	2	7	5	1	9	4	3
1	2	8	3	9	7	4	5	6
6	7	9	1	4	5	8	3	2
3	5	4	6	2	8	1	7	9
7	9	1	8	3	4	6	2	5
4	3	5	2	1	6	7	9	8
9	8	7	5	6	2	3	1	4
5	1	3	4	8	9	2	6	7
2	4	6	9	7	3	5	8	1

Medium - 86

1	4	8	7	9	5	6	3	2
2	7	5	3	6	1	8	4	9
4	6	1	8	3	7	9	2	5
8	5	9	2	7	6	4	1	3
3	1	2	4	8	9	5	6	7
9	3	7	6	5	2	1	8	4
6	2	3	9	1	4	7	5	8
7	8	6	5	4	3	2	9	1
5	9	4	1	2	8	3	7	6

Medium - 87

7	2	3	8	5	4	9	6	1
4	6	5	9	3	1	8	7	2
8	9	1	6	7	2	5	3	4
2	1	4	5	8	6	7	9	3
5	7	8	1	6	3	2	4	9
9	3	6	2	4	8	1	5	7
3	4	2	7	1	9	6	8	5
1	8	7	4	9	5	3	2	6
6	5	9	3	2	7	4	1	8

Medium - 88

8	3	4	6	1	5	9	7	2
7	2	8	5	4	6	3	9	1
4	6	3	7	5	9	1	2	8
9	5	1	2	3	8	7	4	6
5	1	9	4	8	7	2	6	3
3	4	7	9	2	1	6	8	5
1	7	5	8	6	2	4	3	9
6	8	2	3	9	4	5	1	7
2	9	6	1	7	3	8	5	4

Medium - 89

2	7	5	3	9	8	1	4	6
1	4	6	5	8	9	3	2	7
6	9	3	1	2	7	4	8	5
8	2	4	7	5	6	9	3	1
7	3	8	4	1	5	2	6	9
5	6	9	2	3	4	7	1	8
4	5	1	8	7	3	6	9	2
3	1	7	9	6	2	8	5	4
9	8	2	6	4	1	5	7	3

Medium - 90

1	9	7	6	3	4	5	8	2
7	2	1	9	8	6	4	3	5
3	8	2	5	4	1	7	6	9
5	7	9	4	6	3	2	1	8
4	3	5	7	9	8	1	2	6
6	1	4	2	7	9	8	5	3
8	6	3	1	5	2	9	4	7
2	5	6	8	1	7	3	9	4
9	4	8	3	2	5	6	7	1

Medium - 91

8	5	7	1	6	4	9	3	2
4	9	3	2	8	1	6	5	7
1	4	9	5	7	8	3	2	6
2	6	1	8	9	3	7	4	5
6	3	4	7	5	2	8	9	1
5	7	2	9	3	6	1	8	4
3	1	8	6	4	5	2	7	9
9	2	5	3	1	7	4	6	8
7	8	6	4	2	9	5	1	3

Medium - 92

8	5	1	2	6	9	3	7	4
1	4	8	3	7	6	9	2	5
6	7	4	9	2	3	5	8	1
3	9	2	5	8	4	6	1	7
4	1	9	6	3	2	7	5	8
7	6	5	4	9	8	1	3	2
2	8	3	1	5	7	4	9	6
5	3	7	8	4	1	2	6	9
9	2	6	7	1	5	8	4	3

Medium - 93

5	9	1	8	2	3	4	7	6
4	3	6	7	1	9	5	2	8
8	2	7	6	9	5	1	4	3
9	4	5	2	3	8	6	1	7
6	1	8	5	4	7	9	3	2
2	7	3	4	6	1	8	5	9
1	5	9	3	8	2	7	6	4
7	6	2	9	5	4	3	8	1
3	8	4	1	7	6	2	9	5

Medium - 94

1	9	7	6	4	3	5	8	2
2	5	3	8	1	6	4	7	9
8	4	6	5	9	2	7	3	1
6	3	5	9	2	7	1	4	8
9	2	4	1	7	8	3	5	6
7	1	8	3	6	4	2	9	5
4	7	1	2	8	5	9	6	3
3	6	9	4	5	1	8	2	7
5	8	2	7	3	9	6	1	4

Medium - 95

1	2	8	5	6	4	7	9	3
7	5	4	9	3	8	2	6	1
2	3	9	7	5	6	4	1	8
5	7	1	8	4	2	9	3	6
8	9	7	6	2	3	1	4	5
9	6	3	4	1	7	8	5	2
6	4	2	1	8	5	3	7	9
3	1	6	2	7	9	5	8	4
4	8	5	3	9	1	6	2	7

Medium - 96

3	6	7	5	8	4	9	2	1
8	2	4	1	6	9	7	5	3
4	9	1	7	2	3	8	6	5
6	8	2	4	3	1	5	7	9
9	7	3	2	1	5	6	8	4
2	1	6	9	5	7	3	4	8
1	4	5	3	7	8	2	9	6
7	5	9	8	4	6	1	3	2
5	3	8	6	9	2	4	1	7

Medium - 97

6	7	1	8	2	5	9	3	4
3	5	8	1	4	2	6	7	9
9	4	6	3	8	1	7	5	2
5	6	4	2	7	9	3	8	1
2	8	9	7	5	6	4	1	3
4	3	2	5	6	8	1	9	7
1	9	7	6	3	4	8	2	5
8	2	3	9	1	7	5	4	6
7	1	5	4	9	3	2	6	8

Medium - 98

8	5	7	9	6	3	4	1	2
1	4	2	3	9	7	6	8	5
4	9	6	2	7	8	1	5	3
3	1	5	8	2	9	7	6	4
7	6	9	1	3	2	5	4	8
2	3	1	5	4	6	8	9	7
5	7	4	6	8	1	3	2	9
6	2	8	7	5	4	9	3	1
9	8	3	4	1	5	2	7	6

Medium - 99

2	6	9	7	3	8	5	4	1
7	1	5	3	4	9	2	8	6
1	8	4	5	9	6	7	2	3
3	4	7	8	1	5	9	6	2
6	2	8	1	7	4	3	9	5
9	5	3	4	6	2	1	7	8
4	9	1	6	2	3	8	5	7
8	3	2	9	5	7	6	1	4
5	7	6	2	8	1	4	3	9

Medium - 100

3	8	9	2	4	6	7	5	1
4	5	7	6	3	1	8	2	9
6	9	2	5	1	8	4	3	7
9	3	5	7	8	4	1	6	2
2	4	3	1	5	7	6	9	8
7	6	1	8	2	9	5	4	3
8	1	4	9	6	2	3	7	5
5	2	8	4	7	3	9	1	6
1	7	6	3	9	5	2	8	4

Medium - 101

1	7	4	5	8	6	9	3	2
5	2	8	3	6	7	1	9	4
6	1	7	4	9	3	5	2	8
3	9	5	8	1	2	6	4	7
9	8	3	6	2	4	7	5	1
4	3	1	2	7	5	8	6	9
7	4	6	9	5	1	2	8	3
8	5	2	1	3	9	4	7	6
2	6	9	7	4	8	3	1	5

Medium - 102

6	9	4	1	5	2	7	8	3
9	2	7	5	4	6	8	3	1
5	6	3	8	2	7	9	1	4
2	4	8	7	3	1	5	9	6
1	7	2	3	8	5	4	6	9
8	3	5	4	6	9	1	2	7
7	8	9	6	1	4	3	5	2
4	5	1	2	9	3	6	7	8
3	1	6	9	7	8	2	4	5

Medium - 103

2	4	1	9	6	3	7	5	8
5	7	8	4	3	9	6	2	1
9	1	3	6	4	8	2	7	5
6	5	2	7	8	1	9	3	4
7	9	5	3	2	4	8	1	6
8	6	7	2	1	5	4	9	3
4	3	9	8	5	2	1	6	7
3	2	4	1	7	6	5	8	9
1	8	6	5	9	7	3	4	2

Medium - 104

6	1	9	8	5	4	2	3	7
3	4	2	6	8	7	9	1	5
9	5	7	4	3	6	1	2	8
1	2	5	9	7	3	6	8	4
7	3	8	5	1	2	4	9	6
4	8	3	2	6	1	7	5	9
5	6	1	7	2	9	8	4	3
2	9	6	3	4	8	5	7	1
8	7	4	1	9	5	3	6	2

Medium - 105

5	4	8	2	9	1	3	7	6
3	9	4	5	1	6	7	2	8
2	7	1	6	8	4	9	5	3
6	1	3	8	5	7	2	4	9
4	8	6	3	7	9	5	1	2
9	5	2	1	3	8	4	6	7
8	2	7	9	6	5	1	3	4
1	3	9	7	4	2	6	8	5
7	6	5	4	2	3	8	9	1

Medium - 106

2	8	1	4	7	5	9	3	6
9	5	7	3	6	4	8	2	1
5	7	3	9	2	6	1	8	4
3	1	6	2	8	9	4	7	5
1	9	4	5	3	7	2	6	8
8	4	9	6	1	2	7	5	3
6	2	8	7	4	3	5	1	9
4	6	2	8	5	1	3	9	7
7	3	5	1	9	8	6	4	2

Medium - 107

9	5	2	8	7	1	6	3	4
3	1	9	5	2	8	4	6	7
8	4	6	7	5	9	1	2	3
6	2	3	4	8	7	9	1	5
7	3	5	6	1	2	8	4	9
1	9	4	2	3	5	7	8	6
4	8	7	9	6	3	2	5	1
5	6	8	1	9	4	3	7	2
2	7	1	3	4	6	5	9	8

Medium - 108

9	8	2	5	1	3	7	4	6
4	5	7	9	6	8	2	1	3
1	7	3	2	9	4	6	8	5
2	1	4	7	5	6	8	3	9
6	3	5	8	7	2	4	9	1
8	6	1	4	3	5	9	2	7
5	9	8	6	2	1	3	7	4
3	2	9	1	4	7	5	6	8
7	4	6	3	8	9	1	5	2

Medium - 109

5	7	9	6	2	1	4	3	8
8	3	1	2	9	5	7	6	4
4	2	6	8	7	9	3	5	1
1	6	5	3	4	8	2	9	7
9	1	7	4	5	6	8	2	3
3	9	4	1	8	2	6	7	5
2	5	3	7	6	4	1	8	9
6	4	8	9	3	7	5	1	2
7	8	2	5	1	3	9	4	6

Medium - 110

3	7	4	5	2	8	6	9	1
9	1	2	6	5	4	3	8	7
5	8	9	7	3	2	1	6	4
7	4	1	3	9	5	8	2	6
2	6	8	4	1	9	7	3	5
1	2	6	9	7	3	4	5	8
8	5	7	2	4	6	9	1	3
4	3	5	8	6	1	2	7	9
6	9	3	1	8	7	5	4	2

Medium - 111

2	4	1	8	5	3	6	9	7
5	9	7	6	3	4	2	1	8
6	3	8	7	4	1	5	2	9
1	7	9	5	8	6	3	4	2
4	5	2	1	6	9	8	7	3
3	8	6	9	1	2	7	5	4
9	2	3	4	7	8	1	6	5
8	6	5	2	9	7	4	3	1
7	1	4	3	2	5	9	8	6

Medium - 112

2	4	8	3	6	7	5	9	1
7	5	6	1	2	4	9	8	3
9	6	1	5	8	2	7	3	4
5	2	9	8	7	3	4	1	6
1	7	3	9	5	6	2	4	8
8	3	2	4	1	5	6	7	9
4	9	7	6	3	1	8	2	5
6	1	4	7	9	8	3	5	2
3	8	5	2	4	9	1	6	7

Medium - 113

3	2	5	9	1	8	7	6	4
8	1	6	5	9	4	3	2	7
4	7	1	3	2	6	8	5	9
2	8	9	6	4	7	5	1	3
1	5	7	2	3	9	6	4	8
7	9	2	1	5	3	4	8	6
5	6	3	4	8	2	9	7	1
9	4	8	7	6	5	1	3	2
6	3	4	8	7	1	2	9	5

Medium - 114

5	3	7	1	2	8	9	4	6
2	8	9	4	3	7	6	5	1
6	1	4	9	8	5	7	2	3
1	9	5	6	7	2	3	8	4
7	4	2	5	6	3	8	1	9
8	2	6	3	9	1	4	7	5
3	5	1	8	4	9	2	6	7
9	6	8	7	1	4	5	3	2
4	7	3	2	5	6	1	9	8

Medium - 115

4	6	5	9	3	2	7	8	1
1	7	2	8	5	9	3	4	6
9	2	4	5	6	3	1	7	8
3	1	6	7	8	4	2	9	5
2	3	9	1	4	8	6	5	7
6	8	7	3	2	5	4	1	9
8	4	1	6	9	7	5	3	2
5	9	3	2	7	1	8	6	4
7	5	8	4	1	6	9	2	3

Medium - 116

6	4	2	9	8	3	7	1	5
1	6	8	7	3	5	9	2	4
7	2	1	5	9	8	6	4	3
8	5	9	3	4	7	2	6	1
2	1	6	4	5	9	3	8	7
5	7	3	8	6	1	4	9	2
9	3	7	2	1	4	8	5	6
3	8	4	1	2	6	5	7	9
4	9	5	6	7	2	1	3	8

Medium - 117

8	2	6	7	5	4	3	9	1
9	1	8	5	2	6	4	7	3
4	3	1	9	7	5	6	8	2
1	6	3	4	8	7	5	2	9
5	4	7	8	9	3	2	1	6
3	7	9	2	6	1	8	5	4
6	8	5	1	3	2	9	4	7
7	9	2	6	4	8	1	3	5
2	5	4	3	1	9	7	6	8

Medium - 118

7	8	4	6	9	5	3	1	2
3	5	6	7	1	2	4	8	9
9	2	1	4	8	7	6	3	5
2	1	3	8	5	4	9	6	7
4	6	2	1	3	9	7	5	8
1	7	8	5	4	6	2	9	3
6	4	5	9	2	3	8	7	1
8	3	9	2	7	1	5	4	6
5	9	7	3	6	8	1	2	4

Medium - 119

3	9	7	6	5	4	8	2	1
4	2	6	3	8	1	5	7	9
7	8	5	1	2	3	9	6	4
2	6	1	8	7	9	4	3	5
8	5	3	9	4	2	6	1	7
1	4	9	5	6	7	3	8	2
6	1	8	2	9	5	7	4	3
9	7	2	4	3	6	1	5	8
5	3	4	7	1	8	2	9	6

Medium - 120

7	1	9	4	8	6	3	5	2
8	2	5	7	3	4	6	1	9
9	5	1	8	6	2	7	3	4
6	4	2	3	9	5	1	7	8
3	8	6	1	2	7	4	9	5
2	7	3	6	5	9	8	4	1
4	9	8	2	1	3	5	6	7
5	3	7	9	4	1	2	8	6
1	6	4	5	7	8	9	2	3

Medium - 121

3	7	4	6	1	8	9	5	2
9	8	5	2	7	4	6	1	3
2	5	1	4	8	7	3	9	6
8	1	6	9	3	5	7	2	4
5	9	7	3	2	6	1	4	8
1	6	2	8	4	9	5	3	7
7	4	3	5	6	1	2	8	9
4	3	9	7	5	2	8	6	1
6	2	8	1	9	3	4	7	5

Medium - 122

6	8	9	5	3	4	7	1	2
7	4	1	8	9	6	2	5	3
3	6	2	7	8	1	5	9	4
5	9	3	2	4	7	6	8	1
1	3	8	6	2	5	9	4	7
2	7	4	3	5	8	1	6	9
8	5	7	9	1	3	4	2	6
9	1	6	4	7	2	8	3	5
4	2	5	1	6	9	3	7	8

Medium - 123

5	4	6	2	3	8	7	1	9
1	7	9	8	2	3	5	4	6
2	5	8	3	1	6	4	9	7
6	1	5	9	7	4	8	2	3
7	9	3	5	4	2	6	8	1
9	2	1	4	8	7	3	6	5
3	8	4	7	6	9	1	5	2
8	3	2	6	5	1	9	7	4
4	6	7	1	9	5	2	3	8

Medium - 124

7	6	5	2	3	8	1	9	4
1	7	9	4	8	6	5	2	3
4	5	3	8	1	2	6	7	9
2	1	6	5	9	4	3	8	7
3	8	2	6	4	9	7	5	1
8	9	1	7	2	3	4	6	5
9	4	7	3	6	5	8	1	2
6	2	4	1	5	7	9	3	8
5	3	8	9	7	1	2	4	6

Medium - 125

9	7	2	8	5	1	6	4	3
6	4	3	1	7	5	2	9	8
4	9	1	5	2	8	3	7	6
1	6	8	9	3	7	5	2	4
5	8	4	2	6	3	7	1	9
3	2	6	7	9	4	1	8	5
8	3	7	6	4	2	9	5	1
7	5	9	4	1	6	8	3	2
2	1	5	3	8	9	4	6	7

Medium - 126

6	1	3	9	2	5	4	7	8
2	7	6	4	8	3	9	5	1
5	9	8	1	7	4	2	3	6
8	3	4	6	5	7	1	2	9
9	8	7	5	4	1	3	6	2
4	5	2	3	1	6	8	9	7
1	6	9	8	3	2	7	4	5
3	2	1	7	6	9	5	8	4
7	4	5	2	9	8	6	1	3

Medium - 127

7	5	4	9	8	6	2	1	3
1	9	7	2	3	4	6	5	8
3	4	6	8	7	9	5	2	1
2	1	3	4	5	7	8	9	6
8	6	9	1	2	5	4	3	7
5	8	1	7	9	2	3	6	4
6	2	5	3	4	8	1	7	9
4	7	2	6	1	3	9	8	5
9	3	8	5	6	1	7	4	2

Medium - 128

3	5	4	9	8	7	6	1	2
9	8	7	4	6	3	5	2	1
4	2	1	6	7	8	3	5	9
1	6	2	8	5	4	7	9	3
6	7	5	3	9	2	1	4	8
2	9	6	7	3	1	4	8	5
8	4	3	5	1	9	2	7	6
5	1	8	2	4	6	9	3	7
7	3	9	1	2	5	8	6	4

Medium - 129

3	7	1	5	6	8	2	4	9
2	9	7	8	4	3	6	5	1
6	4	3	9	2	7	1	8	5
5	1	9	4	8	6	3	2	7
7	8	5	2	1	4	9	6	3
1	3	8	6	7	5	4	9	2
9	5	4	7	3	2	8	1	6
8	6	2	1	5	9	7	3	4
4	2	6	3	9	1	5	7	8

Medium - 130

2	1	3	5	9	4	8	7	6
8	4	5	9	3	6	7	2	1
7	5	6	4	8	3	9	1	2
9	6	7	2	4	5	1	3	8
3	2	8	7	6	1	4	9	5
1	9	4	6	7	8	2	5	3
6	7	1	8	5	2	3	4	9
5	3	9	1	2	7	6	8	4
4	8	2	3	1	9	5	6	7

Medium - 131

7	2	8	9	1	3	5	4	6
6	4	7	5	2	9	1	8	3
1	9	6	3	8	5	7	2	4
8	3	4	7	6	2	9	5	1
2	6	3	1	9	4	8	7	5
4	1	5	2	3	7	6	9	8
3	5	9	8	4	6	2	1	7
5	8	2	6	7	1	4	3	9
9	7	1	4	5	8	3	6	2

Medium - 132

6	7	9	3	2	8	4	1	5
2	9	4	5	8	6	1	7	3
1	5	6	4	3	9	8	2	7
3	8	7	1	5	2	6	4	9
8	4	2	7	1	5	3	9	6
9	6	1	8	4	3	7	5	2
5	3	8	2	7	4	9	6	1
4	1	5	9	6	7	2	3	8
7	2	3	6	9	1	5	8	4

Medium - 133

2	9	4	7	5	1	3	6	8
7	3	5	9	4	6	2	8	1
4	6	1	8	9	3	5	7	2
6	7	8	4	2	9	1	3	5
5	2	3	1	8	4	7	9	6
8	1	9	5	3	2	6	4	7
1	4	2	3	6	7	8	5	9
9	5	6	2	7	8	4	1	3
3	8	7	6	1	5	9	2	4

Medium - 134

1	5	6	3	9	4	2	7	8
9	2	4	8	3	7	6	1	5
7	9	1	6	4	5	8	3	2
6	8	7	2	1	9	5	4	3
8	3	5	4	2	6	1	9	7
2	4	8	9	6	3	7	5	1
5	6	3	7	8	1	4	2	9
4	7	9	1	5	2	3	8	6
3	1	2	5	7	8	9	6	4

Medium - 135

4	2	8	7	9	1	3	5	6
2	5	6	1	4	9	7	3	8
5	9	1	3	7	2	6	8	4
9	6	3	8	1	7	4	2	5
3	7	2	5	6	4	8	1	9
8	1	7	6	3	5	9	4	2
1	3	4	9	5	8	2	6	7
7	8	5	4	2	6	1	9	3
6	4	9	2	8	3	5	7	1

Medium - 136

7	1	5	9	3	2	4	8	6
8	2	6	3	4	5	7	1	9
9	5	4	1	7	6	8	2	3
6	8	7	2	5	3	9	4	1
3	4	9	6	1	8	2	5	7
4	7	2	8	6	1	3	9	5
1	6	8	7	9	4	5	3	2
5	9	3	4	2	7	1	6	8
2	3	1	5	8	9	6	7	4

Medium - 137

8	5	2	9	3	4	1	6	7
1	3	6	7	2	8	5	9	4
5	9	1	3	4	7	6	2	8
7	6	4	2	9	1	8	5	3
3	1	8	6	7	9	2	4	5
4	2	7	5	1	6	3	8	9
9	8	5	4	6	3	7	1	2
2	7	9	1	8	5	4	3	6
6	4	3	8	5	2	9	7	1

Medium - 138

4	8	3	5	9	6	7	1	2
1	2	7	6	5	8	9	3	4
9	3	6	8	1	7	2	4	5
5	4	1	7	2	9	6	8	3
7	6	2	1	8	4	3	5	9
8	7	9	4	6	3	5	2	1
2	5	8	3	7	1	4	9	6
3	1	5	9	4	2	8	6	7
6	9	4	2	3	5	1	7	8

Medium - 139

3	8	7	6	2	5	9	4	1
5	6	1	7	8	3	4	9	2
4	2	9	3	6	1	8	5	7
9	1	8	5	3	4	7	2	6
2	7	4	8	1	9	6	3	5
7	4	3	2	5	6	1	8	9
1	3	6	4	9	2	5	7	8
8	9	5	1	4	7	2	6	3
6	5	2	9	7	8	3	1	4

Medium - 140

4	1	2	5	6	9	7	3	8
5	6	8	9	4	7	3	2	1
9	3	1	6	5	8	2	4	7
6	8	9	7	2	5	4	1	3
1	2	7	8	3	4	5	9	6
7	4	3	1	9	2	8	6	5
3	7	6	4	8	1	9	5	2
2	9	5	3	7	6	1	8	4
8	5	4	2	1	3	6	7	9

Medium - 141

4	7	2	5	8	6	3	9	1
2	4	6	7	1	9	8	5	3
1	5	7	3	2	8	9	4	6
9	6	3	8	5	1	4	7	2
6	9	1	2	4	3	5	8	7
8	3	4	6	7	5	1	2	9
7	2	8	9	3	4	6	1	5
5	1	9	4	6	7	2	3	8
3	8	5	1	9	2	7	6	4

Medium - 142

5	2	7	1	6	8	9	3	4
1	3	6	8	4	9	7	5	2
8	7	5	9	2	6	1	4	3
6	4	9	3	8	5	2	1	7
2	5	1	7	9	3	4	6	8
3	8	2	4	5	1	6	7	9
7	9	8	6	3	4	5	2	1
9	6	4	2	1	7	3	8	5
4	1	3	5	7	2	8	9	6

Medium - 143

9	3	5	4	8	6	2	7	1
8	7	1	5	4	3	9	6	2
2	4	6	9	1	5	7	3	8
3	2	7	8	5	9	6	1	4
1	9	3	2	6	8	5	4	7
6	8	4	7	9	1	3	2	5
4	5	8	3	7	2	1	9	6
7	1	2	6	3	4	8	5	9
5	6	9	1	2	7	4	8	3

Medium - 144

9	6	5	2	4	3	1	7	8
3	7	4	8	6	1	5	2	9
2	9	1	5	8	7	6	3	4
1	4	9	6	7	2	8	5	3
8	3	6	9	2	5	7	4	1
7	2	8	3	1	4	9	6	5
5	1	2	7	3	9	4	8	6
4	8	3	1	5	6	2	9	7
6	5	7	4	9	8	3	1	2

Medium - 145

7	6	8	2	5	4	1	3	9
3	2	4	1	7	9	8	6	5
1	5	6	9	8	3	7	4	2
9	8	1	3	4	5	6	2	7
6	7	3	4	1	2	9	5	8
5	3	2	8	6	7	4	9	1
2	4	7	5	9	1	3	8	6
8	9	5	7	3	6	2	1	4
4	1	9	6	2	8	5	7	3

Medium - 146

4	1	8	2	3	9	7	5	6
7	5	6	1	4	3	2	9	8
8	2	3	5	6	1	9	7	4
5	9	2	6	1	7	4	8	3
3	8	9	4	7	5	6	1	2
6	4	7	9	2	8	5	3	1
9	6	5	3	8	2	1	4	7
1	7	4	8	9	6	3	2	5
2	3	1	7	5	4	8	6	9

Medium - 147

9	2	3	1	5	8	7	4	6
4	5	7	2	9	3	6	1	8
7	6	1	9	4	2	8	5	3
3	7	8	5	1	6	4	2	9
5	8	9	4	3	7	2	6	1
8	3	2	6	7	5	1	9	4
2	9	4	3	6	1	5	8	7
6	1	5	7	8	4	9	3	2
1	4	6	8	2	9	3	7	5

Medium - 148

4	2	9	6	7	8	1	5	3
3	5	7	8	9	2	6	1	4
7	1	3	2	4	9	8	6	5
1	4	8	9	2	7	5	3	6
8	6	5	3	1	4	7	2	9
9	7	2	5	6	3	4	8	1
5	3	1	7	8	6	9	4	2
2	9	6	4	5	1	3	7	8
6	8	4	1	3	5	2	9	7

Medium - 149

4	6	9	1	5	3	8	7	2
6	1	5	4	7	2	3	8	9
7	8	3	9	6	1	4	2	5
9	2	1	6	8	4	5	3	7
3	4	2	7	1	5	9	6	8
5	9	8	3	2	6	7	1	4
1	3	7	5	9	8	2	4	6
2	5	4	8	3	7	6	9	1
8	7	6	2	4	9	1	5	3

Medium - 150

2	3	4	9	8	7	1	6	5
7	5	9	1	2	3	6	4	8
3	4	8	6	5	1	2	9	7
9	8	6	7	4	2	5	3	1
8	6	1	3	9	5	4	7	2
6	2	5	4	7	9	8	1	3
5	9	3	8	1	4	7	2	6
4	1	7	2	6	8	3	5	9
1	7	2	5	3	6	9	8	4

Medium - 151

2	6	8	5	7	9	4	1	3
8	7	5	4	6	2	9	3	1
3	8	4	1	9	5	7	2	6
1	9	2	6	3	7	5	4	8
6	3	7	9	2	4	1	8	5
4	5	9	2	1	8	3	6	7
5	2	6	3	4	1	8	7	9
7	4	1	8	5	3	6	9	2
9	1	3	7	8	6	2	5	4

Medium - 152

4	7	6	2	1	9	5	8	3
8	3	9	6	7	4	1	5	2
5	1	2	9	3	6	8	7	4
3	2	1	7	6	8	4	9	5
6	5	4	8	9	2	3	1	7
1	4	7	5	8	3	9	2	6
7	9	8	3	2	5	6	4	1
2	8	3	4	5	1	7	6	9
9	6	5	1	4	7	2	3	8

Medium - 153

1	5	2	7	8	9	4	3	6
6	3	4	9	5	7	2	1	8
3	6	8	1	7	2	5	9	4
4	9	7	5	2	8	1	6	3
9	2	1	4	6	3	8	5	7
5	8	6	3	4	1	7	2	9
7	1	5	8	9	6	3	4	2
8	4	9	2	3	5	6	7	1
2	7	3	6	1	4	9	8	5

Medium - 154

4	7	6	3	9	1	8	5	2
2	6	1	7	3	9	5	4	8
5	2	4	9	8	6	1	3	7
3	5	8	4	6	2	7	1	9
8	9	7	1	4	3	6	2	5
7	3	2	8	1	5	4	9	6
6	1	9	5	2	7	3	8	4
9	8	3	6	5	4	2	7	1
1	4	5	2	7	8	9	6	3

Medium - 155

5	1	9	6	2	7	3	8	4
7	2	5	9	8	3	4	6	1
8	4	2	7	5	1	6	3	9
2	3	7	4	6	8	9	1	5
4	6	1	8	3	2	5	9	7
3	9	6	2	1	5	7	4	8
6	7	3	1	4	9	8	5	2
9	5	8	3	7	4	1	2	6
1	8	4	5	9	6	2	7	3

Medium - 156

5	1	7	3	4	6	9	2	8
2	4	9	6	7	8	3	5	1
3	9	2	8	1	5	7	4	6
4	8	6	5	3	2	1	7	9
9	5	1	7	8	4	6	3	2
6	7	3	2	9	1	4	8	5
7	2	5	4	6	9	8	1	3
1	3	8	9	2	7	5	6	4
8	6	4	1	5	3	2	9	7

Medium - 157

2	7	3	4	5	6	1	9	8
6	1	4	3	8	5	7	2	9
9	2	6	8	1	4	3	7	5
5	4	7	2	6	8	9	3	1
1	8	5	7	9	3	2	4	6
8	3	9	1	4	7	6	5	2
7	6	2	5	3	9	8	1	4
4	9	1	6	7	2	5	8	3
3	5	8	9	2	1	4	6	7

Medium - 158

1	9	5	7	6	2	4	8	3
7	4	2	8	3	1	5	9	6
9	5	8	3	1	6	2	7	4
4	2	6	9	7	3	8	5	1
6	1	3	4	9	8	7	2	5
2	6	7	1	8	5	3	4	9
3	8	9	5	4	7	6	1	2
8	3	4	2	5	9	1	6	7
5	7	1	6	2	4	9	3	8

Medium - 159

6	7	9	8	4	3	2	5	1
3	8	2	4	6	5	1	7	9
7	9	1	5	2	4	6	8	3
8	2	4	6	9	1	5	3	7
1	5	3	9	8	6	7	4	2
4	3	5	1	7	9	8	2	6
9	6	7	2	3	8	4	1	5
2	1	8	3	5	7	9	6	4
5	4	6	7	1	2	3	9	8

Medium - 160

8	2	5	4	9	6	3	7	1
5	9	2	1	7	3	4	8	6
6	4	3	7	8	1	5	2	9
3	7	4	5	6	9	8	1	2
2	8	1	9	5	4	6	3	7
7	1	9	6	3	8	2	5	4
4	6	8	3	1	2	7	9	5
1	3	7	2	4	5	9	6	8
9	5	6	8	2	7	1	4	3

Medium - 161

9	4	7	3	8	2	6	1	5
6	1	4	9	3	8	5	2	7
2	5	1	7	6	9	3	4	8
8	3	9	5	7	1	4	6	2
7	9	2	1	4	5	8	3	6
5	7	3	2	1	6	9	8	4
3	6	8	4	2	7	1	5	9
4	8	5	6	9	3	2	7	1
1	2	6	8	5	4	7	9	3

Medium - 162

8	5	3	9	2	6	7	4	1
1	4	7	3	6	5	9	8	2
2	8	9	4	3	1	5	6	7
6	1	5	7	4	8	3	2	9
4	6	1	2	7	9	8	3	5
5	7	2	8	9	3	6	1	4
9	3	8	5	1	4	2	7	6
3	2	6	1	5	7	4	9	8
7	9	4	6	8	2	1	5	3

Medium - 163

6	5	1	8	2	3	4	9	7
9	2	8	3	5	1	7	6	4
7	4	6	2	9	8	3	1	5
1	7	4	5	3	6	8	2	9
8	6	3	4	7	2	9	5	1
4	3	9	7	6	5	1	8	2
3	9	2	1	8	7	5	4	6
2	8	5	9	1	4	6	7	3
5	1	7	6	4	9	2	3	8

Medium - 164

5	4	1	2	7	3	8	9	6
7	9	6	4	5	2	3	1	8
8	5	3	1	6	9	4	2	7
6	8	9	7	4	1	5	3	2
3	7	5	6	2	8	9	4	1
2	1	4	3	9	6	7	8	5
1	6	8	9	3	5	2	7	4
9	2	7	5	8	4	1	6	3
4	3	2	8	1	7	6	5	9

Medium - 165

3	4	2	8	9	7	6	1	5
1	5	6	7	2	9	4	3	8
2	1	9	6	4	8	7	5	3
4	3	8	5	1	6	9	2	7
8	7	4	3	6	1	5	9	2
6	2	7	9	5	3	8	4	1
5	9	1	4	7	2	3	8	6
9	6	3	1	8	5	2	7	4
7	8	5	2	3	4	1	6	9

Medium - 166

3	7	6	2	9	1	8	4	5
4	2	5	7	1	3	6	9	8
2	1	9	8	6	7	4	5	3
5	8	3	9	4	6	1	7	2
7	9	1	3	2	8	5	6	4
8	6	4	5	7	9	2	3	1
1	4	8	6	3	5	9	2	7
6	3	2	1	5	4	7	8	9
9	5	7	4	8	2	3	1	6

Medium - 167

7	6	2	9	3	8	4	1	5
3	8	5	1	4	6	7	9	2
5	3	8	6	1	9	2	4	7
6	1	7	4	9	2	5	3	8
1	9	3	2	8	7	6	5	4
9	5	4	7	2	1	3	8	6
8	2	1	5	6	4	9	7	3
2	4	9	3	7	5	8	6	1
4	7	6	8	5	3	1	2	9

Medium - 168

1	8	6	2	9	5	7	4	3
4	5	7	3	8	9	6	2	1
8	4	5	1	7	2	3	9	6
9	1	2	7	3	6	5	8	4
2	3	8	9	6	7	4	1	5
5	6	4	8	1	3	2	7	9
6	2	1	4	5	8	9	3	7
7	9	3	5	4	1	8	6	2
3	7	9	6	2	4	1	5	8

Medium - 169

3	7	9	8	2	6	1	5	4
5	6	7	9	4	1	8	2	3
4	1	2	3	8	5	7	9	6
8	3	1	6	7	9	5	4	2
2	8	4	5	1	3	9	6	7
7	4	5	2	6	8	3	1	9
6	5	3	1	9	4	2	7	8
1	9	6	7	3	2	4	8	5
9	2	8	4	5	7	6	3	1

Medium - 170

2	5	8	3	9	1	4	6	7
3	6	4	1	7	9	8	2	5
5	7	6	2	1	4	3	8	9
9	1	5	7	3	6	2	4	8
6	3	2	9	5	8	1	7	4
4	9	1	6	8	2	7	5	3
7	4	3	8	2	5	9	1	6
8	2	9	5	4	7	6	3	1
1	8	7	4	6	3	5	9	2

Medium - 171

1	9	4	2	7	3	5	8	6
3	6	5	4	8	7	9	1	2
8	3	1	9	2	4	6	5	7
5	2	7	3	1	8	4	6	9
6	7	9	8	5	1	2	3	4
2	1	3	6	4	5	7	9	8
4	5	8	7	6	9	1	2	3
7	8	6	1	9	2	3	4	5
9	4	2	5	3	6	8	7	1

Medium - 172

8	1	2	5	4	3	9	7	6
6	4	5	9	3	7	8	2	1
9	2	7	8	1	6	5	3	4
7	3	4	6	8	1	2	9	5
1	5	8	7	9	2	4	6	3
4	9	1	3	6	5	7	8	2
5	6	9	2	7	4	3	1	8
2	7	3	1	5	8	6	4	9
3	8	6	4	2	9	1	5	7

Medium - 173

6	3	2	1	8	5	4	7	9
5	8	7	9	2	1	3	6	4
4	1	9	8	5	7	6	3	2
7	9	5	6	4	3	2	1	8
3	2	1	7	9	4	5	8	6
8	6	4	5	3	9	7	2	1
2	7	3	4	1	6	8	9	5
9	4	8	3	6	2	1	5	7
1	5	6	2	7	8	9	4	3

Medium - 174

4	1	7	6	3	5	9	8	2
5	8	3	9	6	7	2	4	1
1	7	9	2	4	6	5	3	8
8	6	5	4	1	3	7	2	9
3	4	2	5	9	8	1	6	7
9	5	1	8	2	4	3	7	6
7	2	6	3	8	1	4	9	5
6	9	4	7	5	2	8	1	3
2	3	8	1	7	9	6	5	4

Medium - 175

2	8	5	7	6	4	3	9	1
5	9	2	1	3	8	6	4	7
1	3	6	4	7	9	8	2	5
7	5	1	8	4	3	9	6	2
6	1	8	9	5	2	7	3	4
3	6	4	2	9	7	5	1	8
8	2	3	5	1	6	4	7	9
9	4	7	6	8	1	2	5	3
4	7	9	3	2	5	1	8	6

Medium - 176

2	7	6	1	5	8	4	3	9
4	1	7	2	9	3	6	8	5
3	9	5	6	8	4	2	1	7
8	5	2	9	3	1	7	6	4
1	6	4	5	7	9	3	2	8
9	8	3	7	6	5	1	4	2
7	2	8	4	1	6	5	9	3
6	4	9	3	2	7	8	5	1
5	3	1	8	4	2	9	7	6

Medium - 177

2	9	4	1	5	3	8	7	6
3	7	6	5	8	1	4	9	2
6	4	9	8	7	5	1	2	3
5	1	3	6	2	4	9	8	7
7	8	2	9	3	6	5	4	1
1	3	5	4	9	2	7	6	8
9	6	1	7	4	8	2	3	5
8	2	7	3	1	9	6	5	4
4	5	8	2	6	7	3	1	9

Medium - 178

5	7	6	2	3	1	8	9	4
3	4	2	5	9	8	1	6	7
9	1	8	6	4	7	5	2	3
7	8	4	1	2	9	3	5	6
1	9	5	8	6	3	7	4	2
6	2	3	7	1	4	9	8	5
4	3	7	9	5	6	2	1	8
2	6	1	3	8	5	4	7	9
8	5	9	4	7	2	6	3	1

Medium - 179

1	4	6	3	5	2	9	8	7
8	5	2	9	1	7	4	3	6
7	8	5	6	9	1	3	4	2
9	7	4	8	3	6	2	1	5
3	9	7	1	2	8	6	5	4
2	1	8	4	6	5	7	9	3
4	6	3	5	7	9	1	2	8
5	2	9	7	4	3	8	6	1
6	3	1	2	8	4	5	7	9

Medium - 180

5	2	4	3	1	8	7	9	6
4	1	6	5	9	3	8	2	7
3	5	9	6	4	7	1	8	2
7	6	2	8	5	1	3	4	9
9	8	1	7	2	6	4	5	3
6	4	8	1	7	2	9	3	5
8	9	7	2	3	5	6	1	4
1	3	5	9	6	4	2	7	8
2	7	3	4	8	9	5	6	1

Medium - 181

4	8	6	2	9	1	7	3	5
6	2	1	5	3	4	8	7	9
3	9	8	4	7	5	1	2	6
5	7	4	8	1	9	3	6	2
9	1	2	7	6	3	5	4	8
1	6	5	3	2	7	9	8	4
2	5	3	9	8	6	4	1	7
8	4	7	1	5	2	6	9	3
7	3	9	6	4	8	2	5	1

Medium - 182

2	8	9	4	5	3	6	1	7
3	7	5	6	2	4	8	9	1
5	1	4	9	6	8	7	3	2
8	5	7	3	1	9	2	6	4
7	6	2	8	3	1	4	5	9
4	9	1	2	7	6	3	8	5
1	4	3	5	8	7	9	2	6
9	3	6	1	4	2	5	7	8
6	2	8	7	9	5	1	4	3

Medium - 183

5	9	8	3	1	4	7	2	6
7	2	6	8	5	1	9	3	4
6	4	7	2	8	3	5	9	1
4	1	9	6	3	8	2	5	7
1	3	5	7	2	9	4	6	8
3	6	2	4	9	7	8	1	5
9	5	4	1	7	2	6	8	3
8	7	1	9	6	5	3	4	2
2	8	3	5	4	6	1	7	9

Medium - 184

3	2	7	1	4	9	8	6	5
5	1	3	7	6	8	9	4	2
8	4	9	6	5	2	7	3	1
6	9	8	5	2	7	4	1	3
9	3	5	2	1	4	6	7	8
4	7	1	8	3	5	2	9	6
1	5	2	4	7	6	3	8	9
7	8	6	3	9	1	5	2	4
2	6	4	9	8	3	1	5	7

Medium - 185

1	8	5	7	6	2	4	9	3
4	2	7	5	8	3	9	6	1
5	1	2	4	3	9	6	8	7
9	6	3	8	7	4	1	5	2
3	4	8	1	9	6	2	7	5
7	3	6	9	2	5	8	1	4
2	7	9	6	5	1	3	4	8
8	9	1	2	4	7	5	3	6
6	5	4	3	1	8	7	2	9

Medium - 186

3	7	1	4	8	5	6	9	2
5	9	8	6	4	2	1	3	7
9	3	6	2	5	7	8	4	1
6	1	5	7	9	4	2	8	3
2	8	4	1	7	3	9	6	5
7	4	2	5	6	8	3	1	9
8	6	3	9	2	1	5	7	4
1	2	7	8	3	9	4	5	6
4	5	9	3	1	6	7	2	8

Medium - 187

6	7	9	5	4	1	8	2	3
9	3	1	2	6	7	5	8	4
7	8	4	3	2	5	6	1	9
2	1	6	4	9	8	7	3	5
3	4	5	7	8	9	2	6	1
8	5	3	6	1	2	4	9	7
1	6	8	9	5	4	3	7	2
4	2	7	1	3	6	9	5	8
5	9	2	8	7	3	1	4	6

Medium - 188

2	8	9	7	6	5	4	3	1
5	3	1	6	9	4	8	7	2
4	1	7	8	3	2	5	6	9
7	5	8	1	2	9	3	4	6
3	6	2	9	4	8	1	5	7
9	4	3	2	8	6	7	1	5
6	9	5	3	7	1	2	8	4
8	2	4	5	1	7	6	9	3
1	7	6	4	5	3	9	2	8

Medium - 189

9	7	4	6	5	1	3	8	2
1	8	7	2	9	4	6	5	3
2	5	3	7	4	8	9	1	6
3	6	8	9	1	2	5	7	4
5	4	1	3	8	6	2	9	7
7	9	6	4	3	5	1	2	8
4	3	9	5	2	7	8	6	1
6	1	2	8	7	9	4	3	5
8	2	5	1	6	3	7	4	9

Medium - 190

2	1	8	7	9	4	5	6	3
1	4	9	5	3	6	7	2	8
5	9	3	6	4	8	2	7	1
7	3	6	2	8	1	4	5	9
4	2	1	8	6	5	9	3	7
9	8	5	4	7	3	6	1	2
6	7	4	3	2	9	1	8	5
3	5	2	9	1	7	8	4	6
8	6	7	1	5	2	3	9	4

Medium - 191

4	5	2	7	6	1	3	8	9
9	3	8	5	1	2	4	6	7
7	1	6	2	4	9	5	3	8
5	8	4	9	3	6	7	2	1
6	4	3	8	2	7	1	9	5
8	9	7	6	5	4	2	1	3
2	6	9	1	7	3	8	5	4
1	7	5	3	9	8	6	4	2
3	2	1	4	8	5	9	7	6

Medium - 192

2	6	9	8	1	5	4	7	3
9	3	6	5	4	7	2	1	8
3	2	5	7	8	1	9	4	6
4	1	8	6	7	2	3	5	9
7	5	1	9	3	6	8	2	4
1	9	4	2	6	3	5	8	7
8	7	3	4	2	9	1	6	5
5	8	7	1	9	4	6	3	2
6	4	2	3	5	8	7	9	1

Medium - 193

3	2	5	1	9	4	8	7	6
7	6	4	8	2	1	5	9	3
9	8	3	4	7	5	2	6	1
6	1	2	3	5	7	4	8	9
4	9	7	2	6	3	1	5	8
1	5	8	7	3	6	9	2	4
5	4	9	6	1	8	7	3	2
8	7	6	9	4	2	3	1	5
2	3	1	5	8	9	6	4	7

Medium - 194

3	4	2	6	8	5	1	7	9
7	9	5	1	4	6	2	8	3
2	1	4	8	9	7	6	3	5
5	7	6	9	1	8	3	4	2
4	3	8	5	6	1	9	2	7
1	2	9	7	5	3	8	6	4
8	6	7	3	2	4	5	9	1
9	8	1	4	3	2	7	5	6
6	5	3	2	7	9	4	1	8

Medium - 195

5	2	1	8	6	7	9	4	3
7	3	8	4	2	5	1	6	9
4	9	6	3	7	8	5	2	1
8	1	2	5	4	6	3	9	7
3	5	4	1	9	2	6	7	8
6	7	9	2	8	3	4	1	5
9	4	7	6	5	1	8	3	2
1	6	5	7	3	9	2	8	4
2	8	3	9	1	4	7	5	6

Medium - 196

3	8	4	9	7	1	6	2	5
5	7	8	3	2	4	1	9	6
6	2	9	1	4	7	5	8	3
1	5	2	7	8	6	9	3	4
2	9	6	4	3	5	8	1	7
9	4	1	6	5	8	3	7	2
8	3	7	5	9	2	4	6	1
4	6	3	2	1	9	7	5	8
7	1	5	8	6	3	2	4	9

Medium - 197

9	6	3	1	5	4	2	8	7
1	2	8	7	9	6	4	5	3
4	9	7	6	8	2	5	3	1
8	3	5	2	1	9	6	7	4
5	4	9	3	7	1	8	2	6
3	7	2	4	6	5	9	1	8
6	8	1	5	2	7	3	4	9
7	5	6	8	4	3	1	9	2
2	1	4	9	3	8	7	6	5

Medium - 198

9	6	1	2	8	3	7	4	5
5	3	6	4	7	1	9	2	8
1	7	9	8	3	5	4	6	2
8	2	7	5	9	6	1	3	4
2	1	4	3	6	8	5	7	9
4	5	2	7	1	9	3	8	6
3	8	5	9	2	4	6	1	7
6	9	8	1	4	7	2	5	3
7	4	3	6	5	2	8	9	1

Medium - 199

8	2	6	9	3	5	1	4	7
7	1	9	5	4	8	3	2	6
1	6	2	4	7	3	8	9	5
4	9	3	8	1	6	5	7	2
5	7	4	3	8	9	2	6	1
3	8	5	6	2	4	7	1	9
9	3	1	2	5	7	6	8	4
6	5	7	1	9	2	4	3	8
2	4	8	7	6	1	9	5	3

Medium - 200

9	5	8	4	7	1	2	6	3
5	1	6	8	4	9	7	3	2
2	7	3	6	5	8	9	1	4
4	6	2	3	9	5	8	7	1
7	3	4	1	6	2	5	9	8
8	9	1	7	3	4	6	2	5
6	8	7	2	1	3	4	5	9
3	2	9	5	8	6	1	4	7
1	4	5	9	2	7	3	8	6

Medium - 201

9	1	7	8	5	3	2	6	4
6	5	1	9	2	8	4	3	7
3	2	6	4	8	5	7	9	1
4	7	8	1	6	9	3	2	5
1	4	3	5	9	2	6	7	8
8	9	2	3	4	7	1	5	6
2	8	5	6	7	4	9	1	3
5	3	9	7	1	6	8	4	2
7	6	4	2	3	1	5	8	9

Medium - 202

3	4	5	7	8	1	2	9	6
6	1	7	2	3	9	8	5	4
5	7	4	8	9	6	3	2	1
8	9	6	1	4	7	5	3	2
2	3	1	9	5	4	6	8	7
4	8	3	5	6	2	7	1	9
1	2	8	4	7	5	9	6	3
7	5	9	6	2	3	1	4	8
9	6	2	3	1	8	4	7	5

Medium - 203

8	3	4	9	5	1	2	6	7
7	6	9	5	1	2	4	3	8
2	4	3	1	7	5	9	8	6
4	2	7	6	9	8	1	5	3
5	8	6	3	2	4	7	1	9
9	1	5	7	6	3	8	4	2
3	9	2	4	8	6	5	7	1
6	7	1	8	4	9	3	2	5
1	5	8	2	3	7	6	9	4

Medium - 204

5	1	7	3	4	9	8	6	2
6	2	1	7	3	5	9	8	4
3	9	4	8	1	6	2	5	7
8	7	9	6	5	2	4	3	1
4	8	6	1	9	7	3	2	5
2	5	8	9	7	3	1	4	6
1	3	2	4	6	8	5	7	9
7	4	5	2	8	1	6	9	3
9	6	3	5	2	4	7	1	8

Medium - 205

9	2	1	5	8	6	4	7	3
7	6	8	3	9	2	1	5	4
2	7	6	4	1	3	8	9	5
3	4	9	1	6	7	5	2	8
8	5	7	6	2	1	3	4	9
4	9	2	8	3	5	6	1	7
1	3	5	7	4	9	2	8	6
5	8	3	2	7	4	9	6	1
6	1	4	9	5	8	7	3	2

Medium - 206

1	9	6	5	7	3	8	4	2
2	4	3	1	8	9	5	7	6
6	2	7	9	4	1	3	5	8
8	1	4	7	9	2	6	3	5
7	5	8	3	2	6	4	9	1
9	3	5	4	1	8	2	6	7
3	8	9	2	6	5	7	1	4
5	7	2	6	3	4	1	8	9
4	6	1	8	5	7	9	2	3

Medium - 207

4	6	1	8	7	2	9	5	3
7	5	9	4	6	8	2	3	1
9	2	3	1	8	6	7	4	5
1	8	7	9	5	3	4	2	6
6	4	5	2	3	9	1	7	8
8	7	2	5	9	1	3	6	4
5	3	8	7	1	4	6	9	2
3	1	4	6	2	7	5	8	9
2	9	6	3	4	5	8	1	7

Medium - 208

6	4	5	9	7	3	1	2	8
5	1	3	7	8	6	9	4	2
9	7	1	2	6	8	3	5	4
3	6	2	5	4	7	8	9	1
2	8	7	4	1	9	5	3	6
8	5	4	3	2	1	7	6	9
4	2	9	1	3	5	6	8	7
7	9	8	6	5	2	4	1	3
1	3	6	8	9	4	2	7	5

Medium - 209

5	3	1	4	7	8	2	9	6
2	7	6	3	1	5	9	8	4
9	1	7	6	8	3	4	2	5
4	8	9	5	2	7	6	1	3
8	5	3	2	4	9	1	6	7
7	2	4	1	5	6	8	3	9
6	9	2	8	3	4	7	5	1
3	4	8	9	6	1	5	7	2
1	6	5	7	9	2	3	4	8

Medium - 210

4	5	9	3	2	6	1	8	7
8	2	1	5	6	7	9	3	4
3	7	5	8	9	4	6	2	1
6	4	2	1	3	5	7	9	8
7	3	6	2	1	9	8	4	5
9	1	8	4	5	2	3	7	6
1	8	4	9	7	3	5	6	2
5	6	3	7	4	8	2	1	9
2	9	7	6	8	1	4	5	3

Medium - 211

4	8	5	3	9	6	7	1	2
9	7	1	2	8	5	3	4	6
2	3	4	6	1	9	5	7	8
6	9	7	4	2	8	1	5	3
1	6	3	8	7	2	4	9	5
8	4	2	9	5	7	6	3	1
3	5	9	1	6	4	2	8	7
7	2	8	5	3	1	9	6	4
5	1	6	7	4	3	8	2	9

Medium - 212

7	1	2	9	5	8	3	6	4
4	6	8	3	7	5	1	2	9
2	3	4	6	9	1	7	5	8
5	7	9	1	4	3	2	8	6
8	2	5	7	3	6	4	9	1
1	9	3	8	2	4	6	7	5
9	5	6	4	1	2	8	3	7
6	4	7	2	8	9	5	1	3
3	8	1	5	6	7	9	4	2

Medium - 213

7	5	9	6	8	3	4	2	1
8	2	1	4	3	5	9	7	6
4	3	2	7	1	8	6	9	5
1	6	4	3	5	7	2	8	9
2	8	5	9	4	6	7	1	3
3	9	7	2	6	1	5	4	8
9	1	3	5	7	4	8	6	2
6	4	8	1	9	2	3	5	7
5	7	6	8	2	9	1	3	4

Medium - 214

2	6	5	7	3	8	1	9	4
8	3	7	1	6	9	4	2	5
9	1	2	3	5	4	6	7	8
5	4	8	2	7	6	3	1	9
6	9	4	5	8	2	7	3	1
4	7	1	9	2	5	8	6	3
3	8	6	4	1	7	9	5	2
1	2	9	6	4	3	5	8	7
7	5	3	8	9	1	2	4	6

Medium - 215

1	5	8	9	2	4	6	7	3
6	9	5	2	7	3	1	8	4
4	2	6	8	5	1	3	9	7
7	3	9	5	6	2	4	1	8
8	1	4	7	3	9	2	5	6
2	7	3	6	1	5	8	4	9
9	4	1	3	8	7	5	6	2
5	8	2	4	9	6	7	3	1
3	6	7	1	4	8	9	2	5

Medium - 216

6	1	2	3	7	5	9	8	4
9	2	6	8	1	7	4	5	3
5	7	9	4	8	3	2	1	6
8	4	3	7	9	1	5	6	2
2	8	4	1	5	6	3	7	9
3	9	1	6	4	8	7	2	5
4	6	7	5	2	9	1	3	8
7	5	8	2	3	4	6	9	1
1	3	5	9	6	2	8	4	7

Medium - 217

5	9	8	3	1	7	2	6	4
4	2	3	6	9	5	1	7	8
6	7	1	5	3	4	9	8	2
7	5	6	8	2	1	4	3	9
3	4	9	7	8	2	6	1	5
8	1	2	4	6	9	3	5	7
9	8	4	1	5	3	7	2	6
1	6	7	2	4	8	5	9	3
2	3	5	9	7	6	8	4	1

Medium - 218

2	7	3	6	5	4	9	1	8
6	4	8	2	3	1	7	5	9
9	1	5	8	6	3	4	2	7
4	8	7	1	2	6	3	9	5
3	6	2	9	1	8	5	7	4
7	2	4	3	9	5	1	8	6
1	5	6	4	7	9	8	3	2
8	9	1	5	4	7	2	6	3
5	3	9	7	8	2	6	4	1

Medium - 219

9	8	7	5	2	1	6	4	3
3	4	9	8	6	5	7	2	1
2	6	3	7	5	4	8	1	9
1	5	4	6	7	2	9	3	8
5	7	6	1	3	8	4	9	2
8	3	2	9	1	6	5	7	4
4	9	1	2	8	7	3	5	6
7	1	8	3	4	9	2	6	5
6	2	5	4	9	3	1	8	7

Medium - 220

6	8	2	5	1	4	7	9	3
3	4	9	2	6	7	1	5	8
1	7	3	4	8	9	6	2	5
7	9	5	6	4	3	2	8	1
5	6	7	8	2	1	3	4	9
2	3	8	1	9	5	4	6	7
9	5	6	3	7	2	8	1	4
8	1	4	7	5	6	9	3	2
4	2	1	9	3	8	5	7	6

Medium - 221

6	5	8	3	2	4	1	7	9
8	2	9	7	4	1	3	5	6
3	4	5	1	7	6	9	8	2
5	7	3	9	6	2	8	1	4
4	8	2	5	1	7	6	9	3
2	1	6	4	9	5	7	3	8
9	3	1	6	5	8	4	2	7
1	6	7	8	3	9	2	4	5
7	9	4	2	8	3	5	6	1

Medium - 222

9	2	4	6	1	5	3	8	7
5	6	8	1	3	2	7	9	4
3	8	2	5	7	4	6	1	9
4	1	7	2	5	9	8	6	3
1	3	9	8	4	7	5	2	6
7	9	6	4	8	3	1	5	2
8	7	1	9	2	6	4	3	5
2	4	5	3	6	8	9	7	1
6	5	3	7	9	1	2	4	8

Medium - 223

2	9	3	8	5	1	4	7	6
4	3	8	6	7	5	9	2	1
1	5	9	3	2	8	7	6	4
7	4	1	9	6	3	8	5	2
5	6	7	2	8	4	1	3	9
9	7	5	1	4	2	6	8	3
3	1	6	5	9	7	2	4	8
6	8	2	4	3	9	5	1	7
8	2	4	7	1	6	3	9	5

Medium - 224

2	6	1	7	5	8	4	3	9
3	9	6	4	1	2	8	5	7
4	8	7	5	9	3	6	1	2
7	3	2	9	4	5	1	6	8
5	1	8	6	7	4	9	2	3
1	2	3	8	6	9	7	4	5
8	7	4	3	2	1	5	9	6
9	4	5	2	8	6	3	7	1
6	5	9	1	3	7	2	8	4

Medium - 225

7	4	9	1	3	8	5	2	6
2	5	4	8	6	3	7	9	1
3	7	1	2	5	9	6	4	8
9	8	6	5	4	1	2	7	3
8	3	7	6	1	4	9	5	2
6	9	2	7	8	5	3	1	4
1	2	5	4	7	6	8	3	9
4	6	3	9	2	7	1	8	5
5	1	8	3	9	2	4	6	7

Medium - 226

2	8	5	7	1	6	4	3	9
3	1	7	4	5	9	6	2	8
6	2	3	8	7	4	9	1	5
9	4	2	5	6	3	8	7	1
8	6	1	9	3	5	2	4	7
7	3	4	2	8	1	5	9	6
5	9	6	1	4	7	3	8	2
4	7	8	6	9	2	1	5	3
1	5	9	3	2	8	7	6	4

Medium - 227

2	3	9	6	7	4	8	5	1
8	1	4	7	5	2	3	6	9
5	4	6	8	9	1	7	2	3
9	6	1	2	3	8	5	4	7
7	9	2	3	8	6	4	1	5
4	5	7	1	6	9	2	3	8
3	2	8	5	1	7	6	9	4
6	7	3	9	4	5	1	8	2
1	8	5	4	2	3	9	7	6

Medium - 228

2	5	8	1	3	7	4	6	9
3	9	2	7	1	5	6	4	8
6	8	5	3	4	2	9	1	7
7	4	9	6	5	8	1	3	2
8	1	4	9	2	6	3	7	5
5	3	6	2	9	4	7	8	1
4	7	1	8	6	9	5	2	3
9	2	3	4	7	1	8	5	6
1	6	7	5	8	3	2	9	4

Medium - 229

5	1	6	4	8	7	9	2	3
2	9	8	3	1	5	6	7	4
3	5	2	7	4	6	1	8	9
7	8	4	9	6	3	2	5	1
6	2	5	1	9	8	4	3	7
1	7	9	8	3	2	5	4	6
4	6	3	5	7	9	8	1	2
9	3	1	2	5	4	7	6	8
8	4	7	6	2	1	3	9	5

Medium - 230

2	1	8	5	9	6	7	3	4
4	6	2	3	1	7	9	5	8
1	3	4	7	5	8	6	9	2
7	8	9	6	2	3	5	4	1
5	9	3	2	8	4	1	6	7
6	7	5	9	4	1	2	8	3
9	4	7	8	6	2	3	1	5
8	2	6	1	3	5	4	7	9
3	5	1	4	7	9	8	2	6

Medium - 231

7	5	9	6	1	3	4	8	2
8	1	5	7	2	4	3	9	6
4	6	2	9	3	8	7	1	5
2	9	6	1	8	7	5	4	3
3	4	7	2	6	9	1	5	8
6	7	3	4	5	1	8	2	9
1	2	8	3	4	5	9	6	7
5	3	1	8	9	6	2	7	4
9	8	4	5	7	2	6	3	1

Medium - 232

2	4	9	8	5	6	3	1	7
1	3	8	9	6	7	5	2	4
5	6	7	2	4	8	1	3	9
8	7	1	4	3	9	2	6	5
3	9	5	7	2	4	6	8	1
6	1	2	5	7	3	9	4	8
4	5	3	6	8	1	7	9	2
7	8	6	1	9	2	4	5	3
9	2	4	3	1	5	8	7	6

Medium - 233

1	3	7	4	5	9	8	2	6
9	4	5	2	1	7	6	8	3
4	7	2	6	8	1	3	9	5
3	8	6	7	9	4	5	1	2
6	5	8	9	2	3	1	4	7
7	2	1	3	4	6	9	5	8
5	1	9	8	3	2	7	6	4
2	9	3	5	6	8	4	7	1
8	6	4	1	7	5	2	3	9

Medium - 234

3	5	8	2	6	7	1	4	9
6	7	1	3	4	5	9	2	8
2	9	4	5	7	8	6	3	1
4	8	7	9	5	1	2	6	3
1	2	3	6	8	9	4	7	5
8	1	2	4	9	3	7	5	6
5	4	9	7	3	6	8	1	2
7	3	6	8	1	2	5	9	4
9	6	5	1	2	4	3	8	7

Medium - 235

1	5	6	9	3	7	8	2	4
7	4	5	6	1	2	3	9	8
9	6	3	8	4	5	7	1	2
8	2	1	5	7	9	4	6	3
5	1	8	4	2	3	9	7	6
6	3	7	2	9	4	5	8	1
2	7	4	3	6	8	1	5	9
4	8	9	1	5	6	2	3	7
3	9	2	7	8	1	6	4	5

Medium - 236

7	2	4	6	3	5	9	8	1
9	8	6	1	2	4	7	5	3
1	4	3	5	7	9	8	2	6
5	6	9	2	4	7	1	3	8
4	3	8	9	1	6	2	7	5
8	5	2	7	6	3	4	1	9
2	9	5	4	8	1	3	6	7
6	7	1	3	9	8	5	4	2
3	1	7	8	5	2	6	9	4

Medium - 237

9	7	8	6	1	5	4	2	3
4	5	3	2	9	7	8	6	1
1	4	6	8	2	3	9	7	5
5	3	1	9	7	4	2	8	6
6	8	2	4	3	9	1	5	7
8	2	5	7	6	1	3	9	4
7	1	9	3	5	8	6	4	2
3	6	4	5	8	2	7	1	9
2	9	7	1	4	6	5	3	8

Medium - 238

3	2	9	6	8	5	4	7	1
5	6	8	7	4	9	3	1	2
7	9	5	4	3	1	2	8	6
9	3	7	2	1	6	8	5	4
6	4	1	8	2	7	5	9	3
2	8	4	5	9	3	1	6	7
8	1	2	9	6	4	7	3	5
1	7	6	3	5	2	9	4	8
4	5	3	1	7	8	6	2	9

Medium - 239

4	3	2	7	1	6	9	5	8
9	8	5	6	7	4	1	3	2
7	2	8	3	9	1	4	6	5
1	6	3	8	4	2	5	7	9
2	5	9	4	3	7	8	1	6
3	4	1	2	5	8	6	9	7
8	9	4	1	6	5	7	2	3
5	7	6	9	8	3	2	4	1
6	1	7	5	2	9	3	8	4

Medium - 240

1	9	3	8	5	6	7	2	4
2	4	5	3	1	9	8	6	7
9	8	4	7	2	3	5	1	6
5	1	7	6	4	2	9	8	3
6	2	8	1	3	5	4	7	9
7	3	2	4	6	8	1	9	5
3	5	9	2	8	7	6	4	1
4	7	6	5	9	1	2	3	8
8	6	1	9	7	4	3	5	2

Medium - 241

2	8	9	4	5	3	7	1	6
6	7	5	9	8	1	2	4	3
1	3	8	6	4	2	9	5	7
4	5	6	2	3	7	1	8	9
3	9	7	5	1	8	4	6	2
7	1	2	8	6	5	3	9	4
5	2	4	1	7	9	6	3	8
9	4	1	3	2	6	8	7	5
8	6	3	7	9	4	5	2	1

Medium - 242

7	3	8	2	5	6	4	9	1
9	2	4	5	6	1	7	3	8
4	9	1	6	3	8	5	7	2
1	7	6	3	4	5	2	8	9
2	1	5	8	9	7	3	6	4
3	8	9	7	2	4	1	5	6
5	4	2	9	8	3	6	1	7
8	6	3	1	7	2	9	4	5
6	5	7	4	1	9	8	2	3

Medium - 243

6	3	1	9	2	5	7	4	8
8	4	5	7	6	9	1	3	2
4	7	8	2	3	1	9	6	5
2	1	3	5	7	4	6	8	9
3	9	6	8	4	7	5	2	1
1	8	9	6	5	2	4	7	3
7	5	2	3	9	6	8	1	4
9	6	4	1	8	3	2	5	7
5	2	7	4	1	8	3	9	6

Medium - 244

4	6	1	5	3	8	9	7	2
1	9	6	4	2	7	3	8	5
8	3	7	2	5	6	1	9	4
2	7	3	8	9	5	4	6	1
5	1	4	6	8	3	7	2	9
7	4	9	3	6	2	5	1	8
3	8	2	1	4	9	6	5	7
9	5	8	7	1	4	2	3	6
6	2	5	9	7	1	8	4	3

Medium - 245

3	4	7	5	1	8	6	2	9
5	8	6	1	9	2	4	7	3
2	6	1	3	8	4	5	9	7
9	5	2	4	6	3	7	1	8
4	7	9	8	5	6	2	3	1
1	3	8	7	2	5	9	6	4
8	2	5	9	7	1	3	4	6
7	1	4	6	3	9	8	5	2
6	9	3	2	4	7	1	8	5

Medium - 246

8	3	6	9	2	4	5	7	1
6	4	1	2	7	5	9	3	8
5	2	3	4	8	1	7	9	6
1	8	4	7	5	9	2	6	3
9	7	2	6	3	8	1	5	4
7	5	9	1	6	3	8	4	2
2	9	7	8	4	6	3	1	5
4	1	5	3	9	2	6	8	7
3	6	8	5	1	7	4	2	9

Medium - 247

3	8	6	9	5	7	1	4	2
7	9	4	5	2	1	6	8	3
1	7	9	3	8	4	2	6	5
9	2	8	6	3	5	4	7	1
4	3	7	1	6	2	8	5	9
2	6	5	7	4	3	9	1	8
8	1	3	4	9	6	5	2	7
6	5	1	2	7	8	3	9	4
5	4	2	8	1	9	7	3	6

Medium - 248

9	5	2	1	4	6	7	8	3
8	6	4	2	3	5	1	7	9
3	7	1	5	9	8	6	4	2
2	1	6	9	8	7	5	3	4
4	8	7	3	5	9	2	1	6
1	3	9	6	7	2	4	5	8
6	9	5	8	1	4	3	2	7
5	4	8	7	2	3	9	6	1
7	2	3	4	6	1	8	9	5

Medium - 249

5	1	3	9	2	7	6	4	8
8	7	6	1	9	3	2	5	4
2	8	1	5	3	4	7	9	6
6	3	9	4	8	2	5	1	7
4	5	7	2	6	9	3	8	1
3	9	2	6	4	1	8	7	5
1	6	4	8	7	5	9	3	2
9	2	5	7	1	8	4	6	3
7	4	8	3	5	6	1	2	9

Medium - 250

8	1	6	7	3	5	2	9	4
9	4	5	2	1	7	8	6	3
2	7	1	9	6	3	4	5	8
5	3	7	4	2	9	6	8	1
1	5	9	6	8	2	3	4	7
6	9	4	1	7	8	5	3	2
4	8	2	3	5	6	7	1	9
7	6	3	8	4	1	9	2	5
3	2	8	5	9	4	1	7	6

Medium - 251

7	4	1	5	2	3	9	8	6
6	2	5	8	1	9	4	7	3
8	9	4	3	6	1	7	2	5
3	7	8	2	9	5	6	1	4
4	3	6	1	5	8	2	9	7
2	5	7	9	8	6	3	4	1
5	1	2	7	3	4	8	6	9
9	6	3	4	7	2	1	5	8
1	8	9	6	4	7	5	3	2

Medium - 252

7	4	9	2	6	1	5	3	8
8	2	6	5	3	9	1	7	4
3	9	5	8	4	6	7	2	1
1	8	2	6	7	3	4	9	5
4	7	8	9	2	5	3	1	6
2	3	7	4	1	8	6	5	9
5	1	4	7	8	2	9	6	3
9	6	3	1	5	4	2	8	7
6	5	1	3	9	7	8	4	2

Medium - 253

8	1	3	5	6	4	2	9	7
7	9	5	8	4	1	3	6	2
3	7	8	4	2	9	5	1	6
6	2	1	9	5	3	7	4	8
9	6	7	2	3	8	4	5	1
1	3	4	6	9	7	8	2	5
4	8	2	1	7	5	6	3	9
5	4	6	7	1	2	9	8	3
2	5	9	3	8	6	1	7	4

Medium - 254

6	4	5	2	1	7	3	9	8
9	2	7	4	8	6	5	1	3
3	8	1	6	7	9	2	4	5
7	1	2	9	5	3	6	8	4
5	6	3	8	2	4	1	7	9
4	7	9	5	6	1	8	3	2
2	3	8	1	9	5	4	6	7
8	9	6	3	4	2	7	5	1
1	5	4	7	3	8	9	2	6

Medium - 255

8	5	6	4	2	1	7	9	3
7	1	9	5	8	4	6	3	2
4	6	2	3	9	5	1	8	7
1	7	8	2	3	9	4	6	5
3	4	7	6	1	8	2	5	9
9	2	5	8	6	7	3	1	4
2	9	3	7	5	6	8	4	1
6	3	1	9	4	2	5	7	8
5	8	4	1	7	3	9	2	6

Medium - 256

8	6	4	9	1	7	3	5	2
7	2	5	4	8	9	6	3	1
1	9	3	7	2	5	8	4	6
5	1	6	3	9	2	7	8	4
4	8	2	6	5	1	9	7	3
9	3	7	8	6	4	2	1	5
2	7	8	1	4	3	5	6	9
6	4	9	5	3	8	1	2	7
3	5	1	2	7	6	4	9	8

Medium - 257

6	9	4	2	1	7	3	5	8
3	8	5	4	7	2	1	9	6
7	6	3	1	9	4	5	8	2
9	1	2	8	5	6	7	4	3
5	4	8	3	2	9	6	7	1
1	5	7	9	6	3	8	2	4
8	2	1	6	4	5	9	3	7
4	7	6	5	3	8	2	1	9
2	3	9	7	8	1	4	6	5

Medium - 258

2	6	1	4	5	9	7	8	3
3	7	5	1	2	4	6	9	8
9	8	6	3	4	7	5	1	2
8	1	7	6	9	2	3	5	4
4	5	9	2	7	1	8	3	6
7	9	2	8	3	6	1	4	5
1	4	3	5	6	8	9	2	7
6	3	4	9	8	5	2	7	1
5	2	8	7	1	3	4	6	9

Medium - 259

2	3	7	5	4	8	9	1	6
1	5	4	9	7	3	8	6	2
7	9	3	1	8	6	2	5	4
8	6	5	3	2	4	7	9	1
6	8	2	4	9	1	3	7	5
4	7	6	8	1	2	5	3	9
3	1	9	2	5	7	6	4	8
5	4	8	7	6	9	1	2	3
9	2	1	6	3	5	4	8	7

Medium - 260

1	4	9	8	6	2	5	3	7
5	7	6	2	8	3	4	9	1
9	8	5	6	3	4	1	7	2
2	3	7	4	1	5	8	6	9
7	6	2	1	5	8	9	4	3
3	9	1	7	4	6	2	8	5
4	2	8	3	9	1	7	5	6
8	5	3	9	2	7	6	1	4
6	1	4	5	7	9	3	2	8

Medium - 261

8	6	3	9	7	5	4	2	1
2	4	9	6	3	1	8	5	7
1	7	5	4	6	2	3	9	8
7	5	2	1	4	8	6	3	9
5	2	8	3	9	4	1	7	6
3	9	4	8	5	6	7	1	2
6	1	7	2	8	3	9	4	5
4	8	1	7	2	9	5	6	3
9	3	6	5	1	7	2	8	4

Medium - 262

4	5	1	6	8	2	9	7	3
3	7	2	8	5	1	6	4	9
9	6	7	4	3	8	5	2	1
5	2	4	1	9	6	3	8	7
1	3	8	9	7	5	4	6	2
8	9	5	7	2	4	1	3	6
2	4	6	3	1	7	8	9	5
6	1	3	2	4	9	7	5	8
7	8	9	5	6	3	2	1	4

Medium - 263

2	7	4	5	3	9	8	1	6
4	5	8	3	6	2	1	9	7
3	8	1	9	5	7	6	2	4
7	2	6	1	4	8	9	5	3
9	6	7	2	8	3	5	4	1
8	4	2	6	1	5	3	7	9
1	3	9	8	7	4	2	6	5
5	1	3	4	9	6	7	8	2
6	9	5	7	2	1	4	3	8

Medium - 264

1	4	3	2	5	8	7	6	9
8	2	9	6	4	7	5	3	1
5	7	6	3	1	9	4	8	2
4	8	1	9	7	3	6	2	5
6	5	2	7	3	1	8	9	4
2	6	4	1	9	5	3	7	8
9	3	7	5	8	4	2	1	6
3	1	8	4	2	6	9	5	7
7	9	5	8	6	2	1	4	3

Medium - 265

8	9	1	5	6	2	3	7	4
7	6	2	4	9	8	1	5	3
3	5	7	1	8	4	6	2	9
9	1	5	3	7	6	2	4	8
2	3	4	8	5	1	7	9	6
6	7	3	2	4	9	5	8	1
4	2	9	6	1	5	8	3	7
1	4	8	7	2	3	9	6	5
5	8	6	9	3	7	4	1	2

Medium - 266

4	5	3	9	6	7	2	8	1
2	8	1	7	3	4	6	5	9
9	6	7	3	8	2	4	1	5
7	1	4	2	5	9	8	3	6
3	2	8	5	1	6	9	7	4
6	9	5	8	4	1	3	2	7
8	4	9	1	7	3	5	6	2
1	3	2	6	9	5	7	4	8
5	7	6	4	2	8	1	9	3

Medium - 267

1	8	2	9	7	3	5	4	6
4	6	3	7	2	1	8	9	5
5	3	9	8	1	6	4	7	2
7	1	4	5	6	2	9	8	3
3	4	8	2	5	7	1	6	9
2	7	1	6	9	4	3	5	8
6	9	5	1	4	8	2	3	7
8	5	6	4	3	9	7	2	1
9	2	7	3	8	5	6	1	4

Medium - 268

5	9	7	2	4	3	8	1	6
3	6	8	1	7	2	9	4	5
1	4	5	3	6	9	7	2	8
2	8	6	9	1	7	4	5	3
9	7	2	4	5	8	6	3	1
4	3	1	6	8	5	2	7	9
7	5	3	8	2	6	1	9	4
6	1	9	7	3	4	5	8	2
8	2	4	5	9	1	3	6	7

Medium - 269

4	9	6	7	8	2	5	1	3
1	8	7	2	4	3	9	5	6
3	5	4	9	7	6	1	2	8
2	6	1	8	3	5	4	9	7
9	4	5	6	2	8	3	7	1
5	3	8	1	9	4	7	6	2
7	2	3	5	6	1	8	4	9
8	7	2	4	1	9	6	3	5
6	1	9	3	5	7	2	8	4

Medium - 270

9	3	1	4	8	6	7	2	5
8	2	7	5	4	1	9	3	6
1	6	9	8	2	4	3	5	7
3	4	5	7	6	9	8	1	2
2	1	6	3	5	7	4	8	9
5	7	3	9	1	8	2	6	4
6	8	4	2	9	3	5	7	1
7	9	2	6	3	5	1	4	8
4	5	8	1	7	2	6	9	3

Medium - 271

5	9	3	8	4	7	2	1	6
9	5	2	4	1	6	3	8	7
2	3	7	6	8	1	4	9	5
8	1	6	7	9	2	5	4	3
1	7	4	3	5	9	6	2	8
3	2	8	5	6	4	1	7	9
6	4	5	1	7	8	9	3	2
4	8	9	2	3	5	7	6	1
7	6	1	9	2	3	8	5	4

Medium - 272

2	1	9	7	6	3	5	4	8
5	2	8	4	9	6	1	3	7
1	8	7	5	3	4	6	9	2
9	7	6	1	5	2	3	8	4
4	5	3	2	7	9	8	6	1
6	3	4	9	8	1	2	7	5
7	9	2	6	1	8	4	5	3
8	4	5	3	2	7	9	1	6
3	6	1	8	4	5	7	2	9

Medium - 273

9	4	1	8	7	5	3	2	6
2	5	7	6	9	3	4	1	8
3	6	8	2	4	1	9	7	5
4	1	6	7	5	8	2	9	3
5	3	4	9	1	6	7	8	2
6	8	9	5	2	7	1	3	4
1	7	2	3	8	4	5	6	9
7	2	3	4	6	9	8	5	1
8	9	5	1	3	2	6	4	7

Medium - 274

8	1	2	5	4	6	3	7	9
5	9	4	6	7	8	1	2	3
3	5	7	2	9	1	8	6	4
2	7	3	4	1	9	6	8	5
9	3	6	8	2	7	4	5	1
4	6	1	3	8	5	2	9	7
1	8	5	7	6	4	9	3	2
7	4	8	9	3	2	5	1	6
6	2	9	1	5	3	7	4	8

Medium - 275

2	1	4	6	9	8	5	7	3
7	5	8	9	1	3	4	6	2
8	9	3	2	5	7	6	1	4
6	3	7	1	8	2	9	4	5
5	4	2	7	3	6	1	9	8
4	6	5	8	2	9	7	3	1
9	8	1	5	6	4	3	2	7
3	2	6	4	7	1	8	5	9
1	7	9	3	4	5	2	8	6

Medium - 276

8	4	1	5	9	6	3	2	7
6	5	8	4	3	1	2	7	9
3	7	9	2	6	4	8	1	5
1	8	6	9	7	3	5	4	2
4	2	5	3	1	7	9	6	8
2	9	3	6	4	8	7	5	1
5	3	7	1	8	2	6	9	4
7	1	2	8	5	9	4	3	6
9	6	4	7	2	5	1	8	3

Medium - 277

6	7	2	3	9	4	8	5	1
1	4	6	7	2	5	3	9	8
3	5	7	1	6	8	2	4	9
9	8	1	6	7	3	4	2	5
5	2	4	9	3	6	1	8	7
2	9	8	4	1	7	5	6	3
7	6	5	2	8	1	9	3	4
4	1	3	8	5	9	6	7	2
8	3	9	5	4	2	7	1	6

Medium - 278

8	9	5	2	1	7	4	3	6
4	3	6	7	5	1	8	9	2
1	2	4	9	3	8	6	7	5
9	5	1	3	8	6	7	2	4
2	4	7	8	6	9	3	5	1
6	1	2	4	7	5	9	8	3
3	7	9	5	2	4	1	6	8
7	8	3	6	4	2	5	1	9
5	6	8	1	9	3	2	4	7

Medium - 279

7	1	4	2	3	8	5	6	9
9	4	8	1	5	3	6	2	7
6	8	5	4	9	7	2	3	1
2	3	6	7	1	9	4	8	5
5	2	3	8	4	1	9	7	6
3	9	7	6	8	2	1	5	4
1	6	9	3	7	5	8	4	2
8	5	2	9	6	4	7	1	3
4	7	1	5	2	6	3	9	8

Medium - 280

4	3	1	9	7	8	5	2	6
9	8	2	3	5	6	4	1	7
6	7	5	1	2	4	9	8	3
8	4	6	2	3	1	7	5	9
3	6	8	7	9	5	1	4	2
2	5	9	4	8	3	6	7	1
1	2	7	6	4	9	8	3	5
5	1	3	8	6	7	2	9	4
7	9	4	5	1	2	3	6	8

Medium - 281

3	5	9	1	2	8	7	6	4
2	8	6	7	1	4	5	9	3
7	2	4	9	5	6	3	1	8
5	4	3	8	6	1	9	7	2
1	9	8	3	7	5	4	2	6
9	3	7	6	4	2	8	5	1
4	6	5	2	8	9	1	3	7
6	7	1	4	9	3	2	8	5
8	1	2	5	3	7	6	4	9

Medium - 282

4	8	9	5	1	3	2	7	6
7	4	5	8	3	1	6	2	9
2	6	1	7	9	5	3	8	4
6	5	8	4	2	9	7	1	3
1	3	6	2	7	8	9	4	5
9	7	4	3	5	2	1	6	8
5	2	3	1	8	6	4	9	7
3	1	7	9	6	4	8	5	2
8	9	2	6	4	7	5	3	1

Medium - 283

1	8	3	2	9	7	4	6	5
8	6	9	7	3	4	2	5	1
7	5	2	4	1	6	3	8	9
9	2	4	3	5	1	8	7	6
6	4	8	5	2	9	1	3	7
2	3	7	1	6	8	5	9	4
3	7	1	9	4	5	6	2	8
4	9	5	6	8	3	7	1	2
5	1	6	8	7	2	9	4	3

Medium - 284

8	2	6	3	7	5	1	9	4
7	1	8	6	3	9	4	5	2
9	4	5	7	6	2	3	1	8
5	8	9	2	1	4	7	3	6
4	6	7	9	5	3	2	8	1
1	5	3	4	2	6	8	7	9
3	9	2	1	8	7	6	4	5
2	7	4	8	9	1	5	6	3
6	3	1	5	4	8	9	2	7

Medium - 285

2	8	9	1	4	7	3	6	5
7	6	5	3	2	4	9	8	1
4	3	8	6	5	9	1	7	2
9	1	6	7	8	5	2	4	3
8	5	2	4	1	6	7	3	9
1	7	3	8	9	2	6	5	4
3	4	1	2	6	8	5	9	7
6	9	7	5	3	1	4	2	8
5	2	4	9	7	3	8	1	6

Medium - 286

2	3	5	1	7	4	8	9	6
7	4	8	5	2	9	3	6	1
6	1	7	4	9	3	5	8	2
5	9	2	6	8	7	1	4	3
3	6	9	7	1	8	2	5	4
8	5	3	2	4	6	9	1	7
4	8	1	9	6	2	7	3	5
9	7	4	3	5	1	6	2	8
1	2	6	8	3	5	4	7	9

Medium - 287

4	5	9	8	6	2	1	7	3
3	2	4	7	1	9	6	5	8
7	8	2	1	3	6	9	4	5
9	6	7	5	8	3	2	1	4
6	9	5	4	7	1	3	8	2
1	3	8	2	5	4	7	9	6
5	1	3	6	9	8	4	2	7
2	7	1	3	4	5	8	6	9
8	4	6	9	2	7	5	3	1

Medium - 288

5	8	1	6	9	7	3	2	4
4	3	8	7	2	5	6	1	9
6	7	2	5	4	9	1	3	8
1	5	4	2	3	8	7	9	6
2	1	9	3	6	4	8	5	7
8	4	3	9	7	1	5	6	2
3	6	7	8	5	2	9	4	1
7	9	6	4	1	3	2	8	5
9	2	5	1	8	6	4	7	3

Medium - 289

1	6	9	8	2	3	5	4	7
7	3	5	1	6	4	8	2	9
5	7	8	9	4	2	1	3	6
3	4	2	6	8	5	7	9	1
4	9	1	2	5	8	6	7	3
8	2	3	5	7	1	9	6	4
6	5	7	3	1	9	4	8	2
9	1	4	7	3	6	2	5	8
2	8	6	4	9	7	3	1	5

Medium - 290

6	7	3	8	1	9	5	4	2
2	4	5	1	9	7	6	8	3
1	5	4	7	3	8	2	6	9
9	2	8	3	5	6	4	1	7
5	1	2	6	4	3	7	9	8
4	3	7	9	2	1	8	5	6
3	8	1	5	6	2	9	7	4
8	9	6	4	7	5	3	2	1
7	6	9	2	8	4	1	3	5

Medium - 291

5	3	8	7	4	6	1	9	2
6	1	4	5	9	8	2	7	3
9	2	1	6	7	3	4	8	5
1	4	7	2	6	9	3	5	8
3	9	5	1	8	2	7	6	4
8	6	9	3	2	4	5	1	7
7	5	2	8	3	1	9	4	6
4	8	3	9	5	7	6	2	1
2	7	6	4	1	5	8	3	9

Medium - 292

9	3	7	1	8	2	4	6	5
1	5	6	4	9	8	2	3	7
8	4	3	5	6	7	1	9	2
7	2	5	8	4	3	6	1	9
2	7	1	6	5	9	3	4	8
4	1	8	7	2	6	9	5	3
5	6	2	9	3	4	8	7	1
6	8	9	3	7	1	5	2	4
3	9	4	2	1	5	7	8	6

Medium - 293

2	8	3	9	1	4	7	5	6
6	7	1	5	2	8	4	9	3
4	9	5	6	3	7	1	2	8
5	1	6	8	4	2	9	3	7
9	4	2	7	5	3	8	6	1
8	3	4	1	6	9	5	7	2
7	2	9	3	8	1	6	4	5
1	5	7	2	9	6	3	8	4
3	6	8	4	7	5	2	1	9

Medium - 294

4	1	2	5	8	3	6	9	7
1	3	9	7	6	4	5	2	8
5	9	4	8	3	1	7	6	2
7	6	3	2	4	9	8	5	1
8	5	6	1	7	2	9	4	3
3	2	7	4	9	6	1	8	5
6	7	5	9	2	8	3	1	4
9	4	8	3	1	5	2	7	6
2	8	1	6	5	7	4	3	9

Medium - 295

4	2	8	1	6	5	9	3	7
7	6	3	5	8	1	2	9	4
3	7	9	2	1	4	5	8	6
9	8	5	6	4	3	7	2	1
1	4	7	8	2	9	3	6	5
6	5	2	7	9	8	1	4	3
2	3	1	4	5	6	8	7	9
8	1	6	9	3	7	4	5	2
5	9	4	3	7	2	6	1	8

Medium - 296

4	2	7	3	9	8	5	1	6
8	6	1	5	2	9	3	4	7
1	3	2	8	4	7	9	6	5
6	5	9	4	3	1	2	7	8
3	1	4	7	8	5	6	9	2
7	8	6	9	5	3	1	2	4
9	7	5	2	6	4	8	3	1
2	9	8	1	7	6	4	5	3
5	4	3	6	1	2	7	8	9

Medium - 297

2	5	6	4	8	1	9	3	7
5	3	1	9	2	8	7	6	4
6	9	8	7	3	5	1	4	2
3	1	7	2	5	4	8	9	6
1	6	4	3	9	7	2	8	5
9	2	3	1	7	6	4	5	8
8	7	5	6	4	9	3	2	1
4	8	2	5	1	3	6	7	9
7	4	9	8	6	2	5	1	3

Medium - 298

2	6	8	5	3	1	7	4	9
7	1	4	9	2	8	3	5	6
9	8	6	7	1	4	2	3	5
5	3	1	6	4	7	8	9	2
8	4	9	3	5	2	1	6	7
6	9	5	2	7	3	4	1	8
1	2	3	8	6	9	5	7	4
4	5	7	1	8	6	9	2	3
3	7	2	4	9	5	6	8	1

Medium - 299

9	5	6	1	2	8	3	7	4
8	2	5	3	7	6	9	4	1
4	1	7	6	3	2	5	8	9
5	6	1	7	9	4	8	3	2
7	4	3	2	8	9	1	5	6
1	9	8	5	4	3	6	2	7
3	7	4	9	6	5	2	1	8
6	3	2	8	1	7	4	9	5
2	8	9	4	5	1	7	6	3

Medium - 300

4	9	8	3	7	6	1	5	2
2	1	6	5	8	3	9	4	7
7	5	3	9	2	1	8	6	4
8	6	9	4	3	5	7	2	1
9	4	1	2	6	7	5	8	3
1	7	5	8	4	2	6	3	9
5	3	2	6	1	9	4	7	8
6	2	4	7	9	8	3	1	5
3	8	7	1	5	4	2	9	6

Hard - 1

2	7	4	6	8	3	5	9	1
5	6	1	9	7	4	2	3	8
3	8	2	4	9	1	7	6	5
8	1	3	5	6	9	4	2	7
6	4	7	1	3	5	9	8	2
7	2	9	3	4	8	1	5	6
9	3	5	8	1	2	6	7	4
1	5	8	7	2	6	3	4	9
4	9	6	2	5	7	8	1	3

Hard - 2

3	5	7	1	2	9	6	8	4
2	9	1	4	7	5	8	3	6
6	4	3	8	5	1	7	9	2
5	7	8	6	3	2	9	4	1
9	6	5	7	4	3	1	2	8
4	8	2	9	1	7	3	6	5
1	3	9	2	6	8	4	5	7
7	2	4	3	8	6	5	1	9
8	1	6	5	9	4	2	7	3

Hard - 3

4	2	5	1	7	9	6	8	3
8	9	2	4	6	1	3	7	5
1	5	7	8	3	6	9	4	2
2	4	9	5	1	7	8	3	6
5	3	6	9	2	8	7	1	4
6	8	1	2	4	3	5	9	7
9	1	3	7	5	2	4	6	8
3	7	8	6	9	4	2	5	1
7	6	4	3	8	5	1	2	9

Hard - 4

9	6	5	1	7	8	4	3	2
7	3	9	4	6	1	2	5	8
1	5	6	2	8	4	7	9	3
8	7	2	3	4	9	5	6	1
4	1	3	8	9	5	6	2	7
2	4	8	9	1	6	3	7	5
6	2	1	7	5	3	9	8	4
5	8	7	6	3	2	1	4	9
3	9	4	5	2	7	8	1	6

Hard - 5

2	8	6	1	7	9	4	3	5
5	4	3	6	1	8	9	7	2
9	6	5	3	4	7	2	1	8
4	1	7	8	2	3	5	9	6
8	5	9	2	6	1	3	4	7
7	3	2	5	9	4	8	6	1
3	2	1	4	5	6	7	8	9
6	9	4	7	8	2	1	5	3
1	7	8	9	3	5	6	2	4

Hard - 6

5	3	7	6	1	4	8	9	2
1	6	9	4	2	5	7	3	8
8	5	2	1	4	3	9	6	7
2	9	6	7	8	1	3	5	4
6	4	8	3	9	7	5	2	1
7	2	5	9	3	8	1	4	6
9	1	4	8	5	6	2	7	3
4	8	3	5	7	2	6	1	9
3	7	1	2	6	9	4	8	5

Hard - 7

3	8	4	2	1	7	9	5	6
5	7	9	6	4	2	1	3	8
7	5	1	3	2	8	6	4	9
6	4	7	8	3	9	5	1	2
1	6	2	5	8	3	7	9	4
8	9	3	1	6	4	2	7	5
4	2	5	9	7	1	8	6	3
9	1	8	4	5	6	3	2	7
2	3	6	7	9	5	4	8	1

Hard - 8

2	1	3	6	7	9	4	8	5
5	7	6	4	8	2	1	3	9
8	9	4	1	3	5	7	6	2
9	6	8	2	4	1	3	5	7
3	5	7	9	2	8	6	1	4
4	8	5	3	9	6	2	7	1
1	2	9	5	6	7	8	4	3
6	3	2	7	1	4	5	9	8
7	4	1	8	5	3	9	2	6

Hard - 9

5	6	4	2	3	9	1	8	7
1	9	2	7	8	4	3	6	5
3	8	9	5	7	2	6	4	1
7	5	8	1	4	6	9	2	3
2	4	1	3	6	8	7	5	9
4	1	6	9	2	7	5	3	8
6	7	3	4	1	5	8	9	2
9	2	7	8	5	3	4	1	6
8	3	5	6	9	1	2	7	4

Hard - 10

6	1	3	7	5	8	9	2	4
5	8	2	4	7	1	6	3	9
9	5	8	1	4	3	2	7	6
4	2	7	9	3	6	8	5	1
7	6	4	5	1	2	3	9	8
1	4	9	3	8	5	7	6	2
3	7	1	6	2	9	4	8	5
8	9	5	2	6	7	1	4	3
2	3	6	8	9	4	5	1	7

Hard - 11

8	6	1	7	4	9	3	2	5
2	4	3	9	5	1	7	8	6
4	9	6	2	3	8	1	5	7
6	5	8	3	7	4	9	1	2
1	7	5	6	2	3	4	9	8
7	8	2	1	9	5	6	3	4
5	3	9	4	6	2	8	7	1
9	2	7	8	1	6	5	4	3
3	1	4	5	8	7	2	6	9

Hard - 12

5	6	9	2	1	3	8	7	4
8	4	7	3	6	5	2	9	1
7	2	1	5	9	8	4	3	6
3	8	6	9	4	1	7	2	5
4	3	8	6	2	9	5	1	7
9	1	4	7	5	2	3	6	8
1	5	2	4	3	7	6	8	9
2	9	5	8	7	6	1	4	3
6	7	3	1	8	4	9	5	2

Hard - 13

2	4	6	1	9	5	8	7	3
3	7	1	5	8	6	9	4	2
7	6	3	9	5	2	1	8	4
8	9	4	2	3	7	5	1	6
1	2	7	3	6	8	4	9	5
6	5	8	4	7	1	3	2	9
4	1	5	6	2	9	7	3	8
9	8	2	7	4	3	6	5	1
5	3	9	8	1	4	2	6	7

Hard - 14

5	3	9	4	7	1	8	6	2
7	5	3	2	8	6	1	9	4
6	2	7	1	9	8	4	3	5
1	4	2	5	6	3	9	8	7
9	8	4	3	5	2	7	1	6
8	6	1	9	4	7	2	5	3
2	7	8	6	1	5	3	4	9
4	1	6	7	3	9	5	2	8
3	9	5	8	2	4	6	7	1

Hard - 15

6	1	3	9	4	8	7	2	5
7	3	5	8	1	2	9	4	6
8	9	2	5	7	6	4	3	1
4	7	9	6	3	1	8	5	2
2	5	4	1	6	9	3	7	8
3	2	8	4	5	7	1	6	9
1	8	6	7	2	3	5	9	4
9	4	7	2	8	5	6	1	3
5	6	1	3	9	4	2	8	7

Hard - 16

6	2	3	7	8	1	5	4	9
8	9	5	1	4	6	2	3	7
5	4	9	3	7	8	1	2	6
2	7	4	9	1	5	3	6	8
3	1	8	5	6	4	7	9	2
9	3	6	2	5	7	8	1	4
1	8	2	4	9	3	6	7	5
4	6	7	8	3	2	9	5	1
7	5	1	6	2	9	4	8	3

Hard - 17

3	1	7	8	9	5	6	4	2
5	9	4	3	7	1	2	8	6
6	8	2	1	3	9	5	7	4
7	2	5	4	6	8	9	1	3
4	5	1	2	8	3	7	6	9
1	6	9	7	4	2	8	3	5
8	3	6	9	2	7	4	5	1
2	4	8	5	1	6	3	9	7
9	7	3	6	5	4	1	2	8

Hard - 18

7	3	6	4	9	5	2	1	8
1	8	2	5	4	7	6	3	9
8	1	4	9	5	3	7	6	2
2	5	7	3	1	4	9	8	6
9	4	5	1	8	6	3	2	7
3	6	9	2	7	8	5	4	1
6	9	8	7	2	1	4	5	3
4	2	1	6	3	9	8	7	5
5	7	3	8	6	2	1	9	4

Hard - 19

9	8	6	2	3	7	4	5	1
5	7	2	1	4	3	9	8	6
7	1	4	6	2	8	5	3	9
4	9	3	8	6	5	1	2	7
6	3	5	7	8	1	2	9	4
3	6	9	4	1	2	8	7	5
2	4	7	9	5	6	3	1	8
1	5	8	3	9	4	7	6	2
8	2	1	5	7	9	6	4	3

Hard - 20

7	8	3	4	2	5	9	1	6
6	1	2	8	5	9	7	4	3
9	5	4	6	3	7	1	8	2
8	3	6	7	1	4	2	5	9
4	6	9	3	7	1	5	2	8
5	2	7	1	9	8	3	6	4
1	9	5	2	4	6	8	3	7
2	7	8	5	6	3	4	9	1
3	4	1	9	8	2	6	7	5

Hard - 21

4	3	2	8	9	6	7	1	5
6	4	7	5	2	9	1	8	3
9	1	6	3	8	4	5	2	7
8	7	5	2	1	3	6	9	4
1	2	4	6	5	7	9	3	8
5	8	3	9	7	1	4	6	2
7	6	8	1	4	2	3	5	9
2	9	1	7	3	5	8	4	6
3	5	9	4	6	8	2	7	1

Hard - 22

9	1	3	5	6	8	4	2	7
7	2	8	4	9	5	1	6	3
6	8	2	3	7	1	5	4	9
5	3	1	6	4	7	8	9	2
4	7	9	1	8	2	6	3	5
3	4	7	2	5	6	9	8	1
1	6	5	9	2	4	3	7	8
8	5	4	7	3	9	2	1	6
2	9	6	8	1	3	7	5	4

Hard - 23

4	1	2	3	7	5	8	6	9
8	5	7	6	3	9	2	4	1
3	9	5	8	4	6	1	2	7
6	2	4	1	8	7	9	5	3
7	3	9	5	1	2	6	8	4
9	8	6	7	5	1	4	3	2
1	4	8	9	2	3	5	7	6
5	7	1	2	6	4	3	9	8
2	6	3	4	9	8	7	1	5

Hard - 24

2	9	6	1	4	7	3	8	5
7	1	4	3	5	8	9	2	6
4	6	5	2	8	3	1	9	7
3	7	8	9	1	6	2	5	4
1	5	3	6	9	2	4	7	8
8	4	9	7	2	5	6	3	1
9	2	7	5	6	1	8	4	3
6	3	2	8	7	4	5	1	9
5	8	1	4	3	9	7	6	2

Hard - 25

9	1	5	3	8	6	7	4	2
5	6	7	9	2	4	8	3	1
2	7	4	6	1	3	5	9	8
3	8	2	1	9	5	4	6	7
4	3	6	8	7	2	1	5	9
1	5	9	7	4	8	6	2	3
6	9	8	4	3	7	2	1	5
7	2	1	5	6	9	3	8	4
8	4	3	2	5	1	9	7	6

Hard - 26

9	5	1	2	7	6	4	3	8
6	4	3	8	1	5	9	2	7
3	8	9	7	6	4	1	5	2
4	7	5	3	2	1	8	6	9
5	1	4	9	8	3	2	7	6
8	3	2	6	5	9	7	4	1
2	9	8	5	3	7	6	1	4
1	6	7	4	9	2	3	8	5
7	2	6	1	4	8	5	9	3

Hard - 27

4	7	2	6	3	9	1	8	5
7	2	9	3	5	1	8	4	6
8	6	5	1	4	3	9	7	2
9	8	4	7	6	2	5	3	1
1	5	6	2	8	4	7	9	3
3	9	1	4	7	5	2	6	8
2	3	7	8	1	6	4	5	9
5	4	3	9	2	8	6	1	7
6	1	8	5	9	7	3	2	4

Hard - 28

1	5	7	8	2	6	4	3	9
4	2	3	1	9	5	6	7	8
9	8	4	6	7	3	2	5	1
8	6	1	7	4	9	5	2	3
2	7	5	9	3	4	1	8	6
6	3	9	4	5	2	8	1	7
3	1	6	2	8	7	9	4	5
7	4	8	5	6	1	3	9	2
5	9	2	3	1	8	7	6	4

Hard - 29

2	4	1	8	3	9	7	6	5
3	8	6	2	9	4	5	7	1
8	5	2	7	4	1	6	9	3
7	1	3	9	5	6	4	2	8
4	9	8	1	6	5	2	3	7
1	6	5	3	7	2	9	8	4
6	3	7	5	2	8	1	4	9
5	2	9	4	8	7	3	1	6
9	7	4	6	1	3	8	5	2

Hard - 30

3	9	5	7	8	1	4	2	6
1	6	4	2	3	5	9	8	7
6	4	7	8	2	9	1	3	5
9	7	8	1	5	3	2	6	4
5	3	2	6	4	8	7	9	1
8	5	9	4	6	7	3	1	2
2	8	1	3	7	4	6	5	9
7	1	6	5	9	2	8	4	3
4	2	3	9	1	6	5	7	8

Hard - 31

4	8	9	5	1	7	3	2	6
6	1	3	2	5	9	4	8	7
8	2	7	1	6	3	9	5	4
1	4	5	8	7	2	6	9	3
7	9	6	4	2	1	5	3	8
5	3	1	7	8	6	2	4	9
2	7	4	3	9	8	1	6	5
3	6	8	9	4	5	7	1	2
9	5	2	6	3	4	8	7	1

Hard - 32

6	9	8	3	2	4	1	7	5
1	4	6	7	9	5	8	2	3
7	5	1	4	8	2	3	9	6
3	2	5	8	4	9	7	6	1
2	3	7	6	5	1	9	4	8
5	1	4	2	7	3	6	8	9
4	8	9	5	3	6	2	1	7
9	7	3	1	6	8	4	5	2
8	6	2	9	1	7	5	3	4

Hard - 33

4	3	6	8	7	5	9	2	1
7	9	2	1	5	4	8	6	3
1	8	5	6	4	7	2	3	9
8	1	4	9	3	2	6	7	5
2	7	8	3	6	9	5	1	4
3	6	9	4	2	1	7	5	8
6	4	7	5	1	8	3	9	2
9	5	3	2	8	6	1	4	7
5	2	1	7	9	3	4	8	6

Hard - 34

6	1	4	5	3	8	2	9	7
4	6	2	8	7	9	3	1	5
3	5	9	2	6	7	8	4	1
8	9	7	1	5	6	4	2	3
1	7	3	4	2	5	6	8	9
7	2	5	3	9	4	1	6	8
9	4	8	6	1	3	5	7	2
2	3	6	7	8	1	9	5	4
5	8	1	9	4	2	7	3	6

Hard - 35

8	9	4	6	1	7	5	2	3
5	7	6	3	8	2	9	1	4
2	1	5	9	7	6	4	3	8
3	6	9	4	5	8	2	7	1
4	2	8	5	3	1	7	9	6
1	8	3	7	2	9	6	4	5
6	3	7	1	9	4	8	5	2
9	4	1	2	6	5	3	8	7
7	5	2	8	4	3	1	6	9

Hard - 36

5	4	1	3	6	7	9	8	2
1	2	9	8	4	3	6	7	5
8	7	4	5	1	2	3	9	6
3	5	2	6	7	8	4	1	9
7	6	3	4	2	9	8	5	1
6	9	8	2	3	5	1	4	7
2	3	5	1	9	4	7	6	8
4	1	7	9	8	6	5	2	3
9	8	6	7	5	1	2	3	4

Hard - 37

4	8	5	3	2	7	9	6	1
6	2	3	4	9	1	7	8	5
9	7	1	5	6	8	2	4	3
3	1	7	2	5	4	8	9	6
2	6	8	1	4	9	3	5	7
8	9	6	7	3	5	1	2	4
1	4	9	6	8	3	5	7	2
7	5	4	8	1	2	6	3	9
5	3	2	9	7	6	4	1	8

Hard - 38

1	6	3	9	5	7	8	4	2
2	4	9	3	8	1	6	7	5
7	5	8	2	6	4	9	3	1
5	2	4	6	1	8	7	9	3
4	3	1	7	2	9	5	6	8
9	8	6	5	4	2	3	1	7
8	9	5	4	7	3	1	2	6
6	7	2	1	3	5	4	8	9
3	1	7	8	9	6	2	5	4

Hard - 39

3	5	8	6	7	1	2	9	4
6	7	2	9	4	3	5	1	8
8	3	9	7	5	6	1	4	2
5	2	1	4	3	8	9	7	6
7	6	4	1	9	2	8	5	3
4	1	6	3	2	5	7	8	9
9	8	5	2	1	4	6	3	7
2	4	7	5	8	9	3	6	1
1	9	3	8	6	7	4	2	5

Hard - 40

5	7	4	9	6	8	1	3	2
2	8	3	1	5	4	7	9	6
6	2	5	8	7	9	4	1	3
9	5	1	3	4	7	2	6	8
7	6	9	4	3	1	8	2	5
1	4	2	7	8	6	3	5	9
3	1	8	6	9	2	5	7	4
4	9	7	5	2	3	6	8	1
8	3	6	2	1	5	9	4	7

Hard - 41

4	1	3	7	2	8	9	6	5
2	9	6	4	1	7	5	3	8
8	5	9	2	6	4	3	7	1
7	3	8	1	5	9	6	4	2
1	2	7	6	8	3	4	5	9
5	6	4	3	9	1	2	8	7
3	8	5	9	4	2	7	1	6
6	7	2	8	3	5	1	9	4
9	4	1	5	7	6	8	2	3

Hard - 42

2	7	4	1	8	3	6	9	5
9	3	5	2	7	4	1	6	8
8	6	3	5	1	2	4	7	9
6	2	8	4	3	5	9	1	7
3	1	9	7	2	8	5	4	6
7	4	1	9	5	6	8	3	2
1	8	2	3	6	9	7	5	4
5	9	7	6	4	1	2	8	3
4	5	6	8	9	7	3	2	1

Hard - 43

1	2	8	3	4	7	5	9	6
9	6	5	2	3	8	7	4	1
6	8	1	9	7	3	4	5	2
2	4	6	8	9	5	1	7	3
4	9	7	5	1	2	3	6	8
5	7	3	4	8	1	6	2	9
7	3	2	6	5	9	8	1	4
3	1	4	7	2	6	9	8	5
8	5	9	1	6	4	2	3	7

Hard - 44

2	8	4	1	6	9	3	7	5
3	9	1	7	5	8	2	4	6
5	4	8	2	7	6	9	3	1
7	2	9	5	1	4	8	6	3
1	3	6	4	2	7	5	8	9
4	6	3	9	8	2	1	5	7
9	7	2	6	3	5	4	1	8
6	1	5	8	9	3	7	2	4
8	5	7	3	4	1	6	9	2

Hard - 45

9	7	8	4	3	5	2	1	6
5	3	9	1	2	6	8	4	7
8	2	6	7	5	1	4	3	9
4	6	1	2	8	7	3	9	5
1	8	4	3	7	9	6	5	2
2	5	7	9	4	8	1	6	3
3	9	5	6	1	4	7	2	8
7	1	3	5	6	2	9	8	4
6	4	2	8	9	3	5	7	1

Hard - 46

8	3	4	5	9	6	1	7	2
9	6	3	7	4	8	2	1	5
1	2	5	3	7	9	6	4	8
2	1	9	6	8	4	5	3	7
4	5	7	8	2	1	3	9	6
7	8	2	1	5	3	9	6	4
5	9	6	4	1	7	8	2	3
6	4	1	2	3	5	7	8	9
3	7	8	9	6	2	4	5	1

Hard - 47

2	4	6	1	7	8	5	3	9
7	9	3	8	5	1	2	6	4
3	8	1	6	2	9	4	7	5
9	2	8	5	6	3	1	4	7
6	7	5	9	4	2	8	1	3
1	5	4	7	3	6	9	2	8
4	1	2	3	8	5	7	9	6
8	3	9	4	1	7	6	5	2
5	6	7	2	9	4	3	8	1

Hard - 48

6	9	1	3	4	2	7	5	8
7	5	3	2	8	1	4	6	9
9	4	8	1	6	7	5	3	2
1	7	2	6	5	3	9	8	4
3	6	5	9	2	8	1	4	7
2	8	7	4	1	6	3	9	5
8	2	4	5	7	9	6	1	3
4	1	9	8	3	5	2	7	6
5	3	6	7	9	4	8	2	1

Hard - 49

2	8	7	5	9	1	3	4	6
9	4	6	3	8	2	1	5	7
1	7	9	8	4	3	6	2	5
5	2	4	6	1	7	9	8	3
3	6	1	7	5	4	2	9	8
7	5	8	2	3	9	4	6	1
8	3	5	4	2	6	7	1	9
6	1	2	9	7	5	8	3	4
4	9	3	1	6	8	5	7	2

Hard - 50

6	9	1	4	7	3	8	5	2
3	5	2	7	9	8	6	4	1
7	6	8	5	4	2	1	3	9
5	8	4	2	1	9	3	7	6
1	4	5	8	3	6	2	9	7
8	1	7	9	6	4	5	2	3
4	2	3	1	8	7	9	6	5
9	7	6	3	2	5	4	1	8
2	3	9	6	5	1	7	8	4

Hard - 51

5	9	1	8	6	3	7	2	4
8	6	5	4	7	1	2	9	3
4	7	2	1	5	9	3	6	8
3	4	9	6	2	8	5	7	1
2	8	3	9	4	7	6	1	5
6	1	7	5	9	4	8	3	2
1	5	4	2	3	6	9	8	7
9	3	8	7	1	2	4	5	6
7	2	6	3	8	5	1	4	9

Hard - 52

3	9	7	2	5	4	6	1	8
8	7	4	5	3	9	1	2	6
2	5	1	9	8	6	7	4	3
1	6	3	4	9	7	2	8	5
6	3	5	8	1	2	4	7	9
4	2	8	7	6	5	3	9	1
9	1	2	6	4	8	5	3	7
5	4	9	1	7	3	8	6	2
7	8	6	3	2	1	9	5	4

Hard - 53

2	4	6	3	7	9	1	5	8
1	8	4	7	3	6	2	9	5
8	6	5	9	1	2	4	3	7
9	2	1	4	6	7	5	8	3
6	7	3	1	5	4	8	2	9
5	3	9	2	8	1	6	7	4
3	1	7	8	4	5	9	6	2
4	9	8	5	2	3	7	1	6
7	5	2	6	9	8	3	4	1

Hard - 54

6	8	2	1	3	9	5	4	7
3	2	8	5	4	7	1	9	6
1	7	4	6	9	5	2	3	8
5	9	3	8	7	6	4	2	1
4	5	9	7	1	2	8	6	3
8	3	1	2	6	4	9	7	5
7	4	6	9	5	1	3	8	2
2	1	7	4	8	3	6	5	9
9	6	5	3	2	8	7	1	4

Hard - 55

1	2	3	6	7	9	8	4	5
7	5	4	9	3	8	2	1	6
2	6	7	8	4	1	5	3	9
5	9	8	1	2	3	4	6	7
3	1	5	4	8	6	9	7	2
8	7	6	3	9	2	1	5	4
9	4	2	5	6	7	3	8	1
6	8	1	2	5	4	7	9	3
4	3	9	7	1	5	6	2	8

Hard - 56

2	6	3	9	1	4	8	5	7
8	7	5	6	2	1	3	9	4
5	1	7	8	4	2	6	3	9
9	3	4	5	7	8	2	1	6
3	9	6	1	8	5	4	7	2
1	8	9	4	6	7	5	2	3
7	4	2	3	5	6	9	8	1
4	2	8	7	9	3	1	6	5
6	5	1	2	3	9	7	4	8

Hard - 57

9	6	8	7	2	3	1	5	4
5	1	9	8	4	6	2	3	7
6	4	3	5	1	2	7	8	9
7	8	4	1	3	5	9	6	2
3	9	2	4	8	7	5	1	6
2	5	1	3	7	9	6	4	8
1	3	7	2	6	8	4	9	5
8	2	6	9	5	4	3	7	1
4	7	5	6	9	1	8	2	3

Hard - 58

4	5	8	6	7	3	2	9	1
6	8	1	3	2	9	5	4	7
1	9	2	8	6	4	7	3	5
3	2	7	4	5	1	9	6	8
2	7	3	1	9	5	6	8	4
7	6	9	5	3	8	4	1	2
5	1	6	9	4	2	8	7	3
8	4	5	7	1	6	3	2	9
9	3	4	2	8	7	1	5	6

Hard - 59

5	9	3	1	6	2	4	8	7
4	8	7	3	5	6	2	1	9
7	3	2	6	8	4	1	9	5
2	4	5	9	3	1	7	6	8
9	6	8	5	4	7	3	2	1
8	1	6	2	7	9	5	4	3
3	2	1	7	9	8	6	5	4
1	5	4	8	2	3	9	7	6
6	7	9	4	1	5	8	3	2

Hard - 60

6	5	9	1	8	3	7	2	4
4	3	5	8	9	1	6	7	2
1	2	7	3	5	6	8	4	9
7	8	4	2	6	9	1	3	5
3	9	6	4	2	7	5	8	1
8	1	2	6	7	5	4	9	3
9	7	3	5	1	4	2	6	8
5	6	8	9	4	2	3	1	7
2	4	1	7	3	8	9	5	6

Hard - 61

6	2	5	7	9	1	8	3	4
7	5	1	3	8	6	9	4	2
9	3	8	1	2	4	7	5	6
8	6	4	2	1	9	3	7	5
3	4	7	5	6	2	1	8	9
2	1	6	4	7	8	5	9	3
1	8	2	9	5	3	4	6	7
4	7	9	6	3	5	2	1	8
5	9	3	8	4	7	6	2	1

Hard - 62

7	9	8	4	1	6	5	3	2
6	4	3	8	5	7	2	9	1
2	8	5	3	9	1	4	7	6
9	3	1	2	4	5	8	6	7
1	5	6	7	3	4	9	2	8
4	6	2	9	7	8	1	5	3
5	1	7	6	2	9	3	8	4
3	7	4	5	8	2	6	1	9
8	2	9	1	6	3	7	4	5

Hard - 63

4	5	1	7	6	8	2	9	3
8	7	5	3	9	1	4	6	2
3	4	2	9	1	5	6	8	7
9	2	6	8	7	4	5	3	1
5	6	4	1	8	2	3	7	9
2	8	9	6	3	7	1	4	5
1	3	7	4	5	9	8	2	6
7	1	3	2	4	6	9	5	8
6	9	8	5	2	3	7	1	4

Hard - 64

4	9	3	8	5	2	7	6	1
3	7	4	9	2	5	6	1	8
8	4	2	6	1	9	3	5	7
5	3	6	1	7	8	4	9	2
9	5	7	2	8	6	1	3	4
6	2	8	3	4	1	5	7	9
2	1	5	4	3	7	9	8	6
7	6	1	5	9	4	8	2	3
1	8	9	7	6	3	2	4	5

Hard - 65

2	8	7	1	6	3	5	4	9
4	1	6	5	9	7	2	8	3
6	3	2	4	7	8	9	5	1
7	2	5	3	1	4	8	9	6
8	9	1	7	2	6	4	3	5
3	5	4	9	8	1	7	6	2
5	6	9	8	3	2	1	7	4
9	7	3	2	4	5	6	1	8
1	4	8	6	5	9	3	2	7

Hard - 66

4	2	6	9	5	1	8	3	7
3	5	7	1	8	2	9	6	4
9	6	2	3	7	8	4	5	1
7	1	8	4	9	3	6	2	5
6	8	5	7	3	4	2	1	9
2	4	9	5	1	6	3	7	8
5	9	3	8	6	7	1	4	2
8	3	1	2	4	5	7	9	6
1	7	4	6	2	9	5	8	3

Hard - 67

2	5	9	8	4	3	6	7	1
7	1	6	3	8	4	5	2	9
4	9	1	6	7	5	2	3	8
3	6	8	7	5	2	9	1	4
8	3	7	5	9	6	1	4	2
1	2	5	4	6	7	8	9	3
6	8	3	2	1	9	4	5	7
5	7	4	9	2	1	3	8	6
9	4	2	1	3	8	7	6	5

Hard - 68

3	7	8	5	4	1	2	9	6
4	2	6	1	3	7	9	5	8
8	1	9	4	2	6	5	3	7
7	9	3	6	5	2	1	8	4
9	3	7	8	6	5	4	2	1
1	4	2	9	7	3	8	6	5
2	8	5	3	1	4	6	7	9
6	5	1	2	9	8	7	4	3
5	6	4	7	8	9	3	1	2

Hard - 69

5	2	4	3	6	9	8	1	7
8	1	7	9	2	5	3	6	4
7	6	5	1	8	3	4	9	2
9	4	6	2	3	1	5	7	8
3	9	1	7	4	6	2	8	5
6	8	3	5	9	2	7	4	1
1	7	2	8	5	4	6	3	9
4	5	8	6	1	7	9	2	3
2	3	9	4	7	8	1	5	6

Hard - 70

9	3	6	2	4	7	8	1	5
6	1	3	4	7	9	2	5	8
2	5	8	7	9	1	6	4	3
5	4	9	8	6	2	7	3	1
7	2	4	1	3	8	5	9	6
3	7	5	9	1	6	4	8	2
1	9	2	6	8	5	3	7	4
8	6	7	3	5	4	1	2	9
4	8	1	5	2	3	9	6	7

Hard - 71

2	7	5	6	4	3	1	9	8
5	1	3	7	9	8	2	6	4
3	4	9	2	1	6	7	8	5
4	5	1	8	6	2	9	7	3
6	3	4	9	2	5	8	1	7
8	9	2	5	7	1	4	3	6
7	8	6	1	3	4	5	2	9
9	2	8	3	5	7	6	4	1
1	6	7	4	8	9	3	5	2

Hard - 72

8	2	4	6	3	7	9	1	5
7	1	9	3	4	5	2	8	6
5	8	7	2	9	1	6	3	4
6	3	2	5	1	9	7	4	8
3	4	6	8	7	2	1	5	9
9	6	1	7	5	4	8	2	3
4	9	8	1	2	3	5	6	7
1	5	3	9	6	8	4	7	2
2	7	5	4	8	6	3	9	1

Hard - 73

3	8	1	6	2	5	4	7	9
9	2	7	5	1	4	6	8	3
4	5	3	9	6	7	8	2	1
5	9	2	7	8	1	3	6	4
2	1	8	4	3	6	7	9	5
6	3	9	1	5	8	2	4	7
8	4	5	2	7	9	1	3	6
7	6	4	3	9	2	5	1	8
1	7	6	8	4	3	9	5	2

Hard - 74

1	9	3	8	5	6	7	2	4
4	5	9	7	1	8	2	6	3
9	6	8	2	7	5	4	3	1
7	4	1	3	9	2	6	8	5
5	1	4	6	2	3	8	9	7
3	7	2	9	8	4	5	1	6
2	3	7	5	6	1	9	4	8
6	8	5	4	3	9	1	7	2
8	2	6	1	4	7	3	5	9

Hard - 75

3	4	6	7	5	9	2	1	8
8	1	5	4	2	3	6	7	9
7	8	9	5	1	2	4	6	3
5	6	3	8	7	1	9	2	4
2	9	4	1	3	6	8	5	7
6	5	1	3	4	8	7	9	2
4	3	2	6	9	7	5	8	1
1	2	7	9	8	5	3	4	6
9	7	8	2	6	4	1	3	5

Hard - 76

9	5	8	4	3	1	7	6	2
3	9	2	7	5	4	6	1	8
2	1	9	5	6	8	3	7	4
4	7	6	8	1	3	5	2	9
8	3	4	6	2	5	1	9	7
6	4	1	2	7	9	8	5	3
5	8	3	1	9	7	2	4	6
1	2	7	9	8	6	4	3	5
7	6	5	3	4	2	9	8	1

Hard - 77

7	8	1	9	5	3	4	2	6
4	6	5	2	3	9	8	1	7
8	7	6	1	4	5	3	9	2
3	2	4	6	1	7	5	8	9
5	1	3	8	7	2	9	6	4
2	9	7	4	8	6	1	5	3
6	4	2	5	9	8	7	3	1
9	3	8	7	6	1	2	4	5
1	5	9	3	2	4	6	7	8

Hard - 78

1	4	8	3	2	9	7	5	6
5	6	1	4	7	3	8	2	9
7	8	5	9	6	1	2	4	3
9	3	7	6	4	2	5	8	1
2	5	6	8	1	4	3	9	7
8	9	2	5	3	7	1	6	4
6	7	3	2	9	5	4	1	8
3	2	4	1	8	6	9	7	5
4	1	9	7	5	8	6	3	2

Hard - 79

4	6	3	8	5	1	2	7	9
1	9	5	4	8	6	7	3	2
7	3	2	6	1	5	4	9	8
2	8	9	3	7	4	5	6	1
3	4	7	5	2	8	9	1	6
8	5	4	1	9	3	6	2	7
6	7	1	9	4	2	3	8	5
9	1	6	2	3	7	8	5	4
5	2	8	7	6	9	1	4	3

Hard - 80

8	7	2	5	9	1	3	6	4
2	5	8	9	1	7	4	3	6
4	1	6	3	2	8	5	7	9
7	9	3	6	4	5	2	8	1
3	6	1	2	7	4	9	5	8
9	4	5	8	3	6	7	1	2
1	3	4	7	6	2	8	9	5
6	8	9	4	5	3	1	2	7
5	2	7	1	8	9	6	4	3

Hard - 81

4	8	7	1	2	9	3	6	5
1	7	6	5	9	3	4	2	8
5	2	9	3	6	1	7	8	4
2	3	1	8	4	5	6	9	7
7	1	4	6	8	2	5	3	9
3	4	5	9	7	8	2	1	6
9	6	8	2	5	7	1	4	3
6	9	3	7	1	4	8	5	2
8	5	2	4	3	6	9	7	1

Hard - 82

5	6	1	7	9	8	4	3	2
2	3	8	4	6	9	5	7	1
9	5	4	8	1	3	7	2	6
7	2	3	6	4	1	8	9	5
1	8	9	3	7	5	2	6	4
3	4	2	9	5	6	1	8	7
8	7	6	1	2	4	9	5	3
6	1	5	2	8	7	3	4	9
4	9	7	5	3	2	6	1	8

Hard - 83

8	9	4	6	1	3	5	7	2
5	6	1	2	7	4	3	9	8
3	1	9	4	6	2	7	8	5
2	7	5	8	3	9	4	6	1
7	3	8	5	9	1	6	2	4
1	5	2	7	4	6	8	3	9
4	8	6	9	5	7	2	1	3
6	4	3	1	2	8	9	5	7
9	2	7	3	8	5	1	4	6

Hard - 84

5	1	8	6	3	9	2	4	7
3	2	6	7	4	8	9	5	1
9	4	7	1	5	2	8	6	3
2	6	1	9	7	3	5	8	4
7	5	4	3	8	6	1	2	9
8	3	5	2	1	7	4	9	6
1	7	2	4	9	5	6	3	8
6	9	3	8	2	4	7	1	5
4	8	9	5	6	1	3	7	2

Hard - 85

4	1	9	6	5	2	3	8	7
5	6	1	4	7	9	2	3	8
7	9	4	5	3	8	1	2	6
2	8	3	1	6	7	5	9	4
9	2	7	8	1	5	6	4	3
8	4	5	9	2	3	7	6	1
1	3	8	7	9	6	4	5	2
6	5	2	3	4	1	8	7	9
3	7	6	2	8	4	9	1	5

Hard - 86

2	6	4	9	7	5	8	3	1
3	8	5	1	6	9	7	2	4
7	3	9	8	5	6	4	1	2
6	5	1	2	4	8	9	7	3
9	4	2	7	3	1	5	8	6
1	7	8	3	2	4	6	5	9
4	2	6	5	8	3	1	9	7
8	9	7	6	1	2	3	4	5
5	1	3	4	9	7	2	6	8

Hard - 87

7	6	5	3	4	8	9	2	1
1	9	8	4	2	6	7	5	3
4	8	2	6	5	3	1	7	9
2	5	1	9	3	7	4	6	8
9	2	3	7	6	5	8	1	4
6	4	7	1	9	2	3	8	5
5	7	9	8	1	4	6	3	2
8	3	4	2	7	1	5	9	6
3	1	6	5	8	9	2	4	7

Hard - 88

7	5	3	4	2	8	6	1	9
6	9	8	2	7	1	5	4	3
2	7	1	5	3	4	9	6	8
5	4	6	1	8	9	3	2	7
8	6	2	7	9	3	1	5	4
1	8	9	3	5	2	4	7	6
9	1	4	8	6	7	2	3	5
3	2	7	6	4	5	8	9	1
4	3	5	9	1	6	7	8	2

Hard - 89

2	3	4	5	8	1	6	7	9
8	9	3	7	1	6	2	5	4
7	5	2	6	9	3	4	1	8
4	6	1	9	7	5	8	3	2
3	2	5	1	4	7	9	8	6
6	7	8	2	3	9	5	4	1
1	4	9	3	6	8	7	2	5
9	8	7	4	5	2	1	6	3
5	1	6	8	2	4	3	9	7

Hard - 90

3	9	4	1	5	6	7	8	2
6	7	5	3	8	2	1	4	9
2	1	8	5	3	4	9	6	7
1	4	2	9	6	7	8	5	3
4	3	7	2	1	8	5	9	6
5	8	9	6	7	3	4	2	1
7	2	3	8	9	5	6	1	4
8	6	1	4	2	9	3	7	5
9	5	6	7	4	1	2	3	8

Hard - 91

8	4	5	1	6	9	3	2	7
7	6	4	5	8	2	9	3	1
3	9	2	4	1	7	8	5	6
2	1	8	3	7	4	6	9	5
1	7	3	2	5	6	4	8	9
5	8	7	9	3	1	2	6	4
6	2	1	7	9	8	5	4	3
9	3	6	8	4	5	7	1	2
4	5	9	6	2	3	1	7	8

Hard - 92

1	8	9	2	3	7	4	5	6
8	5	7	6	4	1	9	2	3
6	2	4	3	7	9	5	1	8
4	1	5	7	6	3	2	8	9
7	6	3	9	5	2	8	4	1
9	3	2	5	8	4	1	6	7
2	7	8	1	9	5	6	3	4
5	9	6	4	1	8	3	7	2
3	4	1	8	2	6	7	9	5

Hard - 93

7	5	3	2	4	9	8	1	6
9	1	6	3	7	4	2	5	8
8	6	2	5	9	7	3	4	1
1	3	5	9	8	6	4	2	7
2	4	1	7	6	5	9	8	3
6	2	7	8	3	1	5	9	4
3	9	4	1	5	8	7	6	2
4	8	9	6	2	3	1	7	5
5	7	8	4	1	2	6	3	9

Hard - 94

3	2	4	5	8	1	6	7	9
1	4	3	7	9	6	2	5	8
7	6	8	9	2	4	1	3	5
2	7	6	1	4	5	8	9	3
8	5	9	3	6	7	4	1	2
5	8	1	2	3	9	7	4	6
9	1	2	8	7	3	5	6	4
6	3	7	4	5	8	9	2	1
4	9	5	6	1	2	3	8	7

Hard - 95

7	8	6	5	4	3	2	9	1
4	5	1	2	9	6	8	7	3
3	9	2	7	1	8	4	6	5
6	7	5	9	2	4	3	1	8
2	6	9	3	8	1	5	4	7
5	4	8	6	7	9	1	3	2
8	3	4	1	6	2	7	5	9
9	1	7	8	3	5	6	2	4
1	2	3	4	5	7	9	8	6

Hard - 96

3	4	5	1	8	9	6	7	2
8	9	6	5	7	2	1	3	4
6	1	2	7	3	4	5	9	8
7	8	9	3	1	6	4	2	5
2	5	4	6	9	7	3	8	1
5	3	8	4	2	1	9	6	7
9	6	7	2	4	5	8	1	3
1	2	3	9	5	8	7	4	6
4	7	1	8	6	3	2	5	9

Hard - 97

9	1	7	4	8	6	2	5	3
4	2	3	6	9	7	1	8	5
7	8	6	1	2	5	9	3	4
3	5	4	8	1	9	6	7	2
5	9	8	3	7	1	4	2	6
2	6	9	5	4	3	8	1	7
1	3	2	7	6	8	5	4	9
6	7	1	2	5	4	3	9	8
8	4	5	9	3	2	7	6	1

Hard - 98

6	7	4	2	9	3	8	1	5
1	3	8	5	6	4	9	2	7
4	6	3	1	7	5	2	9	8
8	5	2	9	3	7	1	4	6
7	9	6	3	8	2	4	5	1
5	1	7	4	2	9	6	8	3
9	2	5	6	1	8	7	3	4
2	4	1	8	5	6	3	7	9
3	8	9	7	4	1	5	6	2

Hard - 99

8	2	9	7	6	5	3	1	4
5	1	7	6	2	8	4	9	3
9	3	5	4	8	7	6	2	1
7	9	2	8	5	3	1	4	6
2	6	1	9	3	4	7	8	5
4	7	8	3	1	6	2	5	9
1	4	3	5	7	2	9	6	8
6	8	4	2	9	1	5	3	7
3	5	6	1	4	9	8	7	2

Hard - 100

3	8	2	1	9	7	4	6	5
7	5	6	4	3	2	8	9	1
2	1	8	7	5	9	6	4	3
5	3	4	6	1	8	9	2	7
9	4	1	5	6	3	7	8	2
8	6	3	2	4	5	1	7	9
1	9	7	8	2	6	5	3	4
6	2	5	9	7	4	3	1	8
4	7	9	3	8	1	2	5	6

Hard - 101

8	1	2	3	6	7	9	5	4
2	9	1	4	5	8	6	7	3
3	4	5	6	7	9	1	8	2
5	6	7	9	3	2	8	4	1
9	7	8	1	4	5	2	3	6
6	3	4	5	2	1	7	9	8
7	2	9	8	1	3	4	6	5
4	8	3	2	9	6	5	1	7
1	5	6	7	8	4	3	2	9

Hard - 102

6	7	2	1	3	5	9	8	4
2	8	4	6	7	1	3	9	5
9	5	3	4	6	8	2	7	1
8	9	6	5	2	4	7	1	3
7	4	1	9	8	3	5	6	2
5	1	8	2	9	7	4	3	6
1	3	5	7	4	9	6	2	8
3	6	7	8	5	2	1	4	9
4	2	9	3	1	6	8	5	7

Hard - 103

8	4	6	1	9	3	5	7	2
9	8	5	6	2	4	7	3	1
2	5	7	8	4	1	9	6	3
1	7	3	2	5	6	8	4	9
3	6	4	9	1	8	2	5	7
7	9	1	5	3	2	4	8	6
6	1	2	4	7	5	3	9	8
5	3	8	7	6	9	1	2	4
4	2	9	3	8	7	6	1	5

Hard - 104

2	4	6	1	9	3	8	5	7
9	5	7	3	6	8	2	4	1
7	3	5	9	2	1	6	8	4
4	1	2	6	8	5	7	9	3
3	7	9	4	1	6	5	2	8
6	2	8	5	3	4	1	7	9
1	9	4	8	7	2	3	6	5
8	6	3	7	5	9	4	1	2
5	8	1	2	4	7	9	3	6

Hard - 105

1	8	7	3	5	2	9	6	4
9	2	5	7	8	4	6	1	3
3	6	4	2	1	9	7	5	8
2	1	8	5	6	3	4	9	7
7	3	6	4	9	1	2	8	5
8	4	3	9	7	5	1	2	6
4	5	9	6	2	8	3	7	1
5	7	2	1	3	6	8	4	9
6	9	1	8	4	7	5	3	2

Hard - 106

2	5	4	3	9	8	7	1	6
8	3	1	7	6	9	2	5	4
9	8	2	5	7	4	1	6	3
1	6	9	4	2	3	5	8	7
6	7	8	1	3	5	9	4	2
3	4	7	2	1	6	8	9	5
7	2	5	9	4	1	6	3	8
5	9	3	6	8	2	4	7	1
4	1	6	8	5	7	3	2	9

Hard - 107

3	4	7	2	1	6	5	9	8
5	8	6	9	3	2	1	4	7
9	2	1	8	6	7	3	5	4
6	3	2	7	4	5	8	1	9
1	9	4	6	5	8	7	3	2
8	5	3	4	9	1	2	7	6
4	7	5	3	2	9	6	8	1
2	1	8	5	7	4	9	6	3
7	6	9	1	8	3	4	2	5

Hard - 108

9	1	8	6	3	2	5	4	7
7	4	2	5	9	1	3	8	6
6	3	4	8	7	5	1	2	9
1	2	3	9	8	4	7	6	5
4	7	1	2	5	3	6	9	8
3	9	5	4	1	6	8	7	2
5	8	6	3	2	7	9	1	4
2	5	9	7	6	8	4	3	1
8	6	7	1	4	9	2	5	3

Hard - 109

2	3	8	7	9	5	6	4	1
5	4	1	6	7	3	9	8	2
4	6	2	9	8	1	3	7	5
6	7	9	5	1	8	4	2	3
9	5	3	4	6	2	8	1	7
1	8	7	3	2	4	5	9	6
7	2	5	8	3	9	1	6	4
8	1	4	2	5	6	7	3	9
3	9	6	1	4	7	2	5	8

Hard - 110

6	3	5	1	7	9	2	8	4
7	2	6	5	4	8	9	1	3
9	4	8	3	1	2	7	6	5
4	8	1	7	3	5	6	2	9
1	6	9	2	8	3	4	5	7
5	9	2	8	6	4	3	7	1
2	5	7	4	9	1	8	3	6
8	7	3	9	5	6	1	4	2
3	1	4	6	2	7	5	9	8

Hard - 111

2	1	7	4	5	9	3	6	8
7	6	8	5	1	2	4	3	9
9	4	3	8	2	7	5	1	6
4	2	6	3	8	5	7	9	1
8	3	1	6	9	4	2	5	7
6	7	5	9	3	8	1	2	4
1	9	2	7	6	3	8	4	5
3	5	4	1	7	6	9	8	2
5	8	9	2	4	1	6	7	3

Hard - 112

9	6	7	1	4	8	2	5	3
2	3	5	8	9	4	7	6	1
1	4	3	6	5	7	8	2	9
6	7	9	2	1	3	4	8	5
3	2	1	5	8	6	9	4	7
7	9	8	4	6	5	3	1	2
4	8	2	7	3	1	5	9	6
8	5	6	9	7	2	1	3	4
5	1	4	3	2	9	6	7	8

Hard - 113

7	3	9	6	2	5	1	4	8
4	9	2	8	5	3	7	6	1
5	2	8	1	4	9	6	7	3
3	1	4	7	9	6	2	8	5
6	8	7	5	3	1	4	2	9
2	4	1	9	6	8	5	3	7
8	7	3	2	1	4	9	5	6
9	6	5	3	7	2	8	1	4
1	5	6	4	8	7	3	9	2

Hard - 114

8	4	7	5	2	6	1	9	3
1	9	6	3	5	8	2	7	4
9	3	1	2	4	7	5	6	8
5	2	3	9	1	4	7	8	6
4	7	9	8	6	1	3	5	2
7	5	8	6	3	2	4	1	9
3	6	4	7	9	5	8	2	1
6	8	2	1	7	3	9	4	5
2	1	5	4	8	9	6	3	7

Hard - 115

7	5	2	1	6	9	8	4	3
8	3	4	9	5	6	7	1	2
5	6	1	8	7	4	3	2	9
2	9	6	4	8	7	1	3	5
1	4	3	7	9	8	2	5	6
6	1	5	2	4	3	9	8	7
3	8	7	5	1	2	6	9	4
4	7	9	3	2	1	5	6	8
9	2	8	6	3	5	4	7	1

Hard - 116

5	3	7	1	2	4	8	9	6
7	4	6	3	1	5	9	2	8
2	5	8	7	9	1	6	3	4
9	1	3	6	4	8	2	7	5
3	8	2	4	5	6	7	1	9
1	2	9	8	6	7	4	5	3
6	9	4	5	7	2	3	8	1
8	6	5	2	3	9	1	4	7
4	7	1	9	8	3	5	6	2

Hard - 117

1	7	3	2	6	4	8	9	5
9	5	8	7	4	6	3	2	1
4	2	6	3	7	5	1	8	9
6	1	5	9	8	3	7	4	2
2	9	7	5	1	8	6	3	4
7	3	4	8	5	2	9	1	6
3	8	2	6	9	1	4	5	7
5	4	9	1	3	7	2	6	8
8	6	1	4	2	9	5	7	3

Hard - 118

3	6	2	1	4	7	9	5	8
5	8	7	6	1	4	3	9	2
2	9	1	3	6	8	4	7	5
4	7	3	8	5	9	1	2	6
7	4	9	5	3	2	6	8	1
1	2	6	9	8	5	7	4	3
8	1	5	7	9	6	2	3	4
9	3	8	4	2	1	5	6	7
6	5	4	2	7	3	8	1	9

Hard - 119

7	1	9	5	2	8	4	6	3
8	2	5	4	1	3	6	9	7
1	4	6	9	3	5	2	7	8
6	5	3	7	8	4	1	2	9
3	7	2	8	4	6	9	5	1
9	8	1	3	6	2	7	4	5
5	3	4	2	7	9	8	1	6
2	9	7	6	5	1	3	8	4
4	6	8	1	9	7	5	3	2

Hard - 120

2	8	6	3	1	5	4	9	7
5	3	2	7	9	4	1	6	8
9	7	8	4	2	1	6	5	3
7	4	9	6	5	8	3	2	1
4	1	5	8	6	9	7	3	2
3	6	1	2	8	7	5	4	9
8	9	4	5	7	3	2	1	6
1	2	3	9	4	6	8	7	5
6	5	7	1	3	2	9	8	4

Hard - 121

7	6	4	3	9	1	8	5	2
2	1	3	4	5	8	9	6	7
5	4	8	2	3	9	1	7	6
9	5	2	6	1	4	7	8	3
3	8	9	5	7	6	4	2	1
6	7	1	8	4	2	5	3	9
4	9	6	7	8	3	2	1	5
8	3	5	1	2	7	6	9	4
1	2	7	9	6	5	3	4	8

Hard - 122

2	6	9	1	4	7	3	8	5
3	7	8	4	1	5	6	2	9
8	4	1	9	6	2	5	7	3
7	9	5	2	3	6	8	1	4
5	8	6	3	7	9	1	4	2
4	3	7	6	2	1	9	5	8
1	2	4	5	9	8	7	3	6
9	1	2	8	5	3	4	6	7
6	5	3	7	8	4	2	9	1

Hard - 123

8	7	5	6	4	1	2	3	9
9	6	1	7	3	8	4	5	2
4	3	9	2	6	5	1	7	8
5	2	8	9	7	3	6	1	4
7	4	6	8	5	9	3	2	1
1	9	3	5	2	4	8	6	7
2	5	4	1	9	6	7	8	3
6	8	7	3	1	2	9	4	5
3	1	2	4	8	7	5	9	6

Hard - 124

7	1	2	6	8	3	9	4	5
3	4	9	5	7	8	6	1	2
6	5	4	9	2	1	3	7	8
4	8	6	1	5	7	2	9	3
1	3	5	8	9	6	4	2	7
9	2	7	3	6	4	8	5	1
2	6	3	4	1	5	7	8	9
5	9	8	7	3	2	1	6	4
8	7	1	2	4	9	5	3	6

Hard - 125

4	8	1	9	6	2	3	5	7
6	2	8	4	5	1	7	3	9
3	1	5	7	2	4	9	6	8
5	9	7	6	1	3	8	2	4
9	4	2	8	3	7	5	1	6
7	3	6	2	8	5	4	9	1
1	5	4	3	9	8	6	7	2
2	7	9	5	4	6	1	8	3
8	6	3	1	7	9	2	4	5

Hard - 126

4	7	8	3	2	1	9	5	6
9	5	6	1	7	3	4	8	2
6	1	2	7	3	5	8	4	9
2	6	7	4	9	8	1	3	5
1	3	4	5	8	9	2	6	7
5	4	9	8	1	7	6	2	3
8	9	3	2	5	6	7	1	4
3	2	1	9	6	4	5	7	8
7	8	5	6	4	2	3	9	1

Hard - 127

5	6	2	1	7	4	8	9	3
1	7	6	8	4	9	2	3	5
4	3	1	5	9	2	7	6	8
7	8	3	4	5	6	1	2	9
2	9	5	3	8	7	4	1	6
9	1	8	2	6	3	5	4	7
3	5	4	9	1	8	6	7	2
8	2	7	6	3	1	9	5	4
6	4	9	7	2	5	3	8	1

Hard - 128

4	7	9	8	1	5	6	2	3
5	2	6	9	7	4	8	3	1
3	1	8	4	9	6	2	7	5
9	3	5	1	6	7	4	8	2
8	6	4	7	3	2	5	1	9
6	8	7	2	5	3	1	9	4
1	5	2	3	8	9	7	4	6
7	4	3	6	2	1	9	5	8
2	9	1	5	4	8	3	6	7

Hard - 129

7	3	4	8	6	9	2	5	1
1	6	2	9	5	3	7	4	8
2	9	5	6	8	4	1	7	3
4	8	1	7	3	2	9	6	5
8	4	3	1	2	6	5	9	7
5	2	9	3	7	1	6	8	4
6	1	8	5	9	7	4	3	2
3	7	6	4	1	5	8	2	9
9	5	7	2	4	8	3	1	6

Hard - 130

6	2	8	5	1	3	4	9	7
8	4	7	6	9	1	3	5	2
3	5	1	7	6	2	8	4	9
7	8	6	2	3	5	9	1	4
2	9	5	4	8	6	7	3	1
4	7	2	1	5	9	6	8	3
9	1	4	3	7	8	5	2	6
5	6	3	9	2	4	1	7	8
1	3	9	8	4	7	2	6	5

Hard - 131

9	5	4	6	1	2	7	3	8
1	2	8	3	9	4	5	6	7
6	7	3	4	5	1	2	8	9
8	1	9	5	3	6	4	7	2
2	4	7	1	8	5	3	9	6
7	9	2	8	6	3	1	5	4
5	6	1	9	2	7	8	4	3
4	3	6	2	7	8	9	1	5
3	8	5	7	4	9	6	2	1

Hard - 132

9	8	7	6	2	4	5	1	3
1	6	3	4	5	8	7	9	2
5	1	4	8	9	2	6	3	7
2	7	5	1	3	6	8	4	9
3	9	1	7	6	5	2	8	4
7	4	9	2	8	1	3	6	5
4	3	6	5	1	7	9	2	8
8	5	2	3	4	9	1	7	6
6	2	8	9	7	3	4	5	1

Hard - 133

9	6	3	8	2	4	1	7	5
8	2	9	6	1	7	5	4	3
7	9	2	5	4	3	6	8	1
5	1	8	3	7	6	2	9	4
3	4	1	7	8	2	9	5	6
2	5	6	4	9	1	8	3	7
4	7	5	1	6	9	3	2	8
6	8	4	2	3	5	7	1	9
1	3	7	9	5	8	4	6	2

Hard - 134

5	8	1	2	9	7	4	6	3
7	3	6	5	4	8	1	9	2
2	9	4	6	3	1	7	8	5
1	6	9	3	2	4	8	5	7
8	7	2	9	6	5	3	4	1
4	5	7	8	1	3	6	2	9
9	4	3	1	8	2	5	7	6
3	2	5	4	7	6	9	1	8
6	1	8	7	5	9	2	3	4

Hard - 135

3	8	1	2	4	9	6	5	7
9	6	4	7	5	3	8	1	2
5	3	7	6	9	2	1	8	4
1	2	6	9	7	5	3	4	8
4	7	8	3	2	6	5	9	1
2	9	5	8	3	1	4	7	6
7	4	9	1	6	8	2	3	5
8	5	2	4	1	7	9	6	3
6	1	3	5	8	4	7	2	9

Hard - 136

4	6	2	8	3	9	1	5	7
1	8	9	6	5	4	3	7	2
8	9	3	5	1	2	7	6	4
9	1	6	7	4	8	2	3	5
2	3	5	4	8	7	6	1	9
6	7	8	3	9	5	4	2	1
7	2	1	9	6	3	5	4	8
3	5	4	2	7	1	9	8	6
5	4	7	1	2	6	8	9	3

Hard - 137

9	6	4	5	1	8	2	3	7
7	8	3	1	9	2	4	6	5
2	9	5	7	3	6	8	4	1
5	3	2	6	4	1	9	7	8
1	7	6	8	5	4	3	9	2
4	2	8	3	6	7	5	1	9
8	4	1	2	7	9	6	5	3
6	5	7	9	2	3	1	8	4
3	1	9	4	8	5	7	2	6

Hard - 138

7	6	5	9	4	1	3	8	2
2	8	9	7	6	4	5	1	3
1	4	3	6	5	2	8	9	7
9	2	7	8	1	3	6	4	5
5	9	4	3	8	6	2	7	1
8	3	1	4	7	5	9	2	6
6	7	2	1	3	9	4	5	8
3	5	8	2	9	7	1	6	4
4	1	6	5	2	8	7	3	9

Hard - 139

6	9	1	5	2	7	3	8	4
3	2	5	4	9	8	7	6	1
8	7	4	3	6	2	9	1	5
9	1	2	7	5	6	8	4	3
4	5	9	8	3	1	6	7	2
1	6	8	2	4	9	5	3	7
2	4	6	9	7	3	1	5	8
7	8	3	6	1	5	4	2	9
5	3	7	1	8	4	2	9	6

Hard - 140

9	1	6	4	7	8	3	5	2
8	5	4	3	2	7	9	6	1
7	4	8	1	5	3	2	9	6
2	3	5	6	1	9	7	4	8
5	2	9	8	4	6	1	7	3
3	6	7	9	8	1	4	2	5
4	7	3	2	6	5	8	1	9
1	8	2	5	9	4	6	3	7
6	9	1	7	3	2	5	8	4

Hard - 141

7	2	4	5	9	6	1	8	3
9	6	7	8	3	1	5	4	2
5	8	2	4	1	9	7	3	6
3	5	1	6	7	8	9	2	4
4	9	8	1	2	5	3	6	7
2	1	5	3	6	7	4	9	8
8	7	3	9	4	2	6	1	5
1	3	6	2	5	4	8	7	9
6	4	9	7	8	3	2	5	1

Hard - 142

7	6	8	2	9	1	4	3	5
1	5	9	4	2	3	7	6	8
9	7	6	1	8	5	3	4	2
5	3	2	7	4	8	9	1	6
4	9	5	6	3	2	8	7	1
3	2	1	8	6	7	5	9	4
2	8	7	9	1	4	6	5	3
6	1	4	3	5	9	2	8	7
8	4	3	5	7	6	1	2	9

Hard - 143

6	4	8	5	9	2	7	1	3
7	1	3	4	8	5	6	2	9
1	7	6	9	2	3	4	5	8
4	5	7	2	6	9	8	3	1
9	3	1	7	4	6	5	8	2
5	8	4	1	3	7	2	9	6
2	6	9	8	7	1	3	4	5
3	2	5	6	1	8	9	7	4
8	9	2	3	5	4	1	6	7

Hard - 144

3	8	4	6	7	9	5	2	1
7	6	1	2	9	3	8	5	4
9	3	2	4	5	1	6	8	7
5	1	8	7	4	6	3	9	2
8	7	5	1	2	4	9	6	3
6	2	9	5	3	7	4	1	8
2	4	6	3	8	5	1	7	9
1	9	3	8	6	2	7	4	5
4	5	7	9	1	8	2	3	6

Hard - 145

7	8	1	3	5	2	6	9	4
2	7	5	9	4	6	8	1	3
9	4	8	2	3	1	7	5	6
6	3	9	1	8	5	4	2	7
4	5	7	6	2	9	1	3	8
1	2	6	8	7	3	5	4	9
5	9	3	4	6	8	2	7	1
3	6	4	5	1	7	9	8	2
8	1	2	7	9	4	3	6	5

Hard - 146

8	6	2	5	9	7	4	3	1
7	9	4	3	5	2	6	1	8
4	1	3	2	7	8	9	5	6
9	3	5	4	1	6	7	8	2
3	2	8	7	6	4	1	9	5
2	5	6	9	8	1	3	7	4
5	4	7	1	2	9	8	6	3
6	7	1	8	3	5	2	4	9
1	8	9	6	4	3	5	2	7

Hard - 147

3	2	1	9	7	4	6	8	5
4	7	6	8	1	5	3	9	2
8	5	2	6	3	7	4	1	9
6	1	9	5	4	8	2	3	7
5	4	7	3	6	9	8	2	1
1	9	5	2	8	6	7	4	3
9	6	4	1	2	3	5	7	8
7	3	8	4	9	2	1	5	6
2	8	3	7	5	1	9	6	4

Hard - 148

7	2	6	1	3	8	5	9	4
2	5	1	6	4	9	8	7	3
9	3	8	5	7	4	1	6	2
6	4	9	2	5	3	7	1	8
3	1	4	7	8	2	9	5	6
1	7	2	4	6	5	3	8	9
8	9	5	3	1	6	4	2	7
4	8	7	9	2	1	6	3	5
5	6	3	8	9	7	2	4	1

Hard - 149

9	3	4	1	8	7	2	6	5
8	5	1	9	2	6	4	7	3
2	7	6	5	3	4	8	9	1
3	6	5	7	4	8	9	1	2
6	8	9	3	7	5	1	2	4
5	2	8	4	9	1	7	3	6
4	1	7	2	6	3	5	8	9
1	9	3	8	5	2	6	4	7
7	4	2	6	1	9	3	5	8

Hard - 150

4	7	5	3	9	2	6	1	8
5	1	3	7	2	6	9	8	4
2	8	6	9	7	5	1	4	3
7	5	2	1	3	4	8	9	6
8	3	7	4	6	9	2	5	1
9	6	4	2	1	8	7	3	5
3	9	8	6	4	1	5	7	2
1	2	9	5	8	3	4	6	7
6	4	1	8	5	7	3	2	9

Hard - 151

6	7	3	4	5	1	9	8	2
8	1	9	6	2	3	5	4	7
1	8	2	7	9	6	4	5	3
3	9	6	5	4	8	7	2	1
4	5	1	9	7	2	8	3	6
7	3	5	2	8	4	1	6	9
5	2	4	3	1	7	6	9	8
2	4	7	8	6	9	3	1	5
9	6	8	1	3	5	2	7	4

Hard - 152

4	5	7	8	9	2	6	1	3
3	6	1	2	7	5	9	4	8
6	7	9	3	4	8	5	2	1
5	4	2	1	8	3	7	9	6
9	2	8	6	3	1	4	7	5
8	3	4	9	2	6	1	5	7
1	8	6	7	5	4	2	3	9
2	9	3	5	1	7	8	6	4
7	1	5	4	6	9	3	8	2

Hard - 153

4	1	7	5	6	2	3	8	9
5	8	4	1	2	3	9	7	6
6	7	3	2	8	9	4	5	1
2	3	9	8	1	5	6	4	7
8	5	6	9	7	4	1	2	3
7	2	1	4	3	6	5	9	8
1	4	2	6	9	7	8	3	5
3	9	8	7	5	1	2	6	4
9	6	5	3	4	8	7	1	2

Hard - 154

8	9	7	1	3	5	2	6	4
1	5	8	6	2	3	4	7	9
4	7	3	5	9	8	1	2	6
2	6	4	9	7	1	3	8	5
6	1	2	4	5	7	9	3	8
7	8	1	3	6	9	5	4	2
5	3	9	2	8	4	6	1	7
9	4	6	8	1	2	7	5	3
3	2	5	7	4	6	8	9	1

Hard - 155

6	8	3	1	4	2	5	7	9
3	7	4	6	5	1	9	8	2
1	4	8	2	9	7	3	6	5
7	2	5	9	3	8	1	4	6
5	6	7	8	1	3	2	9	4
4	3	1	7	2	9	6	5	8
8	9	2	4	6	5	7	1	3
9	5	6	3	7	4	8	2	1
2	1	9	5	8	6	4	3	7

Hard - 156

6	5	2	3	8	4	9	1	7
1	4	8	5	2	6	7	9	3
9	7	4	8	3	1	5	6	2
5	9	6	2	4	7	3	8	1
7	2	3	1	6	9	8	4	5
3	1	5	7	9	8	6	2	4
4	6	7	9	1	5	2	3	8
8	3	1	6	7	2	4	5	9
2	8	9	4	5	3	1	7	6

Hard - 157

6	1	2	4	9	5	7	3	8
3	4	7	2	8	9	5	1	6
8	5	9	1	6	3	4	2	7
7	2	6	3	1	4	8	5	9
5	3	4	8	2	6	9	7	1
2	7	1	9	5	8	3	6	4
1	9	3	5	4	7	6	8	2
9	8	5	6	7	2	1	4	3
4	6	8	7	3	1	2	9	5

Hard - 158

9	7	3	4	8	2	1	5	6
4	8	5	1	2	6	7	9	3
6	2	1	9	3	5	4	8	7
7	3	2	6	5	1	9	4	8
8	5	4	3	1	7	6	2	9
1	4	6	8	7	9	5	3	2
5	6	9	2	4	8	3	7	1
2	9	7	5	6	3	8	1	4
3	1	8	7	9	4	2	6	5

Hard - 159

7	5	1	4	2	3	9	6	8
9	6	7	8	5	4	1	3	2
2	3	9	1	4	6	8	7	5
3	2	4	5	6	8	7	1	9
6	9	3	2	8	7	5	4	1
5	4	8	7	1	2	3	9	6
8	7	5	9	3	1	6	2	4
1	8	2	6	7	9	4	5	3
4	1	6	3	9	5	2	8	7

Hard - 160

3	9	8	7	2	1	5	4	6
4	6	5	1	7	9	3	2	8
7	2	9	8	6	5	1	3	4
5	1	2	9	4	6	8	7	3
6	7	4	3	5	2	9	8	1
8	3	1	5	9	4	7	6	2
2	8	7	6	1	3	4	9	5
1	4	3	2	8	7	6	5	9
9	5	6	4	3	8	2	1	7

Hard - 161

1	7	9	2	5	4	3	8	6
5	6	2	1	8	3	9	4	7
8	4	3	9	1	6	2	7	5
7	3	6	4	2	8	5	1	9
4	9	5	8	6	7	1	2	3
6	2	7	5	3	1	4	9	8
9	1	8	3	4	5	7	6	2
3	8	1	7	9	2	6	5	4
2	5	4	6	7	9	8	3	1

Hard - 162

7	5	3	1	9	2	4	6	8
1	9	2	4	6	3	8	7	5
8	3	7	6	2	5	1	4	9
5	4	9	8	1	7	6	2	3
4	2	6	9	8	1	3	5	7
9	7	5	3	4	6	2	8	1
2	8	1	7	5	4	9	3	6
6	1	4	5	3	8	7	9	2
3	6	8	2	7	9	5	1	4

Hard - 163

5	9	4	7	2	6	3	8	1
3	2	6	1	4	7	9	5	8
6	7	8	9	3	2	1	4	5
9	4	5	8	7	1	2	3	6
8	3	1	4	9	5	6	2	7
2	1	7	3	8	4	5	6	9
7	6	2	5	1	3	8	9	4
4	8	3	6	5	9	7	1	2
1	5	9	2	6	8	4	7	3

Hard - 164

6	7	8	5	4	2	9	3	1
3	4	6	9	5	8	1	2	7
2	1	5	7	8	9	3	4	6
5	9	2	4	3	6	7	1	8
7	2	9	3	1	4	8	6	5
1	8	4	2	6	7	5	9	3
9	6	3	1	7	5	2	8	4
4	5	1	8	9	3	6	7	2
8	3	7	6	2	1	4	5	9

Hard - 165

8	5	7	2	9	3	1	6	4
9	3	2	7	5	6	4	1	8
1	4	5	3	6	8	9	7	2
6	2	8	5	7	1	3	4	9
4	7	3	6	8	9	5	2	1
7	9	4	1	2	5	8	3	6
2	8	1	9	4	7	6	5	3
3	6	9	4	1	2	7	8	5
5	1	6	8	3	4	2	9	7

Hard - 166

5	6	3	2	1	9	4	8	7
7	8	5	4	3	1	6	2	9
1	4	7	8	6	2	3	9	5
2	5	9	1	4	7	8	6	3
3	1	8	6	7	5	9	4	2
4	9	6	5	8	3	2	7	1
6	7	2	3	9	4	5	1	8
8	3	1	9	2	6	7	5	4
9	2	4	7	5	8	1	3	6

Hard - 167

4	6	8	3	7	9	1	2	5
9	2	5	1	4	7	3	8	6
8	7	3	5	6	1	2	9	4
6	1	4	9	2	5	8	3	7
1	5	7	2	8	6	9	4	3
7	3	2	4	9	8	5	6	1
2	4	9	6	5	3	7	1	8
5	9	1	8	3	4	6	7	2
3	8	6	7	1	2	4	5	9

Hard - 168

9	3	4	6	5	8	1	7	2
1	2	7	8	4	9	6	3	5
2	6	5	1	3	7	9	8	4
5	8	9	3	6	4	2	1	7
7	4	6	5	2	1	3	9	8
4	7	2	9	1	6	8	5	3
3	1	8	7	9	2	5	4	6
8	5	1	2	7	3	4	6	9
6	9	3	4	8	5	7	2	1

Hard - 169

3	8	6	5	9	2	4	1	7
2	4	9	1	7	3	5	6	8
5	1	8	7	3	9	6	4	2
7	6	4	9	1	8	2	5	3
6	2	3	8	4	5	1	7	9
4	5	1	3	2	7	9	8	6
9	7	2	6	5	4	8	3	1
8	9	7	4	6	1	3	2	5
1	3	5	2	8	6	7	9	4

Hard - 170

2	7	9	5	6	1	4	8	3
3	8	1	2	4	5	7	6	9
4	3	6	8	9	2	5	7	1
7	9	3	4	8	6	2	1	5
9	2	5	6	1	7	8	3	4
1	5	8	3	7	4	9	2	6
5	6	2	9	3	8	1	4	7
8	1	4	7	5	3	6	9	2
6	4	7	1	2	9	3	5	8

Hard - 171

7	5	1	6	9	3	2	8	4
8	2	9	7	6	5	3	4	1
5	4	2	9	7	8	6	1	3
1	3	8	2	5	7	4	9	6
6	8	3	4	1	2	7	5	9
3	7	4	1	2	9	5	6	8
9	1	6	5	3	4	8	7	2
2	6	7	8	4	1	9	3	5
4	9	5	3	8	6	1	2	7

Hard - 172

9	4	8	1	7	2	3	5	6
7	3	6	5	1	9	8	4	2
6	2	4	7	5	8	9	1	3
1	5	9	2	4	7	6	3	8
8	6	5	3	9	4	7	2	1
3	1	7	4	8	5	2	6	9
2	8	1	9	3	6	4	7	5
4	9	3	6	2	1	5	8	7
5	7	2	8	6	3	1	9	4

Hard - 173

4	6	2	9	8	1	7	3	5
9	7	4	1	3	5	6	8	2
8	3	1	2	5	9	4	6	7
6	5	7	8	2	3	1	9	4
1	2	5	3	7	6	8	4	9
7	4	6	5	9	8	3	2	1
3	9	8	7	4	2	5	1	6
5	8	9	6	1	4	2	7	3
2	1	3	4	6	7	9	5	8

Hard - 174

8	6	1	4	5	7	3	2	9
4	7	3	9	8	2	6	1	5
6	3	2	5	9	1	7	8	4
5	1	9	2	7	8	4	6	3
7	8	5	6	2	4	9	3	1
3	9	6	1	4	5	8	7	2
1	2	7	3	6	9	5	4	8
9	4	8	7	1	3	2	5	6
2	5	4	8	3	6	1	9	7

Hard - 175

7	9	4	6	5	3	2	1	8
9	1	7	4	3	6	5	8	2
6	5	3	1	8	2	4	9	7
2	6	9	8	1	4	7	3	5
1	7	5	9	2	8	3	6	4
3	8	2	5	4	1	6	7	9
4	3	8	2	6	7	9	5	1
8	4	6	7	9	5	1	2	3
5	2	1	3	7	9	8	4	6

Hard - 176

1	8	6	4	9	2	3	5	7
9	2	1	6	7	3	4	8	5
2	1	9	8	5	4	7	6	3
4	7	3	5	8	6	1	9	2
3	4	5	7	1	9	6	2	8
5	3	2	9	6	7	8	1	4
7	6	8	1	3	5	2	4	9
6	9	4	3	2	8	5	7	1
8	5	7	2	4	1	9	3	6

Hard - 177

1	6	2	5	9	3	4	7	8
4	7	1	8	2	6	9	3	5
8	9	7	2	5	4	3	6	1
9	2	3	7	1	5	6	8	4
5	3	6	4	8	9	2	1	7
6	1	4	3	7	8	5	2	9
7	4	5	6	3	1	8	9	2
2	5	8	9	6	7	1	4	3
3	8	9	1	4	2	7	5	6

Hard - 178

5	6	9	2	7	8	1	4	3
1	4	8	6	5	3	7	9	2
2	7	3	9	8	1	4	5	6
7	8	2	1	6	4	9	3	5
9	3	5	4	2	7	6	1	8
6	1	4	5	3	9	2	8	7
3	9	7	8	1	2	5	6	4
8	5	1	7	4	6	3	2	9
4	2	6	3	9	5	8	7	1

Hard - 179

2	6	9	8	5	4	1	7	3
1	5	7	9	4	2	6	3	8
6	1	3	4	7	9	5	8	2
8	3	5	2	1	6	9	4	7
7	2	6	5	8	3	4	1	9
4	9	8	3	2	1	7	6	5
3	7	4	6	9	5	8	2	1
5	4	1	7	3	8	2	9	6
9	8	2	1	6	7	3	5	4

Hard - 180

3	4	5	6	9	2	1	8	7
1	2	4	9	7	3	8	5	6
9	8	6	1	2	7	5	4	3
4	7	8	3	5	1	6	2	9
5	1	9	7	8	6	4	3	2
6	3	2	5	1	8	9	7	4
7	9	3	8	6	4	2	1	5
2	5	1	4	3	9	7	6	8
8	6	7	2	4	5	3	9	1

Hard - 181

2	8	5	4	3	9	6	7	1
6	3	1	9	2	7	5	4	8
7	6	2	3	8	4	1	9	5
9	7	4	1	5	8	3	2	6
8	1	3	7	6	2	4	5	9
4	5	9	8	1	3	7	6	2
3	9	8	5	4	6	2	1	7
5	4	6	2	7	1	9	8	3
1	2	7	6	9	5	8	3	4

Hard - 182

6	4	3	5	9	7	1	2	8
8	9	1	2	7	6	4	5	3
5	7	2	3	6	8	9	1	4
4	1	8	9	3	2	6	7	5
7	3	5	6	4	1	2	8	9
2	6	9	7	8	4	5	3	1
9	2	6	1	5	3	8	4	7
3	5	4	8	1	9	7	6	2
1	8	7	4	2	5	3	9	6

Hard - 183

8	9	2	4	6	3	7	1	5
3	2	9	8	5	1	4	6	7
5	1	7	6	8	9	3	2	4
1	4	5	3	2	7	6	8	9
9	6	4	7	1	8	5	3	2
6	3	8	2	4	5	9	7	1
2	7	1	9	3	4	8	5	6
7	5	3	1	9	6	2	4	8
4	8	6	5	7	2	1	9	3

Hard - 184

8	7	9	2	3	5	1	4	6
1	5	3	4	6	2	8	9	7
4	2	6	5	1	7	9	8	3
3	9	2	8	5	4	7	6	1
9	6	7	3	8	1	5	2	4
5	4	8	1	7	9	6	3	2
2	8	1	9	4	6	3	7	5
7	1	4	6	9	3	2	5	8
6	3	5	7	2	8	4	1	9

Hard - 185

5	2	7	3	8	4	6	1	9
8	1	4	6	9	7	5	3	2
1	3	6	9	7	5	2	8	4
2	5	9	1	4	8	7	6	3
3	6	8	2	5	9	1	4	7
7	9	1	4	2	3	8	5	6
4	8	3	5	6	2	9	7	1
9	4	5	7	1	6	3	2	8
6	7	2	8	3	1	4	9	5

Hard - 186

7	5	8	6	1	3	9	4	2
9	2	4	3	6	5	7	8	1
4	3	1	5	7	2	8	6	9
6	8	9	1	2	4	5	7	3
3	6	2	4	9	7	1	5	8
5	1	7	8	3	6	2	9	4
1	7	5	9	4	8	3	2	6
8	9	6	2	5	1	4	3	7
2	4	3	7	8	9	6	1	5

Hard - 187

7	6	1	4	9	2	3	5	8
2	1	9	3	4	5	8	6	7
3	7	6	9	8	1	5	2	4
8	4	5	2	6	7	1	3	9
6	8	2	5	1	9	4	7	3
4	5	8	6	2	3	7	9	1
9	3	7	1	5	4	6	8	2
5	9	4	7	3	8	2	1	6
1	2	3	8	7	6	9	4	5

Hard - 188

5	4	8	3	2	7	1	9	6
6	9	7	2	1	8	3	5	4
9	7	4	1	3	2	5	6	8
2	1	3	5	4	6	8	7	9
4	3	6	8	7	5	9	2	1
7	5	9	6	8	1	2	4	3
1	6	5	4	9	3	7	8	2
8	2	1	9	5	4	6	3	7
3	8	2	7	6	9	4	1	5

Hard - 189

1	5	3	7	6	2	9	8	4
4	2	5	8	7	9	3	6	1
3	1	2	4	9	7	6	5	8
9	7	6	2	4	8	5	1	3
6	8	1	5	3	4	2	7	9
2	6	4	9	5	1	8	3	7
5	3	9	1	8	6	7	4	2
7	4	8	3	2	5	1	9	6
8	9	7	6	1	3	4	2	5

Hard - 190

8	1	2	4	3	6	9	7	5
4	3	6	7	8	1	5	9	2
6	2	9	1	5	8	3	4	7
2	7	3	9	4	5	8	6	1
9	5	7	8	1	3	6	2	4
1	9	5	2	6	4	7	8	3
5	8	4	3	7	9	2	1	6
7	6	1	5	9	2	4	3	8
3	4	8	6	2	7	1	5	9

Hard - 191

8	9	3	5	4	6	1	7	2
6	2	4	1	9	3	5	8	7
5	4	7	2	3	9	6	1	8
1	6	2	7	8	4	9	5	3
9	3	1	8	7	5	2	4	6
2	7	8	6	5	1	3	9	4
3	1	5	4	6	7	8	2	9
4	5	6	9	2	8	7	3	1
7	8	9	3	1	2	4	6	5

Hard - 192

3	1	4	6	8	7	2	5	9
7	8	9	2	5	3	4	6	1
5	6	1	4	9	2	3	7	8
6	4	8	1	7	5	9	3	2
9	2	7	3	6	1	8	4	5
8	9	6	5	2	4	7	1	3
4	3	5	8	1	9	6	2	7
2	5	3	7	4	8	1	9	6
1	7	2	9	3	6	5	8	4

Hard - 193

7	6	5	4	9	3	8	1	2
5	3	6	8	1	2	9	4	7
1	4	7	2	3	8	6	5	9
8	2	9	5	7	4	1	6	3
6	9	8	1	2	7	5	3	4
3	7	1	9	8	6	4	2	5
2	5	4	3	6	1	7	9	8
9	1	3	7	4	5	2	8	6
4	8	2	6	5	9	3	7	1

Hard - 194

7	5	9	1	8	6	3	4	2
3	1	6	5	2	4	8	7	9
9	4	8	3	1	2	7	6	5
6	2	1	8	5	7	4	9	3
8	9	4	2	7	3	6	5	1
5	7	2	4	9	8	1	3	6
2	3	7	9	6	1	5	8	4
1	6	3	7	4	5	9	2	8
4	8	5	6	3	9	2	1	7

Hard - 195

2	6	8	9	4	7	3	5	1
4	1	3	5	6	2	9	8	7
6	7	5	3	1	8	4	2	9
8	3	9	2	5	1	7	6	4
1	2	6	7	9	4	5	3	8
7	8	1	4	3	5	2	9	6
9	4	2	6	8	3	1	7	5
3	5	4	8	7	9	6	1	2
5	9	7	1	2	6	8	4	3

Hard - 196

7	3	2	1	4	8	6	5	9
4	5	8	9	1	6	2	7	3
2	8	4	3	9	5	7	6	1
6	1	5	7	8	9	3	4	2
1	9	7	6	2	4	8	3	5
3	4	9	8	6	1	5	2	7
8	7	6	2	5	3	1	9	4
5	2	1	4	3	7	9	8	6
9	6	3	5	7	2	4	1	8

Hard - 197

5	8	2	3	1	6	9	4	7
9	5	1	7	8	3	4	2	6
8	9	6	4	3	5	2	7	1
2	6	4	5	7	1	8	9	3
4	3	7	2	6	8	5	1	9
7	1	8	9	5	2	3	6	4
3	2	9	6	4	7	1	8	5
6	4	5	1	2	9	7	3	8
1	7	3	8	9	4	6	5	2

Hard - 198

8	9	6	3	7	5	1	4	2
5	1	7	4	6	2	3	9	8
9	8	1	2	3	7	4	6	5
7	4	2	8	9	3	5	1	6
3	2	5	9	4	6	7	8	1
6	5	8	1	2	4	9	3	7
2	3	9	5	8	1	6	7	4
4	7	3	6	1	8	2	5	9
1	6	4	7	5	9	8	2	3

Hard - 199

9	4	6	2	5	1	7	8	3
3	8	7	4	6	5	1	2	9
7	5	1	3	2	6	4	9	8
2	1	9	8	3	7	6	5	4
1	7	2	9	4	3	8	6	5
6	9	3	5	1	8	2	4	7
4	3	8	7	9	2	5	1	6
5	2	4	6	8	9	3	7	1
8	6	5	1	7	4	9	3	2

Hard - 200

3	9	4	5	8	2	7	1	6
5	1	7	4	9	6	2	3	8
8	2	6	3	1	9	4	5	7
2	4	1	8	7	5	6	9	3
6	3	8	9	4	7	5	2	1
7	5	2	1	3	8	9	6	4
9	8	3	6	5	4	1	7	2
4	6	9	7	2	1	3	8	5
1	7	5	2	6	3	8	4	9

Hard - 201

2	1	3	9	8	4	6	5	7
6	4	9	8	7	3	5	1	2
5	3	7	6	2	8	4	9	1
8	7	5	2	6	9	1	4	3
4	9	1	7	5	6	2	3	8
1	8	2	3	4	7	9	6	5
9	5	6	1	3	2	8	7	4
7	2	4	5	9	1	3	8	6
3	6	8	4	1	5	7	2	9

Hard - 202

8	3	9	7	2	6	4	1	5
5	2	4	9	8	1	7	6	3
3	8	7	2	6	5	1	9	4
9	7	1	5	4	3	6	8	2
1	4	6	8	3	9	2	5	7
4	6	5	1	7	2	9	3	8
7	9	2	3	1	8	5	4	6
6	5	3	4	9	7	8	2	1
2	1	8	6	5	4	3	7	9

Hard - 203

2	9	3	7	5	8	1	6	4
4	5	8	6	1	9	2	7	3
8	7	2	4	6	1	3	5	9
9	4	1	5	3	7	6	8	2
6	8	5	2	9	4	7	3	1
3	1	9	8	2	6	5	4	7
5	2	7	9	8	3	4	1	6
1	6	4	3	7	5	9	2	8
7	3	6	1	4	2	8	9	5

Hard - 204

6	4	9	2	7	8	1	5	3
2	3	5	7	1	4	6	9	8
5	1	8	3	6	9	4	7	2
4	2	7	9	3	6	5	8	1
3	9	1	8	4	5	7	2	6
8	7	6	5	2	1	9	3	4
1	8	2	4	5	7	3	6	9
9	5	4	6	8	3	2	1	7
7	6	3	1	9	2	8	4	5

Hard - 205

1	7	6	8	4	5	9	2	3
9	2	5	4	3	1	6	8	7
3	1	9	5	6	2	8	7	4
5	3	7	2	1	8	4	6	9
8	6	4	3	9	7	2	1	5
2	4	3	1	8	9	7	5	6
4	8	2	9	7	6	5	3	1
7	9	8	6	5	3	1	4	2
6	5	1	7	2	4	3	9	8

Hard - 206

8	6	4	1	3	7	9	5	2
2	3	5	7	9	6	8	4	1
4	1	8	9	7	5	2	3	6
9	5	7	4	2	1	3	6	8
7	2	1	3	6	4	5	8	9
5	4	9	6	8	3	1	2	7
6	9	3	2	1	8	4	7	5
1	8	6	5	4	2	7	9	3
3	7	2	8	5	9	6	1	4

Hard - 207

4	1	9	3	7	8	2	5	6
6	8	3	2	4	1	5	9	7
2	4	5	6	9	7	8	1	3
9	7	8	1	5	3	6	2	4
8	3	1	7	2	9	4	6	5
1	5	7	9	6	4	3	8	2
7	2	6	4	8	5	1	3	9
5	6	4	8	3	2	9	7	1
3	9	2	5	1	6	7	4	8

Hard - 208

2	6	3	7	8	9	5	4	1
7	9	5	4	1	2	8	6	3
5	1	8	3	4	6	7	2	9
6	5	7	9	2	4	3	1	8
8	2	4	1	7	3	9	5	6
1	3	6	8	5	7	2	9	4
3	8	9	5	6	1	4	7	2
4	7	1	2	9	8	6	3	5
9	4	2	6	3	5	1	8	7

Hard - 209

3	2	8	1	7	4	9	6	5
9	5	6	3	2	8	1	4	7
6	1	5	8	9	7	4	3	2
4	7	1	6	5	2	3	8	9
7	8	4	9	6	3	2	5	1
8	9	2	4	3	5	7	1	6
5	3	9	7	1	6	8	2	4
1	6	3	2	4	9	5	7	8
2	4	7	5	8	1	6	9	3

Hard - 210

6	9	1	5	7	8	4	2	3
3	4	2	8	6	1	9	7	5
7	5	8	2	4	3	1	6	9
2	3	7	6	9	4	8	5	1
1	6	9	7	5	2	3	4	8
8	7	5	9	3	6	2	1	4
4	1	6	3	2	9	5	8	7
9	2	4	1	8	5	7	3	6
5	8	3	4	1	7	6	9	2

Hard - 211

2	4	8	3	9	5	1	6	7
9	7	6	5	1	4	2	3	8
1	3	5	7	8	6	4	2	9
7	5	9	1	6	2	8	4	3
3	9	4	8	2	1	6	7	5
5	8	7	6	4	3	9	1	2
4	6	3	2	5	9	7	8	1
8	2	1	4	3	7	5	9	6
6	1	2	9	7	8	3	5	4

Hard - 212

3	6	2	7	5	1	4	9	8
8	1	4	5	7	9	3	2	6
6	7	5	8	3	2	1	4	9
1	9	6	4	8	7	5	3	2
9	8	3	2	6	5	7	1	4
4	5	1	9	2	6	8	7	3
7	2	8	3	9	4	6	5	1
5	3	9	1	4	8	2	6	7
2	4	7	6	1	3	9	8	5

Hard - 213

9	4	3	6	8	1	7	5	2
8	5	4	7	2	6	1	9	3
1	2	6	9	5	7	3	8	4
3	8	9	1	4	5	2	6	7
7	3	2	5	6	8	4	1	9
6	7	8	4	1	3	9	2	5
2	9	1	8	7	4	5	3	6
4	1	5	3	9	2	6	7	8
5	6	7	2	3	9	8	4	1

Hard - 214

4	1	6	5	2	7	8	3	9
2	3	5	9	8	6	1	4	7
8	7	9	3	1	4	5	2	6
5	9	7	4	6	2	3	1	8
7	8	1	6	4	3	2	9	5
9	4	2	7	5	1	6	8	3
3	5	4	1	7	8	9	6	2
6	2	3	8	9	5	4	7	1
1	6	8	2	3	9	7	5	4

Hard - 215

2	3	5	9	6	8	4	7	1
1	2	6	4	9	5	7	3	8
9	8	1	7	4	3	2	6	5
4	5	8	6	2	1	3	9	7
6	4	7	1	8	9	5	2	3
3	1	9	5	7	2	8	4	6
7	6	2	8	3	4	1	5	9
5	7	3	2	1	6	9	8	4
8	9	4	3	5	7	6	1	2

Hard - 216

4	5	6	8	3	2	7	9	1
9	8	5	1	4	7	3	2	6
6	7	2	3	1	5	9	4	8
3	1	8	6	7	9	4	5	2
7	4	9	5	6	8	2	1	3
2	9	1	7	5	3	8	6	4
8	6	3	4	2	1	5	7	9
1	2	7	9	8	4	6	3	5
5	3	4	2	9	6	1	8	7

Hard - 217

9	6	7	8	3	5	4	2	1
8	5	2	3	6	4	7	1	9
1	2	8	9	5	7	6	4	3
5	4	3	2	7	9	1	6	8
3	9	4	1	8	6	2	5	7
2	8	6	7	4	1	3	9	5
6	7	1	4	9	3	5	8	2
4	3	9	5	1	2	8	7	6
7	1	5	6	2	8	9	3	4

Hard - 218

5	1	8	3	4	9	2	7	6
6	7	2	9	1	8	3	4	5
9	8	1	5	2	7	6	3	4
4	2	5	6	7	3	8	9	1
2	3	7	4	8	6	1	5	9
8	9	4	1	3	5	7	6	2
1	6	3	7	5	4	9	2	8
3	5	6	8	9	2	4	1	7
7	4	9	2	6	1	5	8	3

Hard - 219

9	1	2	4	7	5	8	6	3
3	8	6	7	5	4	2	1	9
8	9	7	1	6	2	4	3	5
1	7	4	8	3	9	5	2	6
6	2	5	9	1	3	7	8	4
4	5	3	2	8	6	1	9	7
7	3	9	5	2	8	6	4	1
5	4	8	6	9	1	3	7	2
2	6	1	3	4	7	9	5	8

Hard - 220

5	7	4	3	6	8	2	1	9
9	2	6	1	5	3	8	4	7
1	8	7	4	9	5	6	3	2
6	3	9	2	7	4	1	5	8
2	4	5	9	8	6	3	7	1
7	1	3	5	4	2	9	8	6
8	5	2	6	1	7	4	9	3
3	9	8	7	2	1	5	6	4
4	6	1	8	3	9	7	2	5

Hard - 221

6	4	1	3	9	8	5	7	2
5	8	7	1	3	2	9	4	6
2	7	3	9	6	5	4	8	1
4	5	9	8	1	6	7	2	3
3	2	4	7	5	9	6	1	8
1	6	8	4	2	7	3	9	5
8	9	6	2	7	3	1	5	4
7	3	2	5	4	1	8	6	9
9	1	5	6	8	4	2	3	7

Hard - 222

8	1	4	6	2	9	5	7	3
3	2	8	7	1	5	6	4	9
6	4	7	3	8	1	9	5	2
9	5	6	8	3	7	2	1	4
5	7	2	9	6	4	3	8	1
4	3	1	5	9	2	8	6	7
2	6	3	1	4	8	7	9	5
1	9	5	2	7	6	4	3	8
7	8	9	4	5	3	1	2	6

Hard - 223

2	4	5	7	6	3	1	9	8
3	2	1	6	7	9	4	8	5
6	7	3	8	4	1	5	2	9
8	5	9	4	1	2	7	6	3
4	9	6	1	8	5	3	7	2
7	3	2	5	9	8	6	1	4
9	6	7	2	5	4	8	3	1
5	1	8	9	3	6	2	4	7
1	8	4	3	2	7	9	5	6

Hard - 224

1	6	4	7	2	8	5	3	9
4	8	3	9	5	6	7	2	1
2	7	5	1	9	4	6	8	3
7	4	9	3	1	2	8	5	6
5	2	6	8	3	7	1	9	4
6	9	2	5	4	1	3	7	8
3	1	7	4	8	9	2	6	5
9	3	8	2	6	5	4	1	7
8	5	1	6	7	3	9	4	2

Hard - 225

1	4	5	7	9	8	3	2	6
5	8	1	2	3	6	7	4	9
3	6	7	9	2	4	5	1	8
2	7	8	6	5	3	1	9	4
4	1	3	5	6	9	8	7	2
8	9	2	4	7	1	6	3	5
6	2	9	1	8	7	4	5	3
9	3	4	8	1	5	2	6	7
7	5	6	3	4	2	9	8	1

Hard - 226

5	6	3	8	2	9	7	1	4
1	7	9	4	6	3	2	5	8
4	9	8	2	7	1	5	6	3
2	1	5	7	9	8	3	4	6
3	5	7	1	4	6	8	2	9
9	2	6	3	8	4	1	7	5
8	4	1	9	5	2	6	3	7
6	8	2	5	3	7	4	9	1
7	3	4	6	1	5	9	8	2

Hard - 227

1	6	5	7	3	2	8	9	4
4	7	6	8	1	5	9	3	2
5	1	9	6	2	3	4	7	8
6	8	2	9	4	7	3	1	5
3	9	1	2	8	4	7	5	6
7	3	4	5	6	8	1	2	9
8	5	3	4	7	9	2	6	1
2	4	7	1	9	6	5	8	3
9	2	8	3	5	1	6	4	7

Hard - 228

3	8	4	2	5	7	6	1	9
4	1	8	7	6	9	2	3	5
2	9	5	6	3	1	4	8	7
6	5	7	1	9	3	8	2	4
9	3	1	8	4	2	5	7	6
7	4	3	9	8	5	1	6	2
5	6	2	3	1	4	7	9	8
1	7	6	5	2	8	9	4	3
8	2	9	4	7	6	3	5	1

Hard - 229

1	7	4	5	9	3	6	8	2
2	3	6	4	1	7	5	9	8
9	8	1	3	6	5	2	4	7
7	2	8	9	5	4	3	6	1
5	9	3	6	8	2	1	7	4
4	6	5	8	2	1	7	3	9
3	5	7	2	4	9	8	1	6
6	4	2	1	7	8	9	5	3
8	1	9	7	3	6	4	2	5

Hard - 230

4	9	1	8	6	5	7	2	3
6	5	2	7	1	3	4	9	8
8	3	4	5	7	9	2	1	6
3	6	8	4	2	1	9	5	7
2	1	3	6	5	4	8	7	9
7	4	9	1	3	2	6	8	5
5	8	6	9	4	7	1	3	2
9	2	7	3	8	6	5	4	1
1	7	5	2	9	8	3	6	4

Hard - 231

6	7	5	2	9	3	8	1	4
4	6	1	8	2	9	3	5	7
1	5	9	3	6	8	4	7	2
2	4	8	5	7	6	1	9	3
7	3	2	9	8	4	5	6	1
8	1	3	7	5	2	6	4	9
5	9	4	6	3	1	7	2	8
3	2	6	1	4	7	9	8	5
9	8	7	4	1	5	2	3	6

Hard - 232

2	1	9	8	7	3	5	4	6
6	4	3	9	5	7	1	8	2
7	3	1	2	4	6	8	5	9
8	5	6	7	9	2	3	1	4
9	8	4	5	3	1	2	6	7
1	6	7	4	8	5	9	2	3
3	2	5	1	6	9	4	7	8
5	9	8	6	2	4	7	3	1
4	7	2	3	1	8	6	9	5

Hard - 233

3	2	1	4	9	5	7	8	6
7	9	2	6	5	8	1	4	3
9	6	7	1	3	4	8	5	2
8	5	4	3	2	7	6	9	1
1	8	6	7	4	2	9	3	5
5	3	9	2	6	1	4	7	8
2	7	3	9	8	6	5	1	4
6	4	5	8	1	9	3	2	7
4	1	8	5	7	3	2	6	9

Hard - 234

3	5	8	6	4	2	7	9	1
7	2	1	4	9	5	8	3	6
9	6	7	8	1	3	4	5	2
8	1	3	2	5	6	9	4	7
5	4	6	7	3	9	1	2	8
4	8	5	9	2	1	6	7	3
2	3	9	1	7	8	5	6	4
1	7	2	5	6	4	3	8	9
6	9	4	3	8	7	2	1	5

Hard - 235

2	3	1	5	9	8	7	4	6
3	9	6	7	4	2	5	8	1
6	5	7	1	2	9	4	3	8
4	8	2	9	1	3	6	5	7
1	2	3	6	5	4	8	7	9
5	6	4	8	7	1	3	9	2
8	7	9	3	6	5	2	1	4
9	4	5	2	8	7	1	6	3
7	1	8	4	3	6	9	2	5

Hard - 236

7	2	3	9	5	4	1	6	8
9	4	6	1	8	2	7	5	3
4	9	8	7	6	5	3	1	2
8	7	2	4	1	3	5	9	6
2	5	1	3	7	6	9	8	4
6	1	5	2	3	9	8	4	7
5	3	7	6	9	8	4	2	1
1	8	4	5	2	7	6	3	9
3	6	9	8	4	1	2	7	5

Hard - 237

4	8	7	5	3	6	2	9	1
2	1	5	9	4	7	8	6	3
9	6	3	1	7	5	4	2	8
6	7	8	2	5	1	3	4	9
3	9	1	4	8	2	6	5	7
5	2	4	8	9	3	1	7	6
8	3	2	7	6	4	9	1	5
1	5	9	6	2	8	7	3	4
7	4	6	3	1	9	5	8	2

Hard - 238

4	7	1	9	8	6	5	3	2
8	6	3	2	5	7	9	4	1
1	9	7	8	3	2	4	6	5
7	3	5	4	6	9	2	1	8
9	2	4	5	1	3	7	8	6
3	8	9	6	2	4	1	5	7
5	4	8	3	7	1	6	2	9
6	1	2	7	4	5	8	9	3
2	5	6	1	9	8	3	7	4

Hard - 239

6	7	3	4	8	5	2	9	1
7	6	4	1	2	9	8	5	3
5	1	8	3	9	7	4	2	6
9	3	2	8	5	6	1	7	4
2	4	6	5	7	8	3	1	9
8	2	1	9	4	3	7	6	5
4	9	5	7	3	1	6	8	2
3	5	7	6	1	2	9	4	8
1	8	9	2	6	4	5	3	7

Hard - 240

9	7	2	5	4	8	3	1	6
4	2	5	1	6	3	9	8	7
7	3	6	9	8	5	1	2	4
6	8	1	3	7	2	4	5	9
8	9	4	6	2	1	7	3	5
3	5	8	2	9	7	6	4	1
1	4	7	8	5	6	2	9	3
2	1	9	7	3	4	5	6	8
5	6	3	4	1	9	8	7	2

Hard - 241

5	6	1	4	7	2	8	9	3
2	3	7	5	8	9	6	1	4
9	2	8	1	5	3	4	7	6
8	1	4	7	9	6	3	2	5
3	9	5	6	4	1	7	8	2
4	7	6	8	2	5	9	3	1
1	4	3	9	6	7	2	5	8
7	8	2	3	1	4	5	6	9
6	5	9	2	3	8	1	4	7

Hard - 242

5	7	6	4	1	2	3	9	8
3	2	9	6	8	5	1	7	4
1	3	7	9	5	6	8	4	2
2	5	1	3	7	4	6	8	9
4	8	5	2	3	7	9	1	6
6	9	2	8	4	1	7	5	3
9	1	3	5	6	8	4	2	7
8	6	4	7	2	9	5	3	1
7	4	8	1	9	3	2	6	5

Hard - 243

1	4	5	9	7	2	6	3	8
5	6	8	2	3	1	9	7	4
7	8	4	6	1	5	2	9	3
2	3	6	7	9	8	1	4	5
4	2	7	5	6	3	8	1	9
8	1	3	4	5	9	7	6	2
9	5	2	1	4	6	3	8	7
6	7	9	3	8	4	5	2	1
3	9	1	8	2	7	4	5	6

Hard - 244

9	3	5	8	6	2	7	4	1
4	9	7	6	5	1	2	3	8
6	1	8	2	4	3	5	7	9
3	7	4	9	8	6	1	2	5
5	2	9	4	1	8	3	6	7
2	6	3	1	7	5	9	8	4
8	5	1	7	2	4	6	9	3
7	8	2	5	3	9	4	1	6
1	4	6	3	9	7	8	5	2

Hard - 245

8	2	3	1	5	4	9	6	7
1	6	5	7	8	9	4	2	3
9	4	7	3	6	2	8	5	1
6	8	4	5	7	1	3	9	2
7	1	2	4	9	3	6	8	5
3	5	9	2	4	8	1	7	6
4	7	1	8	2	6	5	3	9
2	3	6	9	1	5	7	4	8
5	9	8	6	3	7	2	1	4

Hard - 246

8	1	9	7	4	3	2	6	5
6	5	7	4	1	2	8	9	3
3	9	2	1	6	8	5	7	4
4	6	8	2	7	9	3	5	1
9	3	5	6	2	1	7	4	8
7	8	6	5	9	4	1	3	2
1	4	3	8	5	6	9	2	7
5	2	4	3	8	7	6	1	9
2	7	1	9	3	5	4	8	6

Hard - 247

1	3	9	5	2	6	8	7	4
6	7	8	4	5	1	2	9	3
5	6	2	9	3	7	4	8	1
2	1	4	8	7	3	9	6	5
4	5	3	7	8	9	6	1	2
9	8	1	2	6	4	3	5	7
7	2	6	3	9	5	1	4	8
8	9	7	1	4	2	5	3	6
3	4	5	6	1	8	7	2	9

Hard - 248

8	6	7	3	1	4	5	2	9
5	7	6	9	8	2	1	4	3
2	4	1	5	9	3	8	7	6
1	3	5	7	2	9	4	6	8
4	9	8	6	3	1	2	5	7
3	2	9	4	7	5	6	8	1
6	1	2	8	5	7	3	9	4
9	5	4	1	6	8	7	3	2
7	8	3	2	4	6	9	1	5

Hard - 249

5	9	4	6	3	7	8	2	1
6	1	8	2	7	3	9	4	5
3	4	2	5	8	1	6	9	7
7	2	1	3	9	5	4	6	8
9	8	7	1	2	4	3	5	6
2	3	9	7	5	6	1	8	4
8	6	5	4	1	9	2	7	3
1	5	6	8	4	2	7	3	9
4	7	3	9	6	8	5	1	2

Hard - 250

7	4	8	1	2	3	6	5	9
9	5	1	6	7	8	4	2	3
6	2	3	9	4	5	7	8	1
8	9	4	2	3	6	1	7	5
1	3	2	5	8	7	9	6	4
3	6	5	7	1	9	8	4	2
2	1	6	8	5	4	3	9	7
5	7	9	4	6	1	2	3	8
4	8	7	3	9	2	5	1	6

Hard - 251

1	3	5	6	2	7	8	9	4
7	9	6	8	1	4	5	3	2
4	2	8	9	5	3	7	1	6
5	7	4	2	9	8	1	6	3
6	4	1	3	8	5	9	2	7
2	1	3	7	6	9	4	8	5
8	6	9	5	7	2	3	4	1
9	5	2	4	3	1	6	7	8
3	8	7	1	4	6	2	5	9

Hard - 252

7	5	9	4	8	1	3	6	2
3	1	6	2	9	5	8	7	4
8	2	1	9	5	7	6	4	3
9	8	3	5	7	2	4	1	6
6	4	5	3	1	9	2	8	7
5	7	2	6	4	8	9	3	1
2	3	7	1	6	4	5	9	8
1	6	4	8	2	3	7	5	9
4	9	8	7	3	6	1	2	5

Hard - 253

8	1	4	5	9	6	3	7	2
3	7	5	4	8	2	1	6	9
1	3	6	7	2	9	5	8	4
9	4	2	6	5	1	7	3	8
2	9	8	1	3	7	4	5	6
5	6	7	8	4	3	2	9	1
6	2	1	9	7	5	8	4	3
4	5	9	3	1	8	6	2	7
7	8	3	2	6	4	9	1	5

Hard - 254

8	1	6	7	5	3	2	9	4
3	4	2	9	6	5	7	1	8
9	6	8	2	7	4	5	3	1
4	3	1	5	8	7	9	6	2
2	7	5	1	3	9	4	8	6
1	5	3	4	2	8	6	7	9
7	8	9	6	1	2	3	4	5
6	2	4	3	9	1	8	5	7
5	9	7	8	4	6	1	2	3

Hard - 255

9	1	6	7	3	5	4	2	8
4	5	1	3	7	2	8	6	9
8	2	9	4	6	7	5	1	3
5	4	3	8	2	6	1	9	7
2	8	4	6	1	9	7	3	5
1	7	2	5	9	3	6	8	4
6	3	7	9	4	8	2	5	1
3	6	8	1	5	4	9	7	2
7	9	5	2	8	1	3	4	6

Hard - 256

4	8	3	1	2	7	5	6	9
2	6	7	5	9	8	1	3	4
3	2	9	6	7	5	4	8	1
8	5	4	9	3	2	7	1	6
1	9	8	7	6	4	3	2	5
6	7	1	2	4	3	9	5	8
5	4	6	3	1	9	8	7	2
9	3	2	8	5	1	6	4	7
7	1	5	4	8	6	2	9	3

Hard - 257

5	8	9	7	1	4	6	2	3
1	6	8	5	3	2	4	7	9
2	9	7	6	8	1	5	3	4
4	7	5	3	2	9	1	6	8
6	3	4	8	7	5	9	1	2
7	2	1	9	4	8	3	5	6
9	4	6	1	5	3	2	8	7
3	5	2	4	6	7	8	9	1
8	1	3	2	9	6	7	4	5

Hard - 258

1	7	2	6	9	5	3	4	8
8	4	5	7	1	6	9	3	2
5	6	3	4	8	7	2	9	1
3	2	4	9	6	8	1	5	7
2	9	7	5	3	1	8	6	4
6	1	9	2	5	4	7	8	3
9	8	6	1	2	3	4	7	5
7	5	8	3	4	2	6	1	9
4	3	1	8	7	9	5	2	6

Hard - 259

5	4	9	2	3	7	6	8	1
6	1	7	5	8	9	4	2	3
7	8	1	6	4	2	3	5	9
2	5	8	9	6	3	1	4	7
9	2	3	1	7	4	5	6	8
4	3	6	7	2	1	8	9	5
3	6	5	4	1	8	9	7	2
1	7	4	8	9	5	2	3	6
8	9	2	3	5	6	7	1	4

Hard - 260

5	4	1	6	3	9	8	2	7
1	8	3	9	2	6	7	5	4
6	2	7	4	5	8	3	9	1
9	7	8	5	1	3	6	4	2
2	1	4	3	9	7	5	8	6
8	5	6	2	7	4	9	1	3
7	3	5	8	4	2	1	6	9
4	6	9	7	8	1	2	3	5
3	9	2	1	6	5	4	7	8

Hard - 261

8	5	7	9	3	2	1	6	4
7	2	4	3	8	5	9	1	6
9	4	1	6	5	3	7	8	2
3	1	6	7	2	4	8	9	5
2	6	5	1	9	7	4	3	8
5	7	9	8	6	1	2	4	3
1	3	8	2	4	6	5	7	9
6	9	2	4	1	8	3	5	7
4	8	3	5	7	9	6	2	1

Hard - 262

7	3	8	6	4	1	9	5	2
9	2	1	8	5	7	4	6	3
2	4	6	3	1	9	5	8	7
5	6	7	9	2	3	8	1	4
8	5	3	1	7	4	2	9	6
1	8	9	7	6	2	3	4	5
3	1	4	2	8	5	6	7	9
6	9	5	4	3	8	7	2	1
4	7	2	5	9	6	1	3	8

Hard - 263

9	4	1	6	2	3	7	5	8
4	5	7	8	6	9	1	2	3
7	6	2	1	5	4	8	3	9
3	1	6	7	8	5	9	4	2
2	8	5	3	9	1	4	7	6
5	2	9	4	3	8	6	1	7
6	3	4	9	7	2	5	8	1
1	9	8	2	4	7	3	6	5
8	7	3	5	1	6	2	9	4

Hard - 264

8	6	2	5	7	3	9	4	1
4	5	7	9	3	2	1	6	8
1	9	6	7	4	5	8	2	3
2	4	9	1	6	8	5	3	7
7	8	5	3	2	4	6	1	9
3	1	4	6	8	9	7	5	2
5	7	3	8	1	6	2	9	4
9	2	1	4	5	7	3	8	6
6	3	8	2	9	1	4	7	5

Hard - 265

1	9	7	5	3	2	6	8	4
2	5	4	3	8	9	7	1	6
7	2	3	8	6	5	1	4	9
6	1	8	9	4	7	5	2	3
9	4	2	7	5	8	3	6	1
5	8	6	1	7	3	4	9	2
8	3	1	6	9	4	2	7	5
3	6	9	4	2	1	8	5	7
4	7	5	2	1	6	9	3	8

Hard - 266

9	5	2	3	7	8	6	1	4
7	2	6	1	3	5	4	8	9
3	1	4	9	8	6	2	7	5
8	6	5	2	4	7	1	9	3
4	7	8	5	6	1	9	3	2
1	3	9	4	5	2	7	6	8
2	8	1	6	9	3	5	4	7
5	9	3	7	1	4	8	2	6
6	4	7	8	2	9	3	5	1

Hard - 267

8	9	3	7	5	4	2	1	6
5	2	1	3	7	8	6	4	9
6	4	5	9	1	2	8	7	3
4	7	2	5	6	1	9	3	8
9	1	8	2	4	7	3	6	5
3	8	4	1	9	6	5	2	7
7	3	9	6	2	5	1	8	4
2	5	6	4	8	3	7	9	1
1	6	7	8	3	9	4	5	2

Hard - 268

2	9	1	6	8	4	5	7	3
1	4	7	9	2	5	8	3	6
3	6	2	8	5	1	9	4	7
8	7	6	1	9	3	2	5	4
5	3	9	4	1	6	7	8	2
4	2	8	5	6	7	3	1	9
6	1	3	2	7	8	4	9	5
7	8	5	3	4	9	6	2	1
9	5	4	7	3	2	1	6	8

Hard - 269

7	9	1	8	6	3	5	2	4
3	4	2	5	8	7	6	1	9
6	7	8	3	9	2	4	5	1
4	1	9	6	7	5	2	3	8
1	5	7	9	4	6	3	8	2
8	2	6	1	5	9	7	4	3
5	6	3	4	2	8	1	9	7
2	8	4	7	3	1	9	6	5
9	3	5	2	1	4	8	7	6

Hard - 270

7	1	9	8	3	5	6	2	4
2	3	8	4	6	9	7	5	1
5	8	6	9	2	7	4	1	3
4	6	2	7	1	3	5	8	9
8	9	7	1	5	4	2	3	6
1	5	3	2	4	6	8	9	7
3	7	4	5	9	2	1	6	8
6	2	1	3	7	8	9	4	5
9	4	5	6	8	1	3	7	2

Hard - 271

2	7	1	3	9	4	8	5	6
5	4	8	9	6	1	2	7	3
9	3	6	4	8	7	5	1	2
1	2	3	5	7	8	6	4	9
7	9	4	8	2	5	3	6	1
3	8	5	6	1	2	4	9	7
8	1	9	2	5	6	7	3	4
4	6	2	7	3	9	1	8	5
6	5	7	1	4	3	9	2	8

Hard - 272

2	8	7	9	1	6	4	5	3
8	9	1	6	5	4	2	3	7
6	7	5	3	4	9	1	2	8
1	5	6	8	7	2	3	4	9
3	4	9	7	6	1	5	8	2
4	2	3	1	9	5	8	7	6
5	3	2	4	8	7	6	9	1
9	6	4	2	3	8	7	1	5
7	1	8	5	2	3	9	6	4

Hard - 273

8	2	9	3	1	5	4	6	7
4	6	2	1	9	7	5	3	8
7	8	6	9	3	4	1	2	5
5	3	7	8	6	2	9	4	1
2	9	4	6	5	1	8	7	3
3	5	1	7	2	9	6	8	4
1	7	5	4	8	6	3	9	2
6	1	8	2	4	3	7	5	9
9	4	3	5	7	8	2	1	6

Hard - 274

4	1	2	8	9	7	5	3	6
6	9	3	7	4	5	2	8	1
1	8	5	3	7	2	6	4	9
9	2	8	6	5	1	3	7	4
3	5	6	4	1	8	9	2	7
8	4	7	2	3	6	1	9	5
2	6	4	5	8	9	7	1	3
5	7	1	9	2	3	4	6	8
7	3	9	1	6	4	8	5	2

Hard - 275

8	7	2	9	6	3	1	5	4
6	1	9	4	3	7	8	2	5
4	5	7	6	1	9	2	3	8
3	9	8	2	5	6	4	7	1
2	8	6	1	7	5	3	4	9
5	6	4	3	9	1	7	8	2
9	2	1	7	4	8	5	6	3
7	4	3	5	8	2	9	1	6
1	3	5	8	2	4	6	9	7

Hard - 276

6	1	5	7	2	9	3	4	8
9	5	8	3	1	4	2	7	6
4	6	3	8	7	2	9	1	5
7	9	1	4	8	3	5	6	2
2	8	4	9	6	5	7	3	1
3	2	6	1	5	7	8	9	4
5	4	7	2	3	1	6	8	9
8	7	9	5	4	6	1	2	3
1	3	2	6	9	8	4	5	7

Hard - 277

2	4	7	3	6	5	1	9	8
6	3	2	9	8	4	5	1	7
8	9	5	1	4	2	7	6	3
1	8	3	7	5	6	9	4	2
7	6	1	4	9	3	8	2	5
5	7	4	8	2	1	6	3	9
9	2	6	5	3	7	4	8	1
4	1	8	2	7	9	3	5	6
3	5	9	6	1	8	2	7	4

Hard - 278

1	9	7	8	3	4	5	2	6
6	2	4	9	1	8	7	3	5
5	3	1	4	7	9	2	6	8
8	5	3	2	6	7	9	4	1
4	7	8	3	5	2	6	1	9
2	8	6	7	9	1	4	5	3
3	4	9	5	2	6	1	8	7
7	6	5	1	4	3	8	9	2
9	1	2	6	8	5	3	7	4

Hard - 279

1	9	3	7	8	6	5	4	2
2	4	8	1	3	5	9	6	7
6	8	2	5	7	4	1	3	9
5	7	9	8	6	1	3	2	4
4	6	1	2	9	7	8	5	3
3	5	6	9	4	2	7	8	1
8	3	7	4	2	9	6	1	5
9	1	4	3	5	8	2	7	6
7	2	5	6	1	3	4	9	8

Hard - 280

7	6	2	1	5	4	3	8	9
4	3	9	8	2	6	7	5	1
3	2	8	6	1	5	4	9	7
5	4	1	9	7	8	2	6	3
1	7	5	2	8	9	6	3	4
6	8	7	5	3	1	9	4	2
8	9	3	7	4	2	5	1	6
2	5	6	4	9	3	1	7	8
9	1	4	3	6	7	8	2	5

Hard - 281

5	3	2	8	9	1	7	4	6
7	5	9	3	4	6	2	8	1
8	6	5	7	3	4	1	9	2
4	8	1	9	2	5	3	6	7
1	4	7	6	8	2	5	3	9
9	2	3	1	6	7	4	5	8
6	1	8	2	5	3	9	7	4
3	7	6	4	1	9	8	2	5
2	9	4	5	7	8	6	1	3

Hard - 282

3	6	9	1	8	7	4	2	5
9	2	5	6	1	4	8	3	7
7	3	4	5	2	9	6	8	1
4	1	8	7	9	2	3	5	6
1	8	3	2	5	6	9	7	4
5	7	2	9	6	8	1	4	3
2	4	6	8	3	5	7	1	9
6	5	1	4	7	3	2	9	8
8	9	7	3	4	1	5	6	2

Hard - 283

4	2	1	6	8	7	3	5	9
9	8	3	1	4	5	7	2	6
2	7	5	3	9	8	1	6	4
7	5	4	9	6	1	8	3	2
1	6	8	5	2	3	4	9	7
8	3	6	7	5	9	2	4	1
3	9	7	2	1	4	6	8	5
5	1	2	4	3	6	9	7	8
6	4	9	8	7	2	5	1	3

Hard - 284

3	8	5	6	2	7	4	9	1
4	1	7	9	6	8	3	2	5
2	4	8	3	9	5	6	1	7
5	9	6	2	1	4	7	3	8
7	5	3	1	4	2	8	6	9
1	6	9	7	8	3	5	4	2
6	7	2	8	3	1	9	5	4
9	2	4	5	7	6	1	8	3
8	3	1	4	5	9	2	7	6

Hard - 285

9	4	2	8	7	5	3	6	1
7	1	6	5	2	3	4	8	9
3	8	4	7	9	1	6	2	5
6	5	9	3	1	2	8	4	7
4	7	5	6	8	9	2	1	3
8	2	3	1	5	6	9	7	4
2	3	8	9	4	7	1	5	6
5	6	1	2	3	4	7	9	8
1	9	7	4	6	8	5	3	2

Hard - 286

2	7	9	6	1	5	8	4	3
6	1	4	7	8	2	3	5	9
5	3	8	2	9	4	7	6	1
4	2	3	9	5	6	1	7	8
9	6	7	5	3	1	4	8	2
3	8	5	1	6	7	9	2	4
1	5	6	8	4	3	2	9	7
7	9	1	4	2	8	5	3	6
8	4	2	3	7	9	6	1	5

Hard - 287

4	8	1	5	3	6	7	9	2
6	9	3	2	4	8	5	7	1
1	7	6	9	5	4	2	3	8
7	4	8	6	2	5	9	1	3
8	5	4	3	7	2	1	6	9
2	3	5	4	1	9	6	8	7
3	6	7	8	9	1	4	2	5
9	1	2	7	6	3	8	5	4
5	2	9	1	8	7	3	4	6

Hard - 288

9	1	8	2	5	3	4	7	6
4	8	5	7	1	9	6	3	2
7	2	3	6	9	4	8	1	5
5	3	6	9	4	1	7	2	8
3	7	4	5	2	8	9	6	1
1	9	2	4	8	6	3	5	7
8	5	1	3	6	7	2	4	9
2	6	7	8	3	5	1	9	4
6	4	9	1	7	2	5	8	3

Hard - 289

1	5	2	4	8	9	6	3	7
4	9	3	6	7	8	1	5	2
6	8	7	5	2	4	3	9	1
7	1	9	2	4	3	5	8	6
8	2	4	3	5	6	7	1	9
5	3	6	1	9	7	8	2	4
2	4	1	7	3	5	9	6	8
3	6	8	9	1	2	4	7	5
9	7	5	8	6	1	2	4	3

Hard - 290

1	5	7	3	2	8	4	9	6
9	2	4	8	1	6	7	5	3
6	4	3	9	5	1	2	8	7
3	1	9	6	8	7	5	2	4
4	7	8	5	6	3	9	1	2
8	9	6	7	4	2	1	3	5
2	6	5	4	3	9	8	7	1
5	8	1	2	7	4	3	6	9
7	3	2	1	9	5	6	4	8

Hard - 291

6	1	5	3	4	9	7	8	2
9	7	2	8	1	4	5	6	3
1	4	7	5	8	3	6	2	9
8	5	9	6	2	7	4	3	1
3	2	6	9	7	8	1	5	4
5	9	1	4	3	2	8	7	6
4	8	3	2	5	6	9	1	7
7	3	4	1	6	5	2	9	8
2	6	8	7	9	1	3	4	5

Hard - 292

1	9	5	8	3	7	6	4	2
2	4	6	7	8	9	1	5	3
5	8	7	2	4	3	9	6	1
9	5	3	1	6	2	7	8	4
4	7	9	6	1	5	2	3	8
3	1	8	4	2	6	5	7	9
6	2	1	3	7	4	8	9	5
7	3	2	9	5	8	4	1	6
8	6	4	5	9	1	3	2	7

Hard - 293

5	2	1	9	8	7	3	4	6
2	7	6	8	4	9	1	3	5
4	1	3	7	5	2	9	6	8
1	8	9	6	3	5	4	2	7
8	9	2	4	6	3	7	5	1
6	5	4	2	9	1	8	7	3
7	3	5	1	2	8	6	9	4
3	6	8	5	7	4	2	1	9
9	4	7	3	1	6	5	8	2

Hard - 294

1	7	9	6	3	2	5	8	4
3	4	5	9	8	1	2	6	7
5	3	8	4	7	6	1	2	9
7	2	6	5	1	4	8	9	3
4	1	3	8	2	9	7	5	6
8	9	4	1	6	5	3	7	2
2	6	7	3	4	8	9	1	5
6	5	1	2	9	7	4	3	8
9	8	2	7	5	3	6	4	1

Hard - 295

2	5	8	9	6	1	7	4	3
5	4	3	2	1	6	9	8	7
3	8	9	6	7	4	2	5	1
1	7	2	8	4	3	5	9	6
6	9	4	5	8	7	3	1	2
9	2	5	1	3	8	6	7	4
8	3	7	4	2	9	1	6	5
4	1	6	7	5	2	8	3	9
7	6	1	3	9	5	4	2	8

Hard - 296

2	9	6	4	1	8	7	5	3
1	7	9	3	5	2	8	4	6
6	5	7	8	3	4	2	9	1
7	3	4	6	8	9	5	1	2
9	2	8	1	4	5	3	6	7
5	8	3	2	6	1	4	7	9
4	1	2	7	9	3	6	8	5
3	4	1	5	7	6	9	2	8
8	6	5	9	2	7	1	3	4

Hard - 297

2	4	7	8	5	3	1	9	6
6	5	1	3	9	8	2	7	4
9	6	2	7	3	1	8	4	5
8	1	3	9	6	5	4	2	7
4	9	8	5	7	2	6	3	1
7	2	5	4	1	6	9	8	3
3	7	6	2	4	9	5	1	8
5	3	9	1	8	4	7	6	2
1	8	4	6	2	7	3	5	9

Hard - 298

9	4	6	1	2	3	8	7	5
2	3	5	7	8	9	6	1	4
8	1	3	5	4	6	9	2	7
6	5	7	9	3	1	4	8	2
7	2	8	4	9	5	3	6	1
3	6	4	2	1	8	7	5	9
5	7	9	3	6	2	1	4	8
4	8	1	6	5	7	2	9	3
1	9	2	8	7	4	5	3	6

Hard - 299

6	2	1	9	8	7	3	5	4
3	9	8	7	5	4	2	1	6
2	5	3	4	9	6	8	7	1
1	4	9	8	6	2	7	3	5
8	6	7	1	3	5	4	2	9
7	8	6	2	4	1	5	9	3
4	1	5	6	7	3	9	8	2
9	3	2	5	1	8	6	4	7
5	7	4	3	2	9	1	6	8

Hard - 300

9	2	5	4	3	1	6	8	7
6	9	4	7	8	3	2	5	1
1	7	8	9	6	2	3	4	5
8	6	2	3	1	7	5	9	4
4	5	7	6	2	9	8	1	3
5	4	3	1	7	8	9	6	2
3	8	6	2	5	4	1	7	9
2	1	9	5	4	6	7	3	8
7	3	1	8	9	5	4	2	6

Extreme - 1

9	1	8	5	2	4	6	7	3
8	3	4	2	5	9	1	6	7
2	5	6	7	9	1	3	4	8
1	4	7	3	8	6	5	2	9
3	6	2	9	1	7	8	5	4
7	8	5	6	3	2	4	9	1
4	2	9	1	6	3	7	8	5
6	7	3	8	4	5	9	1	2
5	9	1	4	7	8	2	3	6

Extreme - 2

6	4	9	3	1	7	5	2	8
1	3	7	5	9	6	2	8	4
3	9	8	2	6	4	1	5	7
4	2	1	7	5	9	8	6	3
5	7	2	8	4	3	6	1	9
2	1	3	6	7	8	9	4	5
9	5	4	1	8	2	3	7	6
7	8	6	9	2	5	4	3	1
8	6	5	4	3	1	7	9	2

Extreme - 3

5	7	6	1	3	9	2	8	4
8	9	3	4	7	6	1	5	2
6	4	1	3	2	5	7	9	8
7	3	8	9	5	2	4	6	1
2	1	7	5	8	4	6	3	9
1	6	4	2	9	8	5	7	3
9	2	5	8	6	1	3	4	7
4	5	9	7	1	3	8	2	6
3	8	2	6	4	7	9	1	5

Extreme - 4

5	4	3	1	6	7	8	2	9
9	5	2	4	3	8	6	7	1
7	2	1	9	8	6	3	4	5
6	8	5	2	7	9	4	1	3
4	3	8	7	1	5	9	6	2
1	6	9	3	2	4	7	5	8
2	9	7	8	4	1	5	3	6
3	7	6	5	9	2	1	8	4
8	1	4	6	5	3	2	9	7

Extreme - 5

3	7	2	1	9	6	5	8	4
4	5	8	6	1	9	3	7	2
9	4	3	5	2	7	8	1	6
5	3	4	8	7	2	6	9	1
8	2	9	7	6	1	4	3	5
7	6	1	2	8	5	9	4	3
6	1	5	9	3	4	7	2	8
1	9	6	3	4	8	2	5	7
2	8	7	4	5	3	1	6	9

Extreme - 6

7	9	4	6	5	8	1	3	2
2	1	7	3	4	6	9	8	5
6	5	9	8	1	4	2	7	3
4	8	3	9	7	2	5	6	1
3	2	8	4	9	5	6	1	7
1	6	5	7	2	3	8	4	9
5	7	6	1	3	9	4	2	8
8	3	2	5	6	1	7	9	4
9	4	1	2	8	7	3	5	6

Extreme - 7

6	5	3	8	2	7	1	9	4
8	1	4	9	7	2	6	5	3
1	9	2	5	3	6	7	4	8
5	3	7	4	8	9	2	6	1
4	6	9	1	5	3	8	7	2
2	7	8	6	1	4	9	3	5
3	2	1	7	6	5	4	8	9
7	4	5	2	9	8	3	1	6
9	8	6	3	4	1	5	2	7

Extreme - 8

1	4	6	8	5	3	2	7	9
3	8	9	6	1	2	7	4	5
6	7	1	5	9	4	3	2	8
7	1	5	2	4	9	8	6	3
2	3	4	9	6	5	1	8	7
8	2	3	1	7	6	9	5	4
9	5	8	4	3	7	6	1	2
4	9	2	7	8	1	5	3	6
5	6	7	3	2	8	4	9	1

Extreme - 9

1	4	7	3	9	6	8	2	5
2	6	9	1	4	7	5	8	3
3	8	4	6	2	5	1	9	7
5	9	2	4	6	8	7	3	1
4	1	8	9	5	3	2	7	6
9	7	3	8	1	2	6	5	4
7	2	1	5	3	4	9	6	8
6	3	5	7	8	9	4	1	2
8	5	6	2	7	1	3	4	9

Extreme - 10

5	1	6	3	4	7	2	9	8
9	2	8	4	7	5	6	3	1
7	3	1	8	6	2	9	5	4
2	9	7	6	5	1	4	8	3
1	6	5	2	9	8	3	4	7
4	7	3	5	8	9	1	6	2
6	5	2	1	3	4	8	7	9
3	8	4	9	2	6	7	1	5
8	4	9	7	1	3	5	2	6

Extreme - 11

2	6	5	9	3	7	8	4	1
4	9	3	2	1	6	5	7	8
8	3	7	4	9	2	1	5	6
6	8	1	7	5	3	9	2	4
1	7	2	5	6	8	4	3	9
5	2	4	1	7	9	6	8	3
7	4	6	8	2	1	3	9	5
9	1	8	3	4	5	2	6	7
3	5	9	6	8	4	7	1	2

Extreme - 12

4	8	6	9	1	5	7	2	3
6	1	8	3	2	7	9	5	4
5	3	2	7	4	9	1	8	6
2	4	1	5	7	6	3	9	8
7	9	5	1	6	4	8	3	2
9	7	3	6	8	2	4	1	5
8	2	9	4	5	3	6	7	1
3	5	4	8	9	1	2	6	7
1	6	7	2	3	8	5	4	9

Extreme - 13

5	8	1	9	4	6	7	2	3
2	5	8	4	1	3	6	9	7
7	9	3	6	2	5	4	8	1
9	4	2	3	6	1	8	7	5
6	1	7	8	5	9	2	3	4
8	3	5	2	7	4	1	6	9
1	6	9	5	8	7	3	4	2
3	2	4	7	9	8	5	1	6
4	7	6	1	3	2	9	5	8

Extreme - 14

1	2	6	8	9	7	5	4	3
2	3	7	9	8	4	6	1	5
7	9	8	1	5	2	3	6	4
6	5	4	2	3	8	7	9	1
5	1	3	7	6	9	4	2	8
3	8	2	4	7	6	1	5	9
4	7	9	3	1	5	2	8	6
8	6	1	5	4	3	9	7	2
9	4	5	6	2	1	8	3	7

Extreme - 15

4	9	5	7	2	1	8	6	3
1	8	2	4	5	3	6	9	7
3	6	4	9	1	2	7	5	8
2	5	1	3	7	9	4	8	6
5	2	8	6	9	4	3	7	1
7	4	3	8	6	5	1	2	9
6	7	9	1	3	8	5	4	2
8	1	6	2	4	7	9	3	5
9	3	7	5	8	6	2	1	4

Extreme - 16

5	8	7	6	1	3	9	4	2
4	2	9	8	6	1	7	5	3
2	3	5	9	4	7	1	6	8
7	6	2	4	9	8	5	3	1
9	5	3	7	8	4	2	1	6
3	1	6	5	7	9	8	2	4
6	9	8	1	3	2	4	7	5
8	4	1	3	2	5	6	9	7
1	7	4	2	5	6	3	8	9

Extreme - 17

2	5	4	6	9	8	1	7	3
7	3	1	2	5	4	6	8	9
8	9	3	7	1	2	4	6	5
6	8	7	9	2	5	3	1	4
3	1	8	4	6	7	9	5	2
9	7	5	1	3	6	2	4	8
4	2	6	5	8	3	7	9	1
1	4	2	8	7	9	5	3	6
5	6	9	3	4	1	8	2	7

Extreme - 18

2	8	9	1	4	6	5	3	7
3	9	1	7	2	8	4	6	5
5	6	2	4	8	9	7	1	3
8	4	6	5	9	1	3	7	2
7	1	3	2	6	4	8	5	9
9	3	7	8	1	5	6	2	4
1	5	4	6	7	3	2	9	8
4	2	5	9	3	7	1	8	6
6	7	8	3	5	2	9	4	1

Extreme - 19

4	9	2	1	5	6	3	8	7
2	3	7	9	4	8	1	6	5
7	5	6	8	1	4	2	3	9
8	6	4	3	9	2	7	5	1
9	1	8	6	7	3	5	2	4
5	2	3	7	8	9	4	1	6
1	4	9	2	6	5	8	7	3
6	8	1	5	3	7	9	4	2
3	7	5	4	2	1	6	9	8

Extreme - 20

4	7	2	8	9	5	6	1	3
6	1	5	4	2	8	7	3	9
8	4	1	9	6	7	3	2	5
5	6	8	7	3	2	9	4	1
2	3	9	1	8	6	5	7	4
7	9	3	2	5	1	4	6	8
3	5	4	6	7	9	1	8	2
1	2	7	5	4	3	8	9	6
9	8	6	3	1	4	2	5	7

Extreme - 21

9	1	2	3	6	5	4	8	7
7	5	4	8	9	2	1	6	3
2	7	8	4	5	3	6	9	1
6	8	1	5	7	4	3	2	9
3	9	6	2	1	8	5	7	4
4	3	9	6	2	7	8	1	5
8	2	3	9	4	1	7	5	6
1	4	5	7	8	6	9	3	2
5	6	7	1	3	9	2	4	8

Extreme - 22

3	5	4	2	1	8	6	9	7
2	1	7	4	6	9	5	8	3
6	8	9	3	5	7	4	2	1
9	2	1	7	8	6	3	4	5
4	6	5	9	3	2	1	7	8
5	9	8	6	4	1	7	3	2
1	7	3	8	2	5	9	6	4
7	3	2	5	9	4	8	1	6
8	4	6	1	7	3	2	5	9

Extreme - 23

2	3	7	9	5	1	8	4	6
4	8	9	6	1	3	7	5	2
1	5	6	4	3	9	2	8	7
3	7	8	2	9	5	6	1	4
6	2	3	8	7	4	5	9	1
5	6	1	7	8	2	4	3	9
7	1	4	5	6	8	9	2	3
8	9	2	1	4	7	3	6	5
9	4	5	3	2	6	1	7	8

Extreme - 24

8	5	9	6	3	1	2	4	7
2	6	4	5	7	8	3	9	1
7	4	6	8	9	5	1	3	2
3	1	5	7	8	2	4	6	9
9	3	2	1	6	4	5	7	8
1	9	3	2	5	6	7	8	4
5	8	1	9	4	7	6	2	3
6	7	8	4	2	3	9	1	5
4	2	7	3	1	9	8	5	6

Extreme - 25

1	6	4	8	5	3	9	2	7
3	2	9	6	7	1	5	8	4
7	9	3	2	1	6	8	4	5
8	4	1	5	3	2	7	9	6
4	3	5	9	6	8	2	7	1
5	8	7	4	2	9	6	1	3
2	7	6	1	8	5	4	3	9
6	1	8	7	9	4	3	5	2
9	5	2	3	4	7	1	6	8

Extreme - 26

3	2	7	1	4	6	8	9	5
6	5	8	3	9	4	1	7	2
2	9	6	5	1	7	4	8	3
5	4	1	7	2	8	3	6	9
7	8	9	4	5	3	2	1	6
8	6	5	9	3	2	7	4	1
4	3	2	8	6	1	9	5	7
1	7	3	6	8	9	5	2	4
9	1	4	2	7	5	6	3	8

Extreme - 27

5	3	7	6	9	4	2	8	1
4	1	8	2	3	5	9	6	7
6	8	5	7	2	1	3	4	9
1	6	9	3	8	7	4	2	5
7	9	2	5	4	3	6	1	8
8	7	3	4	1	6	5	9	2
9	4	6	8	7	2	1	5	3
2	5	1	9	6	8	7	3	4
3	2	4	1	5	9	8	7	6

Extreme - 28

5	7	4	9	1	6	3	2	8
8	3	5	4	9	2	6	7	1
1	6	7	2	3	8	4	9	5
7	5	3	6	4	1	2	8	9
2	1	9	8	6	3	5	4	7
9	8	1	3	5	4	7	6	2
4	9	6	1	2	7	8	5	3
3	4	2	7	8	5	9	1	6
6	2	8	5	7	9	1	3	4

Extreme - 29

9	6	8	4	7	3	1	5	2
3	5	2	8	1	6	4	7	9
4	9	7	1	2	8	3	6	5
8	4	3	5	9	2	7	1	6
5	3	1	2	6	4	8	9	7
2	1	6	7	8	9	5	3	4
1	7	9	6	3	5	2	4	8
6	8	4	3	5	7	9	2	1
7	2	5	9	4	1	6	8	3

Extreme - 30

5	6	9	2	4	7	3	1	8
3	8	1	6	7	5	4	2	9
9	1	6	7	3	8	5	4	2
2	3	5	4	8	1	6	9	7
8	7	4	1	6	9	2	5	3
1	5	8	3	2	4	9	7	6
6	4	7	5	9	2	8	3	1
7	9	2	8	5	3	1	6	4
4	2	3	9	1	6	7	8	5

Extreme - 31

5	1	8	4	2	7	6	3	9
8	9	7	6	3	5	4	1	2
4	5	2	3	7	9	1	6	8
2	3	1	8	6	4	9	5	7
1	4	6	5	9	2	7	8	3
6	8	9	7	4	1	3	2	5
7	2	3	9	5	6	8	4	1
9	6	5	1	8	3	2	7	4
3	7	4	2	1	8	5	9	6

Extreme - 32

2	6	4	1	8	7	9	3	5
3	8	9	6	7	5	4	2	1
9	4	1	7	5	2	3	8	6
5	9	6	8	1	3	2	4	7
7	2	8	3	6	9	5	1	4
1	3	7	5	2	4	8	6	9
4	1	5	2	3	6	7	9	8
6	5	3	9	4	8	1	7	2
8	7	2	4	9	1	6	5	3

Extreme - 33

5	8	4	6	3	1	2	7	9
6	7	8	5	9	2	1	3	4
7	4	2	3	1	9	8	5	6
3	9	1	2	4	5	6	8	7
2	1	6	8	5	4	7	9	3
9	2	5	1	7	3	4	6	8
8	6	3	9	2	7	5	4	1
1	3	7	4	6	8	9	2	5
4	5	9	7	8	6	3	1	2

Extreme - 34

7	2	1	8	9	6	5	3	4
2	9	8	4	5	3	7	1	6
5	3	4	9	6	1	2	7	8
8	1	6	7	2	5	3	4	9
1	8	9	3	7	4	6	2	5
3	5	2	6	4	7	9	8	1
6	4	7	5	8	2	1	9	3
4	6	3	2	1	9	8	5	7
9	7	5	1	3	8	4	6	2

Extreme - 35

2	8	7	6	5	9	1	3	4
5	1	6	9	2	3	4	8	7
8	9	2	3	7	4	5	1	6
6	7	4	1	3	8	9	2	5
1	6	9	2	4	5	3	7	8
3	4	5	7	8	1	2	6	9
4	3	8	5	1	7	6	9	2
7	2	3	4	9	6	8	5	1
9	5	1	8	6	2	7	4	3

Extreme - 36

7	9	1	3	8	6	4	2	5
2	4	5	6	3	7	1	8	9
8	6	7	5	2	3	9	4	1
4	7	9	2	1	8	3	5	6
1	3	6	9	5	2	8	7	4
9	8	4	7	6	5	2	1	3
3	5	2	1	9	4	7	6	8
5	1	8	4	7	9	6	3	2
6	2	3	8	4	1	5	9	7

Extreme - 37

8	6	3	5	2	4	9	1	7
7	2	8	6	9	3	1	5	4
4	5	1	7	8	2	6	9	3
1	7	6	9	4	5	8	3	2
5	4	9	2	3	1	7	8	6
6	3	5	8	1	7	2	4	9
3	9	2	1	6	8	4	7	5
9	1	7	4	5	6	3	2	8
2	8	4	3	7	9	5	6	1

Extreme - 38

2	4	1	3	6	8	5	9	7
8	5	9	6	4	2	7	3	1
4	7	6	8	5	3	1	2	9
5	3	2	7	1	9	8	4	6
1	9	7	4	3	6	2	8	5
9	1	5	2	8	7	3	6	4
3	2	4	1	9	5	6	7	8
7	6	8	9	2	1	4	5	3
6	8	3	5	7	4	9	1	2

Extreme - 39

4	9	8	7	1	5	3	2	6
2	8	4	9	7	6	5	3	1
3	7	2	6	9	1	4	5	8
9	5	6	1	3	7	8	4	2
5	6	7	2	8	4	9	1	3
8	3	1	4	2	9	7	6	5
7	4	3	5	6	2	1	8	9
6	1	9	3	5	8	2	7	4
1	2	5	8	4	3	6	9	7

Extreme - 40

4	8	2	5	7	3	1	6	9
3	6	5	9	4	1	2	7	8
1	9	7	2	8	6	3	4	5
5	1	8	6	9	4	7	3	2
2	3	4	7	6	8	5	9	1
6	5	3	4	2	9	8	1	7
7	4	6	8	1	5	9	2	3
9	7	1	3	5	2	6	8	4
8	2	9	1	3	7	4	5	6

Extreme - 41

7	3	6	2	4	8	1	9	5
5	1	2	8	6	4	9	3	7
9	4	8	5	7	3	2	1	6
3	5	4	7	9	1	6	8	2
2	6	9	1	3	7	5	4	8
8	2	5	9	1	6	3	7	4
1	8	7	3	2	5	4	6	9
4	7	1	6	5	9	8	2	3
6	9	3	4	8	2	7	5	1

Extreme - 42

3	8	5	1	4	2	6	7	9
6	7	2	8	3	5	4	9	1
7	9	6	4	1	8	3	2	5
2	1	9	5	6	3	7	8	4
4	3	7	6	2	1	9	5	8
5	4	8	2	7	9	1	3	6
1	5	3	9	8	4	2	6	7
9	2	4	7	5	6	8	1	3
8	6	1	3	9	7	5	4	2

Extreme - 43

8	7	3	9	6	2	1	4	5
1	4	6	5	2	3	9	8	7
5	6	4	2	7	9	8	1	3
9	2	1	3	8	5	6	7	4
6	3	8	7	9	1	4	5	2
2	1	7	8	3	4	5	9	6
4	8	2	1	5	6	7	3	9
3	9	5	4	1	7	2	6	8
7	5	9	6	4	8	3	2	1

Extreme - 44

3	1	9	7	6	4	2	5	8
9	7	2	1	4	8	5	6	3
5	3	6	4	8	9	7	2	1
2	6	5	8	1	3	9	7	4
4	8	1	6	5	2	3	9	7
7	5	4	3	9	6	8	1	2
8	9	3	2	7	1	6	4	5
1	2	7	9	3	5	4	8	6
6	4	8	5	2	7	1	3	9

Extreme - 45

2	1	6	5	7	9	8	4	3
5	6	9	4	2	3	1	7	8
4	3	8	6	9	7	2	1	5
7	8	3	1	5	4	6	2	9
1	5	7	3	8	2	4	9	6
6	9	4	7	1	8	5	3	2
8	4	2	9	3	6	7	5	1
9	2	5	8	4	1	3	6	7
3	7	1	2	6	5	9	8	4

Extreme - 46

1	3	7	9	8	6	2	4	5
9	8	4	5	7	2	1	6	3
6	2	1	3	4	5	7	9	8
5	4	3	1	9	8	6	2	7
4	1	5	6	2	7	3	8	9
2	9	8	7	6	4	5	3	1
7	5	2	8	3	9	4	1	6
3	6	9	4	5	1	8	7	2
8	7	6	2	1	3	9	5	4

Extreme - 47

4	8	1	3	9	2	7	5	6
7	5	6	1	2	9	4	8	3
2	9	8	4	3	7	1	6	5
6	7	3	5	1	4	2	9	8
9	4	2	8	5	3	6	7	1
3	6	9	2	8	1	5	4	7
5	1	4	7	6	8	9	3	2
8	2	7	6	4	5	3	1	9
1	3	5	9	7	6	8	2	4

Extreme - 48

3	5	1	2	8	9	7	4	6
9	7	6	8	5	4	3	2	1
4	6	7	3	2	1	5	9	8
5	1	3	4	7	2	6	8	9
2	9	8	7	6	3	1	5	4
7	8	2	6	9	5	4	1	3
6	4	9	1	3	8	2	7	5
1	3	5	9	4	7	8	6	2
8	2	4	5	1	6	9	3	7

Extreme - 49

8	6	3	9	2	1	4	7	5
4	5	7	6	3	8	1	9	2
7	9	4	2	1	5	6	3	8
1	2	8	5	6	9	3	4	7
6	4	9	1	7	2	8	5	3
2	7	6	4	9	3	5	8	1
5	3	1	7	8	6	9	2	4
3	1	2	8	5	4	7	6	9
9	8	5	3	4	7	2	1	6

Extreme - 50

4	2	5	9	1	7	6	8	3
8	5	6	4	3	1	7	2	9
6	3	7	8	2	9	4	1	5
1	7	8	3	6	2	5	9	4
9	4	2	7	8	3	1	5	6
5	1	9	6	7	4	2	3	8
2	6	3	1	5	8	9	4	7
3	9	1	5	4	6	8	7	2
7	8	4	2	9	5	3	6	1

Extreme - 51

7	9	4	1	5	2	6	8	3
2	3	5	6	9	8	1	7	4
8	6	1	3	4	7	9	5	2
6	1	8	2	3	9	5	4	7
9	5	7	4	8	1	3	2	6
3	4	6	7	2	5	8	9	1
4	2	9	5	6	3	7	1	8
1	8	3	9	7	4	2	6	5
5	7	2	8	1	6	4	3	9

Extreme - 52

1	9	8	2	3	4	5	6	7
4	5	3	8	6	9	1	7	2
7	2	6	3	5	8	9	4	1
2	8	1	9	7	6	4	5	3
9	6	5	7	1	3	2	8	4
3	7	4	5	8	2	6	1	9
6	4	7	1	2	5	3	9	8
5	1	2	4	9	7	8	3	6
8	3	9	6	4	1	7	2	5

Extreme - 53

8	4	7	3	1	9	5	6	2
2	1	3	4	8	7	6	9	5
5	6	9	7	4	1	2	3	8
1	5	6	8	2	3	9	7	4
4	3	1	9	5	6	8	2	7
3	8	2	6	7	5	1	4	9
7	9	5	1	3	2	4	8	6
6	7	8	2	9	4	3	5	1
9	2	4	5	6	8	7	1	3

Extreme - 54

9	2	4	7	5	8	3	6	1
8	5	7	1	2	3	4	9	6
7	6	3	4	1	9	2	5	8
1	9	8	2	6	5	7	3	4
6	8	1	3	4	7	5	2	9
2	3	5	9	8	1	6	4	7
4	7	2	8	3	6	9	1	5
3	1	6	5	9	4	8	7	2
5	4	9	6	7	2	1	8	3

Extreme - 55

6	2	1	5	3	4	9	8	7
1	4	5	8	9	7	6	3	2
7	9	6	4	5	3	1	2	8
5	3	2	9	6	8	4	7	1
4	8	9	1	2	6	7	5	3
3	7	8	6	1	9	2	4	5
8	5	4	2	7	1	3	9	6
2	6	7	3	4	5	8	1	9
9	1	3	7	8	2	5	6	4

Extreme - 56

5	3	4	1	2	9	8	7	6
9	6	8	7	5	3	4	1	2
1	9	2	5	6	8	7	4	3
2	4	7	6	1	5	9	3	8
3	8	6	2	4	7	1	5	9
8	7	5	9	3	4	2	6	1
7	1	3	4	8	2	6	9	5
6	2	9	3	7	1	5	8	4
4	5	1	8	9	6	3	2	7

Extreme - 57

8	1	7	6	2	9	4	5	3
4	8	5	3	7	2	6	9	1
6	7	8	1	4	3	9	2	5
3	5	1	9	6	4	2	8	7
2	6	4	7	5	8	1	3	9
1	9	2	4	3	7	5	6	8
9	2	3	5	8	1	7	4	6
5	3	9	2	1	6	8	7	4
7	4	6	8	9	5	3	1	2

Extreme - 58

4	8	6	1	9	7	5	2	3
8	7	3	6	1	4	2	9	5
5	4	9	2	7	6	8	3	1
6	9	1	8	5	2	3	7	4
2	5	4	7	3	9	6	1	8
1	3	5	9	2	8	4	6	7
3	2	7	4	8	1	9	5	6
9	1	8	3	6	5	7	4	2
7	6	2	5	4	3	1	8	9

Extreme - 59

4	5	2	1	8	7	6	3	9
6	7	3	9	2	1	5	4	8
8	2	7	6	9	3	4	5	1
1	3	8	5	4	9	7	6	2
2	9	6	4	1	8	3	7	5
9	6	5	3	7	2	1	8	4
3	4	1	8	6	5	2	9	7
5	1	9	7	3	4	8	2	6
7	8	4	2	5	6	9	1	3

Extreme - 60

9	8	4	3	6	1	2	5	7
1	3	6	2	7	5	9	4	8
2	7	5	9	1	8	4	3	6
5	4	2	1	3	6	8	7	9
3	5	7	6	4	9	1	8	2
4	2	9	7	8	3	5	6	1
6	9	8	5	2	4	7	1	3
7	1	3	8	5	2	6	9	4
8	6	1	4	9	7	3	2	5

Extreme - 61

1	4	8	9	6	3	7	2	5
3	8	2	7	5	4	6	1	9
6	1	5	2	9	7	4	8	3
7	2	3	4	8	6	5	9	1
4	9	6	3	7	8	1	5	2
5	6	4	8	1	2	9	3	7
9	3	1	6	2	5	8	7	4
2	5	7	1	4	9	3	6	8
8	7	9	5	3	1	2	4	6

Extreme - 62

2	4	7	1	3	8	5	6	9
9	7	3	4	2	5	6	1	8
5	1	8	3	4	2	9	7	6
6	8	1	9	7	4	3	2	5
3	2	5	6	9	7	4	8	1
1	9	4	7	6	3	8	5	2
4	3	6	8	5	1	2	9	7
7	5	9	2	8	6	1	4	3
8	6	2	5	1	9	7	3	4

Extreme - 63

9	4	7	8	2	6	3	1	5
8	3	2	1	5	9	7	4	6
5	1	4	3	6	8	9	7	2
6	2	9	7	8	4	1	5	3
2	9	5	6	7	3	4	8	1
7	8	3	4	1	5	2	6	9
1	7	6	5	9	2	8	3	4
3	6	8	2	4	1	5	9	7
4	5	1	9	3	7	6	2	8

Extreme - 64

5	9	2	1	7	6	4	8	3
2	1	4	3	8	7	6	9	5
6	3	8	7	5	1	2	4	9
1	5	3	4	9	2	8	6	7
9	8	7	6	2	3	5	1	4
8	7	9	5	1	4	3	2	6
7	4	5	2	6	9	1	3	8
4	2	6	9	3	8	7	5	1
3	6	1	8	4	5	9	7	2

Extreme - 65

2	6	9	1	5	4	7	3	8
8	3	7	9	1	2	6	4	5
4	2	8	3	7	5	1	6	9
6	4	3	7	2	8	9	5	1
1	9	5	6	8	3	4	2	7
5	8	1	2	6	9	3	7	4
3	1	2	8	4	7	5	9	6
7	5	6	4	9	1	2	8	3
9	7	4	5	3	6	8	1	2

Extreme - 66

8	4	6	5	7	9	3	2	1
3	1	9	2	8	7	5	6	4
2	6	5	3	4	1	8	9	7
9	3	2	4	6	8	7	1	5
5	8	3	7	1	2	9	4	6
4	7	1	9	2	5	6	8	3
1	9	7	6	5	4	2	3	8
6	5	4	8	9	3	1	7	2
7	2	8	1	3	6	4	5	9

Extreme - 67

6	7	8	1	2	4	9	5	3
3	1	7	6	4	9	5	2	8
5	3	6	8	9	2	7	1	4
4	9	2	3	5	1	6	8	7
9	5	1	7	3	8	4	6	2
8	4	9	5	6	7	2	3	1
2	8	3	4	7	6	1	9	5
7	6	5	2	1	3	8	4	9
1	2	4	9	8	5	3	7	6

Extreme - 68

7	5	2	9	1	6	3	8	4
6	9	3	1	8	4	7	5	2
2	7	9	8	4	3	1	6	5
4	3	8	6	2	5	9	7	1
8	2	1	4	5	7	6	9	3
5	1	6	3	9	8	2	4	7
1	4	7	5	3	9	8	2	6
9	6	4	2	7	1	5	3	8
3	8	5	7	6	2	4	1	9

Extreme - 69

6	3	4	1	7	8	9	5	2
8	9	5	2	4	1	6	7	3
2	7	1	3	5	9	8	4	6
5	2	6	8	1	4	7	3	9
3	8	9	4	6	7	2	1	5
1	6	3	7	9	5	4	2	8
7	4	2	5	8	6	3	9	1
4	1	8	9	3	2	5	6	7
9	5	7	6	2	3	1	8	4

Extreme - 70

7	8	2	1	4	6	5	3	9
3	6	7	4	8	2	1	9	5
5	9	1	8	2	3	7	4	6
4	3	9	5	6	7	2	1	8
2	7	4	3	5	9	8	6	1
6	5	8	7	1	4	9	2	3
8	2	5	6	9	1	3	7	4
9	1	6	2	3	8	4	5	7
1	4	3	9	7	5	6	8	2

Extreme - 71

7	6	3	2	5	4	8	9	1
4	5	7	8	9	2	3	1	6
2	3	8	1	7	6	5	4	9
6	1	4	7	2	5	9	3	8
9	4	2	3	6	7	1	8	5
8	9	5	6	4	1	2	7	3
1	2	9	5	8	3	4	6	7
5	7	1	9	3	8	6	2	4
3	8	6	4	1	9	7	5	2

Extreme - 72

7	1	2	9	6	8	5	3	4
2	5	3	7	8	4	6	1	9
5	6	9	3	4	1	7	8	2
1	3	4	2	5	7	8	9	6
4	8	7	1	9	6	2	5	3
6	9	8	5	2	3	1	4	7
8	2	1	6	3	9	4	7	5
9	4	6	8	7	5	3	2	1
3	7	5	4	1	2	9	6	8

Extreme - 73

2	6	3	5	7	1	4	8	9
5	1	8	7	3	2	9	4	6
4	9	7	2	5	3	6	1	8
6	4	1	8	2	9	7	5	3
8	2	5	4	6	7	3	9	1
1	7	9	6	8	5	2	3	4
3	8	6	9	1	4	5	7	2
7	3	4	1	9	6	8	2	5
9	5	2	3	4	8	1	6	7

Extreme - 74

5	9	3	4	8	7	1	6	2
7	8	2	1	6	9	4	3	5
4	1	8	5	2	6	3	9	7
9	6	5	3	7	2	8	4	1
3	7	4	9	5	8	2	1	6
1	2	6	8	4	5	9	7	3
8	4	7	2	3	1	6	5	9
6	3	9	7	1	4	5	2	8
2	5	1	6	9	3	7	8	4

Extreme - 75

4	8	6	3	1	9	5	7	2
2	9	8	4	6	1	3	5	7
6	3	4	5	2	7	1	9	8
9	7	3	1	5	8	4	2	6
3	4	5	8	7	2	6	1	9
1	5	2	7	8	6	9	3	4
8	2	1	6	9	5	7	4	3
5	6	7	9	3	4	2	8	1
7	1	9	2	4	3	8	6	5

Extreme - 76

4	9	6	3	1	7	5	8	2
2	5	7	8	3	4	6	1	9
8	4	1	5	6	2	7	9	3
7	3	9	6	2	8	4	5	1
6	8	2	4	7	9	1	3	5
5	1	3	2	8	6	9	7	4
9	7	4	1	5	3	2	6	8
3	2	5	7	9	1	8	4	6
1	6	8	9	4	5	3	2	7

Extreme - 77

3	1	8	4	5	2	6	9	7
9	6	5	1	7	8	2	3	4
1	2	7	8	3	6	9	4	5
4	8	9	6	2	5	1	7	3
6	3	2	5	9	4	7	8	1
5	7	6	9	4	3	8	1	2
7	9	4	3	8	1	5	2	6
8	5	3	2	1	7	4	6	9
2	4	1	7	6	9	3	5	8

Extreme - 78

8	6	2	7	5	4	1	3	9
5	9	1	3	2	7	4	6	8
4	7	3	9	8	1	5	2	6
1	4	8	6	3	9	7	5	2
2	3	5	1	7	6	9	8	4
6	2	4	8	9	5	3	1	7
7	8	9	5	6	3	2	4	1
9	5	6	4	1	2	8	7	3
3	1	7	2	4	8	6	9	5

Extreme - 79

3	8	4	6	9	7	2	5	1
6	7	1	2	4	5	3	9	8
4	1	5	9	8	6	7	2	3
8	5	9	7	3	4	1	6	2
5	9	6	3	7	2	8	1	4
7	3	2	5	1	8	9	4	6
9	2	8	4	6	1	5	3	7
1	4	3	8	2	9	6	7	5
2	6	7	1	5	3	4	8	9

Extreme - 80

5	9	2	3	8	1	7	6	4
1	2	4	5	6	8	9	7	3
8	4	6	9	7	3	1	5	2
7	6	5	8	3	2	4	9	1
3	1	9	4	2	7	6	8	5
4	3	8	6	1	9	5	2	7
2	5	7	1	9	6	3	4	8
6	7	3	2	5	4	8	1	9
9	8	1	7	4	5	2	3	6

Extreme - 81

9	4	6	2	3	8	5	1	7
8	7	5	4	1	9	2	3	6
2	6	7	9	8	3	1	4	5
3	1	4	5	6	2	9	7	8
5	3	2	7	4	6	8	9	1
6	9	1	8	7	5	3	2	4
4	5	3	6	9	1	7	8	2
1	2	8	3	5	7	4	6	9
7	8	9	1	2	4	6	5	3

Extreme - 82

8	7	9	2	3	5	4	6	1
1	3	2	7	9	4	6	5	8
6	5	4	9	7	8	1	2	3
4	8	5	1	6	2	3	7	9
7	6	3	8	4	1	5	9	2
9	2	1	3	5	6	7	8	4
5	9	7	4	2	3	8	1	6
2	4	8	6	1	7	9	3	5
3	1	6	5	8	9	2	4	7

Extreme - 83

2	5	3	4	9	8	7	6	1
5	1	8	6	3	4	2	9	7
7	9	6	3	1	5	8	2	4
8	7	5	9	6	3	1	4	2
4	2	1	8	5	6	3	7	9
9	3	7	2	4	1	5	8	6
6	8	4	5	2	7	9	1	3
1	4	9	7	8	2	6	3	5
3	6	2	1	7	9	4	5	8

Extreme - 84

5	4	7	8	9	6	2	3	1
9	3	4	5	7	2	6	1	8
8	6	9	4	1	5	3	7	2
6	7	8	1	2	3	4	9	5
3	5	2	7	6	1	9	8	4
1	2	3	9	5	8	7	4	6
4	1	6	2	3	9	8	5	7
2	8	1	3	4	7	5	6	9
7	9	5	6	8	4	1	2	3

Extreme - 85

1	6	4	3	5	7	9	8	2
7	5	9	8	2	1	4	6	3
2	4	6	7	9	8	3	1	5
6	8	7	2	1	3	5	4	9
9	7	3	5	6	4	8	2	1
3	1	5	9	4	2	6	7	8
4	2	8	1	3	5	7	9	6
5	9	2	4	8	6	1	3	7
8	3	1	6	7	9	2	5	4

Extreme - 86

6	2	1	9	7	5	8	3	4
7	4	3	8	1	2	5	9	6
8	1	5	3	6	7	2	4	9
9	3	8	4	5	1	6	7	2
3	6	7	2	4	9	1	5	8
1	7	9	5	2	6	4	8	3
4	9	2	6	8	3	7	1	5
5	8	6	7	3	4	9	2	1
2	5	4	1	9	8	3	6	7

Extreme - 87

8	9	2	3	4	5	1	6	7
4	3	7	5	1	6	8	2	9
2	1	6	7	9	8	4	3	5
7	6	8	2	5	1	3	9	4
1	5	3	9	7	4	2	8	6
6	8	5	4	2	7	9	1	3
3	4	9	1	6	2	7	5	8
9	2	4	6	8	3	5	7	1
5	7	1	8	3	9	6	4	2

Extreme - 88

9	7	8	3	1	4	5	2	6
4	1	5	6	3	2	8	7	9
5	3	9	4	2	8	6	1	7
7	6	1	8	4	3	9	5	2
3	8	4	2	6	1	7	9	5
6	2	7	1	5	9	4	3	8
1	9	6	5	8	7	2	4	3
2	5	3	7	9	6	1	8	4
8	4	2	9	7	5	3	6	1

Extreme - 89

4	2	9	3	7	5	1	6	8
1	5	8	7	3	2	6	4	9
9	6	3	2	5	8	4	7	1
3	1	6	9	4	7	2	8	5
8	7	4	6	9	1	5	3	2
2	8	1	5	6	4	7	9	3
6	9	7	1	2	3	8	5	4
7	4	5	8	1	9	3	2	6
5	3	2	4	8	6	9	1	7

Extreme - 90

2	8	4	9	3	7	1	5	6
3	4	7	1	6	2	9	8	5
9	7	3	8	5	4	6	2	1
6	5	9	7	4	1	8	3	2
1	3	2	6	7	9	5	4	8
8	9	5	3	1	6	2	7	4
4	1	6	2	8	5	3	9	7
7	2	1	5	9	8	4	6	3
5	6	8	4	2	3	7	1	9

Extreme - 91

8	6	1	9	4	7	3	2	5
7	3	2	4	8	5	9	1	6
3	7	4	1	5	9	2	6	8
4	9	8	2	6	3	1	5	7
5	1	9	6	3	8	7	4	2
6	5	3	7	1	2	8	9	4
2	4	6	3	7	1	5	8	9
1	2	5	8	9	4	6	7	3
9	8	7	5	2	6	4	3	1

Extreme - 92

3	1	4	9	2	8	7	5	6
4	8	6	5	9	1	3	7	2
2	5	7	8	4	3	1	6	9
7	6	3	2	8	4	9	1	5
9	3	1	7	6	5	2	4	8
6	2	5	1	3	9	4	8	7
8	4	2	3	7	6	5	9	1
1	9	8	4	5	7	6	2	3
5	7	9	6	1	2	8	3	4

Extreme - 93

8	6	1	4	9	2	3	7	5
4	7	2	5	6	1	8	3	9
5	9	3	2	7	8	4	6	1
7	8	9	1	4	3	6	5	2
1	2	4	6	3	5	7	9	8
3	5	6	9	8	7	2	1	4
2	3	7	8	1	9	5	4	6
9	4	8	7	5	6	1	2	3
6	1	5	3	2	4	9	8	7

Extreme - 94

8	7	1	5	6	3	4	2	9
9	5	2	4	1	7	3	8	6
2	8	3	7	9	1	5	6	4
4	9	8	3	2	6	1	5	7
5	6	9	8	4	2	7	1	3
7	1	5	6	3	4	2	9	8
1	3	7	9	5	8	6	4	2
6	2	4	1	7	9	8	3	5
3	4	6	2	8	5	9	7	1

Extreme - 95

4	3	7	6	8	1	2	9	5
5	6	3	2	4	9	1	7	8
2	1	5	8	7	3	9	6	4
9	8	2	5	1	6	7	4	3
8	7	6	4	9	2	3	5	1
7	4	1	3	2	5	6	8	9
6	5	8	9	3	7	4	1	2
3	9	4	1	6	8	5	2	7
1	2	9	7	5	4	8	3	6

Extreme - 96

9	2	8	1	5	7	4	3	6
5	3	2	9	4	6	1	8	7
1	7	6	3	2	8	9	4	5
3	1	4	8	6	5	7	9	2
7	5	9	4	8	3	2	6	1
6	4	7	5	9	1	3	2	8
2	6	5	7	3	9	8	1	4
8	9	1	2	7	4	6	5	3
4	8	3	6	1	2	5	7	9

Extreme - 97

8	1	9	3	4	2	6	7	5
4	9	8	1	7	5	2	6	3
6	3	7	2	5	1	8	4	9
5	2	3	4	6	9	7	8	1
1	5	6	7	2	8	9	3	4
9	7	2	6	1	3	4	5	8
2	8	4	5	3	7	1	9	6
7	6	5	9	8	4	3	1	2
3	4	1	8	9	6	5	2	7

Extreme - 98

1	3	8	5	2	9	4	7	6
4	5	2	7	9	6	1	8	3
9	2	1	4	8	7	3	6	5
8	7	6	3	5	1	9	4	2
3	6	7	2	4	8	5	9	1
5	9	3	8	6	2	7	1	4
7	1	5	6	3	4	8	2	9
6	8	4	9	1	5	2	3	7
2	4	9	1	7	3	6	5	8

Extreme - 99

2	1	4	8	9	6	5	3	7
8	4	7	3	2	1	6	9	5
9	6	5	7	8	4	3	2	1
3	5	9	1	7	2	8	6	4
7	2	6	4	1	3	9	5	8
5	3	2	6	4	8	1	7	9
6	8	1	9	5	7	2	4	3
4	9	8	2	3	5	7	1	6
1	7	3	5	6	9	4	8	2

Extreme - 100

8	4	9	3	2	5	1	6	7
2	8	7	4	5	1	6	9	3
3	1	6	5	9	7	8	4	2
9	5	4	2	6	3	7	1	8
7	6	1	8	3	9	4	2	5
5	9	3	1	7	6	2	8	4
4	7	8	6	1	2	5	3	9
1	3	2	7	4	8	9	5	6
6	2	5	9	8	4	3	7	1

Extreme - 101

7	8	1	2	3	6	9	4	5
5	6	9	3	4	2	8	7	1
6	5	7	1	8	4	2	9	3
8	2	6	5	9	7	3	1	4
3	9	4	8	5	1	6	2	7
4	1	2	6	7	3	5	8	9
2	3	5	4	1	9	7	6	8
1	7	8	9	2	5	4	3	6
9	4	3	7	6	8	1	5	2

Extreme - 102

8	1	5	3	9	6	4	2	7
4	9	7	1	6	5	3	8	2
9	2	6	5	8	7	1	3	4
7	8	2	9	1	4	5	6	3
1	4	3	2	7	9	8	5	6
3	5	9	6	4	8	2	7	1
6	3	1	7	5	2	9	4	8
5	6	4	8	2	3	7	1	9
2	7	8	4	3	1	6	9	5

Extreme - 103

5	4	1	2	6	3	9	7	8
7	3	8	9	2	5	1	6	4
6	9	2	8	7	4	5	3	1
9	7	5	3	4	1	8	2	6
3	1	6	5	9	8	7	4	2
8	2	9	6	3	7	4	1	5
2	5	4	7	1	6	3	8	9
1	8	3	4	5	2	6	9	7
4	6	7	1	8	9	2	5	3

Extreme - 104

7	4	3	5	9	1	2	8	6
8	2	4	3	5	9	7	6	1
1	5	9	6	8	7	4	3	2
6	8	5	4	7	2	3	1	9
9	6	7	2	1	3	5	4	8
2	3	1	8	6	4	9	7	5
3	9	6	7	2	8	1	5	4
5	7	2	1	4	6	8	9	3
4	1	8	9	3	5	6	2	7

Extreme - 105

2	7	5	3	6	1	4	8	9
9	8	1	4	5	7	6	2	3
5	9	7	2	4	3	8	1	6
6	5	4	1	2	8	9	3	7
8	1	6	7	3	9	2	4	5
1	2	3	8	7	6	5	9	4
3	6	9	5	8	4	1	7	2
7	4	2	9	1	5	3	6	8
4	3	8	6	9	2	7	5	1

Extreme - 106

9	2	4	1	7	3	6	8	5
7	8	5	9	6	2	3	4	1
4	3	8	2	1	9	5	6	7
5	1	6	4	9	8	7	2	3
8	6	3	7	4	5	2	1	9
3	9	2	8	5	6	1	7	4
6	7	1	5	2	4	9	3	8
1	4	9	6	3	7	8	5	2
2	5	7	3	8	1	4	9	6

Extreme - 107

9	2	1	3	8	4	5	6	7
6	8	5	4	7	9	1	3	2
4	3	7	2	1	8	6	9	5
1	5	3	6	9	2	8	7	4
7	9	6	1	5	3	2	4	8
3	7	4	8	2	5	9	1	6
8	6	9	5	3	7	4	2	1
5	4	2	7	6	1	3	8	9
2	1	8	9	4	6	7	5	3

Extreme - 108

7	5	8	6	9	1	3	4	2
6	1	4	5	3	2	9	8	7
9	2	5	8	1	4	7	6	3
3	8	7	2	4	6	5	1	9
8	6	1	3	5	7	2	9	4
4	7	6	9	2	3	8	5	1
1	9	3	4	7	8	6	2	5
2	3	9	1	6	5	4	7	8
5	4	2	7	8	9	1	3	6

Extreme - 109

2	3	5	7	6	1	4	9	8
8	9	4	1	3	7	5	2	6
1	4	8	9	2	5	3	6	7
7	5	2	6	8	4	9	3	1
6	7	9	5	4	2	1	8	3
4	8	1	3	9	6	2	7	5
5	6	7	2	1	3	8	4	9
9	1	3	4	7	8	6	5	2
3	2	6	8	5	9	7	1	4

Extreme - 110

8	9	1	6	4	7	3	5	2
6	2	5	3	8	9	4	7	1
3	4	7	9	2	8	6	1	5
5	1	2	7	6	4	8	3	9
1	3	9	8	5	6	7	2	4
7	5	4	1	3	2	9	8	6
9	6	8	2	1	3	5	4	7
2	8	6	4	7	5	1	9	3
4	7	3	5	9	1	2	6	8

Extreme - 111

8	3	4	7	5	9	6	2	1
5	2	6	1	7	4	3	9	8
7	9	5	4	6	1	2	8	3
3	8	1	9	2	6	4	5	7
6	4	7	2	1	5	8	3	9
2	5	3	6	9	8	7	1	4
9	6	2	3	8	7	1	4	5
1	7	8	5	4	3	9	6	2
4	1	9	8	3	2	5	7	6

Extreme - 112

3	2	8	7	1	6	5	4	9
1	5	9	6	4	3	2	8	7
7	3	2	4	8	9	1	5	6
4	9	1	2	7	5	8	6	3
5	8	6	1	3	7	9	2	4
9	4	3	8	6	2	7	1	5
2	6	7	9	5	8	4	3	1
8	1	5	3	9	4	6	7	2
6	7	4	5	2	1	3	9	8

Extreme - 113

3	2	1	7	5	4	8	9	6
4	6	9	5	8	2	3	1	7
8	9	5	1	3	7	2	6	4
5	7	8	6	4	1	9	3	2
7	1	3	8	2	6	5	4	9
9	8	4	2	1	5	6	7	3
2	3	6	4	7	9	1	8	5
6	4	2	3	9	8	7	5	1
1	5	7	9	6	3	4	2	8

Extreme - 114

9	5	1	4	3	7	8	2	6
2	3	6	9	5	4	7	1	8
7	8	4	2	1	9	3	6	5
8	6	5	7	9	3	1	4	2
3	2	9	1	8	6	4	5	7
1	4	7	5	6	8	2	9	3
4	7	8	6	2	1	5	3	9
6	1	2	3	7	5	9	8	4
5	9	3	8	4	2	6	7	1

Extreme - 115

4	8	9	2	3	1	5	7	6
7	5	8	1	6	2	4	3	9
6	7	3	8	1	5	9	4	2
1	6	5	4	7	9	3	2	8
3	9	2	7	5	6	8	1	4
8	4	1	3	2	7	6	9	5
9	2	6	5	4	3	1	8	7
2	3	4	6	9	8	7	5	1
5	1	7	9	8	4	2	6	3

Extreme - 116

4	1	2	8	7	5	3	9	6
5	3	6	9	2	8	7	1	4
9	7	1	3	4	6	2	5	8
7	4	9	6	8	1	5	3	2
2	6	3	1	5	4	9	8	7
3	8	5	7	9	2	6	4	1
6	2	4	5	1	3	8	7	9
1	9	8	2	3	7	4	6	5
8	5	7	4	6	9	1	2	3

Extreme - 117

8	9	7	6	5	1	2	4	3
5	2	1	3	9	8	4	7	6
4	1	8	7	6	3	5	9	2
6	5	2	9	4	7	8	3	1
3	7	4	2	1	6	9	8	5
9	8	6	5	7	2	3	1	4
1	4	3	8	2	5	7	6	9
7	6	5	4	3	9	1	2	8
2	3	9	1	8	4	6	5	7

Extreme - 118

9	8	6	5	1	4	7	2	3
5	1	2	7	9	3	8	4	6
4	3	7	2	8	6	9	1	5
1	7	4	8	3	5	6	9	2
3	9	8	6	2	7	4	5	1
6	2	5	3	4	9	1	8	7
2	5	1	9	7	8	3	6	4
8	6	3	4	5	1	2	7	9
7	4	9	1	6	2	5	3	8

Extreme - 119

4	3	1	6	2	9	7	8	5
5	7	8	9	4	1	2	6	3
2	1	3	5	6	4	9	7	8
8	9	7	1	5	2	3	4	6
6	4	5	2	9	3	8	1	7
3	2	9	7	8	6	4	5	1
1	8	4	3	7	5	6	2	9
7	5	6	4	3	8	1	9	2
9	6	2	8	1	7	5	3	4

Extreme - 120

9	6	5	1	2	8	7	4	3
7	3	1	2	4	9	6	5	8
3	7	4	5	6	2	9	8	1
6	4	8	7	9	3	1	2	5
1	8	9	4	7	6	5	3	2
2	5	6	8	1	4	3	9	7
4	2	7	6	3	5	8	1	9
5	1	3	9	8	7	2	6	4
8	9	2	3	5	1	4	7	6

Extreme - 121

8	3	7	2	4	9	1	6	5
5	2	1	9	7	3	8	4	6
4	6	5	1	9	2	7	8	3
3	4	8	6	1	5	9	2	7
7	1	4	5	6	8	3	9	2
9	5	6	8	3	7	2	1	4
2	9	3	7	8	6	4	5	1
6	7	9	4	2	1	5	3	8
1	8	2	3	5	4	6	7	9

Extreme - 122

8	2	3	1	7	5	6	4	9
1	3	4	9	8	6	5	2	7
7	9	2	5	6	4	8	1	3
9	8	7	3	1	2	4	5	6
5	6	1	8	4	9	3	7	2
6	4	5	2	3	7	9	8	1
3	7	6	4	2	8	1	9	5
2	5	8	6	9	1	7	3	4
4	1	9	7	5	3	2	6	8

Extreme - 123

8	3	7	1	9	6	5	4	2
2	4	9	6	3	8	1	7	5
5	1	3	8	7	4	2	9	6
9	2	8	5	6	3	7	1	4
4	6	5	7	1	9	8	2	3
7	5	2	9	4	1	6	3	8
1	7	6	4	2	5	3	8	9
6	9	1	3	8	2	4	5	7
3	8	4	2	5	7	9	6	1

Extreme - 124

4	5	2	1	7	3	9	8	6
8	9	6	3	1	5	2	7	4
7	6	8	2	9	1	4	5	3
9	2	5	4	3	8	6	1	7
3	1	4	8	2	9	7	6	5
2	8	9	7	5	6	3	4	1
1	3	7	9	6	4	5	2	8
6	7	1	5	4	2	8	3	9
5	4	3	6	8	7	1	9	2

Extreme - 125

7	9	3	1	8	6	2	5	4
5	6	4	2	7	1	9	8	3
2	8	7	4	3	5	1	9	6
3	1	9	8	6	2	4	7	5
9	4	5	6	1	7	3	2	8
4	2	8	7	5	3	6	1	9
6	7	2	3	9	8	5	4	1
8	3	1	5	4	9	7	6	2
1	5	6	9	2	4	8	3	7

Extreme - 126

6	2	3	4	5	7	9	1	8
8	9	7	1	2	6	4	5	3
3	6	1	8	9	4	5	7	2
1	8	5	9	7	3	2	4	6
9	4	2	5	6	8	7	3	1
5	7	4	6	3	2	1	8	9
7	5	6	2	8	1	3	9	4
2	1	9	3	4	5	8	6	7
4	3	8	7	1	9	6	2	5

Extreme - 127

5	7	9	6	4	2	3	8	1
1	3	8	2	6	7	9	5	4
4	2	3	7	5	1	8	6	9
8	5	4	3	2	9	7	1	6
9	6	1	8	7	5	2	4	3
7	1	5	4	3	8	6	9	2
2	4	7	5	9	6	1	3	8
6	9	2	1	8	3	4	7	5
3	8	6	9	1	4	5	2	7

Extreme - 128

4	5	9	6	7	1	3	2	8
6	2	3	1	5	9	4	8	7
9	4	1	8	6	7	5	3	2
2	7	8	5	4	3	1	6	9
3	8	2	7	1	6	9	4	5
7	3	5	2	8	4	6	9	1
5	1	6	3	9	2	8	7	4
8	9	7	4	3	5	2	1	6
1	6	4	9	2	8	7	5	3

Extreme - 129

3	5	9	7	1	8	2	6	4
2	8	3	4	6	7	1	9	5
6	2	5	9	4	3	7	1	8
4	1	8	2	7	6	9	5	3
7	9	1	6	3	5	8	4	2
9	6	7	8	5	4	3	2	1
1	4	2	3	8	9	5	7	6
8	7	6	5	2	1	4	3	9
5	3	4	1	9	2	6	8	7

Extreme - 130

8	5	2	7	6	3	4	9	1
2	7	5	6	3	4	9	1	8
1	6	3	8	4	9	7	5	2
9	4	7	5	1	8	2	3	6
4	1	8	3	5	7	6	2	9
7	2	4	1	9	6	3	8	5
5	3	6	9	8	2	1	7	4
3	8	9	4	2	1	5	6	7
6	9	1	2	7	5	8	4	3

Extreme - 131

5	3	1	2	9	8	7	6	4
8	9	6	4	7	3	5	1	2
7	8	9	6	5	2	3	4	1
3	1	4	9	2	7	6	8	5
4	2	3	7	6	1	9	5	8
9	5	2	1	8	6	4	7	3
1	6	8	3	4	5	2	9	7
2	4	7	5	1	9	8	3	6
6	7	5	8	3	4	1	2	9

Extreme - 132

1	6	4	3	8	2	7	9	5
7	3	1	9	6	5	4	2	8
9	4	8	7	5	3	1	6	2
5	2	9	8	7	6	3	1	4
6	7	3	2	4	1	8	5	9
2	8	5	4	1	9	6	7	3
8	5	7	6	2	4	9	3	1
4	9	2	1	3	7	5	8	6
3	1	6	5	9	8	2	4	7

Extreme - 133

3	6	1	5	9	7	8	4	2
5	3	8	6	4	2	1	9	7
4	7	2	1	8	9	6	5	3
1	8	3	4	6	5	2	7	9
9	2	5	7	3	1	4	6	8
8	1	4	9	2	6	7	3	5
7	9	6	2	5	8	3	1	4
2	5	7	3	1	4	9	8	6
6	4	9	8	7	3	5	2	1

Extreme - 134

6	3	1	4	2	7	5	9	8
4	2	8	9	6	3	7	5	1
7	8	9	3	5	1	6	2	4
2	4	7	5	1	8	9	3	6
8	6	5	1	3	9	4	7	2
1	5	4	6	9	2	3	8	7
9	7	2	8	4	5	1	6	3
3	9	6	2	7	4	8	1	5
5	1	3	7	8	6	2	4	9

Extreme - 135

9	1	4	8	7	6	2	5	3
5	3	2	7	6	8	9	4	1
6	8	7	5	9	1	4	3	2
3	2	1	4	5	9	6	8	7
4	9	3	6	8	2	7	1	5
7	4	8	9	1	5	3	2	6
2	5	6	1	3	7	8	9	4
1	7	9	3	2	4	5	6	8
8	6	5	2	4	3	1	7	9

Extreme - 136

3	4	6	2	7	8	9	5	1
1	9	7	5	6	2	3	4	8
8	5	4	3	1	9	6	2	7
7	8	9	1	5	4	2	3	6
9	1	8	7	2	3	5	6	4
2	7	3	9	4	6	1	8	5
4	3	1	6	8	5	7	9	2
6	2	5	8	3	1	4	7	9
5	6	2	4	9	7	8	1	3

Extreme - 137

3	7	4	9	6	5	8	2	1
8	9	5	4	3	1	2	6	7
6	1	8	3	2	4	5	7	9
4	2	7	5	1	6	9	8	3
9	4	6	8	5	7	3	1	2
7	3	9	6	4	2	1	5	8
1	5	2	7	8	3	4	9	6
2	8	3	1	7	9	6	4	5
5	6	1	2	9	8	7	3	4

Extreme - 138

5	7	9	4	6	1	3	2	8
3	8	2	1	5	6	9	7	4
4	2	3	6	8	9	5	1	7
7	9	8	2	3	5	1	4	6
6	5	4	3	1	7	8	9	2
8	1	6	9	4	2	7	3	5
1	6	7	8	2	3	4	5	9
9	4	1	5	7	8	2	6	3
2	3	5	7	9	4	6	8	1

Extreme - 139

1	4	8	6	9	3	5	2	7
5	3	4	7	2	1	8	6	9
8	9	6	5	7	2	4	1	3
9	1	2	8	5	7	6	3	4
3	6	1	4	8	5	7	9	2
4	2	5	9	1	8	3	7	6
7	5	9	3	6	4	2	8	1
2	8	7	1	3	6	9	4	5
6	7	3	2	4	9	1	5	8

Extreme - 140

7	9	8	3	2	6	4	5	1
4	3	6	8	5	7	9	1	2
1	2	5	6	4	9	3	7	8
5	6	2	7	9	3	1	8	4
3	4	7	9	8	1	2	6	5
9	5	1	4	3	8	7	2	6
8	1	4	5	7	2	6	9	3
2	8	9	1	6	4	5	3	7
6	7	3	2	1	5	8	4	9

Extreme - 141

6	4	5	1	2	8	7	9	3
9	3	8	7	1	6	2	4	5
3	2	4	5	9	7	6	1	8
8	1	7	9	6	2	3	5	4
2	6	9	3	5	4	1	8	7
7	5	1	8	4	3	9	2	6
5	7	2	4	3	9	8	6	1
4	8	6	2	7	1	5	3	9
1	9	3	6	8	5	4	7	2

Extreme - 142

7	8	2	1	4	9	5	3	6
9	5	6	2	7	3	4	8	1
3	6	9	8	5	2	1	4	7
8	1	4	6	3	5	7	9	2
4	7	3	5	6	8	2	1	9
5	2	1	3	8	6	9	7	4
1	3	8	7	9	4	6	2	5
6	4	7	9	2	1	8	5	3
2	9	5	4	1	7	3	6	8

Extreme - 143

2	5	7	3	1	8	6	4	9
5	6	3	9	8	1	4	2	7
7	8	4	6	2	5	9	3	1
4	1	9	2	3	7	5	8	6
8	3	2	4	9	6	1	7	5
1	9	6	7	4	3	8	5	2
9	4	8	5	6	2	7	1	3
3	7	1	8	5	9	2	6	4
6	2	5	1	7	4	3	9	8

Extreme - 144

9	8	3	4	6	2	1	5	7
7	6	9	1	4	5	8	3	2
1	5	8	7	2	6	3	4	9
3	4	7	2	8	1	9	6	5
2	1	4	6	7	8	5	9	3
6	2	1	3	5	9	4	7	8
8	7	5	9	3	4	2	1	6
5	9	6	8	1	3	7	2	4
4	3	2	5	9	7	6	8	1

Extreme - 145

1	4	5	9	3	8	6	2	7
8	6	1	7	4	2	5	3	9
9	7	3	1	6	5	8	4	2
5	3	6	2	1	9	4	7	8
2	5	7	4	9	6	1	8	3
3	9	4	8	7	1	2	5	6
7	1	2	6	8	4	3	9	5
6	8	9	5	2	3	7	1	4
4	2	8	3	5	7	9	6	1

Extreme - 146

8	3	1	2	9	4	6	5	7
2	7	4	5	3	6	9	8	1
1	5	6	9	4	3	2	7	8
4	6	5	7	1	9	8	2	3
9	1	8	3	6	5	7	4	2
6	2	3	4	8	7	5	1	9
7	8	9	1	5	2	4	3	6
3	4	7	6	2	8	1	9	5
5	9	2	8	7	1	3	6	4

Extreme - 147

8	6	3	1	2	4	9	7	5
5	3	4	8	7	2	6	1	9
1	4	2	5	6	8	3	9	7
9	7	8	2	3	5	1	6	4
7	9	1	6	4	3	5	8	2
6	1	9	4	5	7	8	2	3
2	8	5	7	9	1	4	3	6
3	5	7	9	8	6	2	4	1
4	2	6	3	1	9	7	5	8

Extreme - 148

7	3	4	6	1	9	8	2	5
2	5	8	1	4	7	6	3	9
6	2	7	5	9	8	4	1	3
5	1	6	2	8	3	9	4	7
8	4	9	3	5	2	7	6	1
3	9	1	7	6	4	5	8	2
4	7	5	8	3	1	2	9	6
1	8	2	9	7	6	3	5	4
9	6	3	4	2	5	1	7	8

Extreme - 149

8	4	7	6	9	5	2	3	1
3	5	8	2	1	9	7	4	6
9	2	6	1	7	4	3	8	5
1	3	2	4	5	8	6	7	9
5	6	4	9	3	7	1	2	8
4	7	1	5	8	2	9	6	3
2	8	5	3	6	1	4	9	7
7	9	3	8	4	6	5	1	2
6	1	9	7	2	3	8	5	4

Extreme - 150

8	6	5	9	4	1	7	3	2
3	1	7	8	5	2	6	9	4
4	9	2	5	1	3	8	7	6
2	7	6	4	3	8	1	5	9
5	3	9	7	8	6	4	2	1
1	5	4	6	2	7	9	8	3
6	2	8	1	7	9	3	4	5
7	4	1	3	9	5	2	6	8
9	8	3	2	6	4	5	1	7

Extreme - 151

2	9	7	4	5	8	1	6	3
9	2	4	1	3	6	5	8	7
5	1	3	8	6	7	2	9	4
6	4	5	7	8	3	9	1	2
1	6	2	9	4	5	7	3	8
7	8	6	3	2	9	4	5	1
8	3	1	5	7	2	6	4	9
4	7	8	6	9	1	3	2	5
3	5	9	2	1	4	8	7	6

Extreme - 152

2	5	9	3	8	6	1	4	7
8	3	7	9	4	2	6	5	1
4	6	8	2	5	1	7	9	3
1	7	3	4	6	9	8	2	5
5	2	1	6	9	3	4	7	8
7	8	6	1	2	5	9	3	4
3	9	4	7	1	8	5	6	2
6	4	5	8	3	7	2	1	9
9	1	2	5	7	4	3	8	6

Extreme - 153

2	1	3	7	9	6	8	4	5
5	4	6	9	3	8	2	7	1
7	6	2	3	8	4	5	1	9
8	9	4	1	5	3	7	2	6
6	7	5	2	1	9	3	8	4
1	8	9	5	7	2	4	6	3
4	3	8	6	2	5	1	9	7
9	5	1	8	4	7	6	3	2
3	2	7	4	6	1	9	5	8

Extreme - 154

1	2	9	7	5	6	3	4	8
7	4	8	1	3	9	6	5	2
9	6	2	3	8	5	4	7	1
4	8	5	6	2	3	1	9	7
3	1	7	5	4	8	9	2	6
8	9	4	2	7	1	5	6	3
6	5	3	8	9	2	7	1	4
2	7	1	9	6	4	8	3	5
5	3	6	4	1	7	2	8	9

Extreme - 155

1	3	4	7	6	2	9	8	5
2	5	7	1	3	8	6	9	4
9	2	6	8	4	5	7	1	3
6	8	5	4	9	1	3	7	2
8	1	9	6	5	4	2	3	7
5	4	1	3	2	7	8	6	9
7	9	3	2	8	6	5	4	1
4	6	2	9	7	3	1	5	8
3	7	8	5	1	9	4	2	6

Extreme - 156

8	7	1	6	2	9	3	5	4
5	3	4	7	9	1	2	8	6
3	5	2	1	6	8	9	4	7
9	4	3	5	8	7	6	2	1
4	1	9	3	7	2	8	6	5
2	9	6	4	1	5	7	3	8
6	2	7	8	4	3	5	1	9
1	8	5	9	3	6	4	7	2
7	6	8	2	5	4	1	9	3

Extreme - 157

2	5	3	4	7	8	1	9	6
7	6	1	9	8	4	5	2	3
8	1	2	7	6	3	9	5	4
9	4	5	6	3	1	2	8	7
4	2	8	5	9	7	6	3	1
6	7	9	3	4	2	8	1	5
5	8	4	2	1	6	3	7	9
3	9	7	1	2	5	4	6	8
1	3	6	8	5	9	7	4	2

Extreme - 158

1	9	2	3	5	7	8	4	6
6	4	9	2	1	8	5	3	7
5	3	7	8	4	6	1	2	9
4	8	5	6	9	3	2	7	1
7	5	1	9	8	2	3	6	4
9	2	3	1	6	4	7	8	5
2	7	4	5	3	1	6	9	8
8	1	6	7	2	9	4	5	3
3	6	8	4	7	5	9	1	2

Extreme - 159

1	7	4	5	3	2	6	8	9
5	6	2	1	8	7	9	3	4
9	3	8	4	2	5	7	6	1
2	1	6	8	5	9	3	4	7
6	4	3	9	7	8	1	5	2
7	8	9	6	4	3	2	1	5
3	2	5	7	1	4	8	9	6
4	9	7	3	6	1	5	2	8
8	5	1	2	9	6	4	7	3

Extreme - 160

5	3	2	1	8	7	9	4	6
7	9	4	6	3	5	2	1	8
1	6	7	4	5	9	8	3	2
3	8	9	5	7	2	4	6	1
4	1	6	9	2	8	3	7	5
2	5	8	7	6	4	1	9	3
8	4	3	2	1	6	7	5	9
6	7	1	8	9	3	5	2	4
9	2	5	3	4	1	6	8	7

Extreme - 161

7	5	1	6	8	3	4	9	2
3	2	4	8	9	7	1	5	6
2	6	5	4	3	9	7	8	1
9	8	7	1	6	4	2	3	5
6	3	8	5	1	2	9	4	7
1	4	6	7	5	8	3	2	9
4	1	9	2	7	5	8	6	3
5	9	2	3	4	1	6	7	8
8	7	3	9	2	6	5	1	4

Extreme - 162

6	2	9	4	3	1	7	8	5
4	8	2	1	9	5	6	7	3
1	3	7	9	5	2	8	6	4
5	7	3	8	6	4	1	2	9
2	9	6	5	4	8	3	1	7
3	4	1	7	8	6	9	5	2
9	6	5	3	1	7	2	4	8
8	1	4	2	7	9	5	3	6
7	5	8	6	2	3	4	9	1

Extreme - 163

7	2	8	1	3	4	6	5	9
1	5	2	8	9	6	7	4	3
3	6	9	4	2	7	5	8	1
5	9	7	3	1	8	4	2	6
6	4	1	7	8	5	9	3	2
8	3	4	5	6	9	2	1	7
4	1	5	9	7	2	3	6	8
9	8	6	2	4	3	1	7	5
2	7	3	6	5	1	8	9	4

Extreme - 164

6	1	9	3	2	7	8	5	4
2	8	3	6	9	4	1	7	5
5	4	7	8	1	2	3	6	9
4	7	8	5	6	3	9	2	1
3	9	2	7	8	1	5	4	6
8	6	1	4	5	9	2	3	7
7	2	5	9	3	6	4	1	8
9	3	6	1	4	5	7	8	2
1	5	4	2	7	8	6	9	3

Extreme - 165

1	2	8	9	6	4	3	7	5
7	6	2	1	9	5	8	4	3
3	8	4	2	5	9	1	6	7
8	5	9	4	3	6	7	2	1
9	7	6	8	4	3	5	1	2
2	4	3	5	1	7	6	9	8
4	1	5	3	7	2	9	8	6
5	9	7	6	8	1	2	3	4
6	3	1	7	2	8	4	5	9

Extreme - 166

8	1	7	5	3	9	6	4	2
9	6	3	2	8	7	1	5	4
7	2	4	6	5	8	3	1	9
1	9	5	3	7	4	2	6	8
6	8	2	4	1	3	7	9	5
3	5	8	7	4	1	9	2	6
4	7	9	1	2	6	5	8	3
2	4	1	9	6	5	8	3	7
5	3	6	8	9	2	4	7	1

Extreme - 167

3	5	4	2	1	9	7	6	8
6	7	8	5	2	1	3	4	9
8	4	5	1	6	2	9	7	3
9	6	7	3	4	5	8	2	1
2	3	9	7	8	4	1	5	6
7	1	2	4	3	8	6	9	5
5	8	1	9	7	6	2	3	4
1	9	3	6	5	7	4	8	2
4	2	6	8	9	3	5	1	7

Extreme - 168

3	4	8	5	7	2	9	6	1
2	5	9	6	1	8	4	7	3
4	6	7	2	8	9	3	1	5
9	1	3	7	6	4	5	8	2
1	9	4	8	2	3	6	5	7
7	2	6	3	5	1	8	9	4
6	8	5	1	4	7	2	3	9
8	3	1	4	9	5	7	2	6
5	7	2	9	3	6	1	4	8

Extreme - 169

4	3	8	2	9	6	7	5	1
1	5	9	6	8	3	2	7	4
7	8	5	4	3	9	1	6	2
6	4	2	9	7	1	5	8	3
5	2	6	3	4	8	9	1	7
2	9	7	8	1	5	4	3	6
8	6	1	5	2	7	3	4	9
9	1	3	7	6	4	8	2	5
3	7	4	1	5	2	6	9	8

Extreme - 170

9	1	4	8	5	7	6	2	3
8	7	3	2	6	4	9	5	1
1	3	5	9	2	6	7	4	8
6	2	9	4	8	5	3	1	7
3	9	1	5	4	8	2	7	6
4	8	7	6	9	2	1	3	5
2	5	6	3	7	1	8	9	4
5	6	2	7	1	3	4	8	9
7	4	8	1	3	9	5	6	2

Extreme - 171

8	9	2	6	5	3	4	7	1
3	7	1	4	2	9	8	6	5
2	8	3	5	7	6	1	9	4
6	4	9	2	1	7	3	5	8
1	5	8	9	6	4	7	2	3
7	3	6	1	4	5	9	8	2
4	1	5	7	8	2	6	3	9
5	6	4	3	9	8	2	1	7
9	2	7	8	3	1	5	4	6

Extreme - 172

5	9	8	4	1	2	6	3	7
6	7	3	1	4	9	5	8	2
7	8	6	9	5	4	2	1	3
3	1	4	2	8	6	7	5	9
2	3	1	7	6	8	9	4	5
9	4	5	6	2	3	1	7	8
1	6	7	3	9	5	8	2	4
8	2	9	5	3	7	4	6	1
4	5	2	8	7	1	3	9	6

Extreme - 173

3	7	1	2	8	6	4	9	5
9	1	8	7	5	3	2	4	6
2	3	9	4	1	7	6	5	8
6	5	7	1	4	8	9	2	3
4	6	2	8	3	1	5	7	9
5	2	3	6	9	4	7	8	1
7	9	5	3	6	2	8	1	4
1	8	4	9	7	5	3	6	2
8	4	6	5	2	9	1	3	7

Extreme - 174

1	5	4	6	7	3	8	2	9
7	8	3	9	5	1	2	6	4
9	4	1	5	3	7	6	8	2
2	3	5	8	9	4	7	1	6
6	9	2	4	1	8	3	5	7
3	1	6	2	4	9	5	7	8
8	2	9	7	6	5	1	4	3
4	6	7	1	8	2	9	3	5
5	7	8	3	2	6	4	9	1

Extreme - 175

3	4	2	6	7	9	8	5	1
6	2	7	5	1	8	3	4	9
9	1	8	3	5	4	7	2	6
4	6	5	7	8	1	9	3	2
2	3	1	9	6	5	4	8	7
5	9	3	2	4	6	1	7	8
8	7	9	1	2	3	5	6	4
1	8	6	4	3	7	2	9	5
7	5	4	8	9	2	6	1	3

Extreme - 176

8	1	7	9	2	3	5	4	6
5	4	9	2	8	6	7	1	3
9	2	3	6	4	1	8	7	5
6	3	4	8	7	5	1	9	2
1	5	6	3	9	2	4	8	7
7	6	8	4	5	9	3	2	1
3	9	2	7	1	8	6	5	4
2	7	1	5	6	4	9	3	8
4	8	5	1	3	7	2	6	9

Extreme - 177

6	7	3	4	1	2	9	8	5
5	2	8	9	6	7	4	3	1
9	8	5	3	2	1	7	4	6
4	6	1	2	8	5	3	9	7
1	3	9	7	4	8	5	6	2
8	4	7	1	5	3	6	2	9
3	5	2	6	7	9	8	1	4
2	9	4	5	3	6	1	7	8
7	1	6	8	9	4	2	5	3

Extreme - 178

6	5	9	2	8	7	3	4	1
8	7	4	5	2	1	6	9	3
5	2	1	4	3	8	9	7	6
3	6	2	7	9	5	8	1	4
9	8	3	1	7	6	4	2	5
4	1	7	9	6	3	5	8	2
7	3	5	8	4	2	1	6	9
1	4	8	6	5	9	2	3	7
2	9	6	3	1	4	7	5	8

Extreme - 179

5	3	1	7	2	4	8	6	9
9	4	6	8	3	5	2	1	7
6	8	4	9	7	2	1	3	5
3	2	7	5	1	9	6	4	8
8	9	2	3	5	1	4	7	6
7	5	9	4	8	6	3	2	1
1	6	5	2	9	3	7	8	4
4	7	3	1	6	8	9	5	2
2	1	8	6	4	7	5	9	3

Extreme - 180

7	6	2	1	4	8	3	5	9
5	4	3	9	1	2	6	7	8
9	8	1	4	3	5	2	6	7
2	5	7	6	8	3	9	1	4
6	9	5	3	2	4	7	8	1
4	3	8	2	7	1	5	9	6
3	1	9	7	5	6	8	4	2
1	2	6	8	9	7	4	3	5
8	7	4	5	6	9	1	2	3

Extreme - 181

9	3	5	2	1	8	6	4	7
6	2	4	7	9	3	1	8	5
3	6	9	4	2	5	7	1	8
1	7	8	3	5	2	4	6	9
8	1	7	9	6	4	2	5	3
4	5	2	6	8	9	3	7	1
5	4	1	8	3	7	9	2	6
7	9	6	5	4	1	8	3	2
2	8	3	1	7	6	5	9	4

Extreme - 182

8	6	5	3	7	4	1	9	2
2	5	4	8	1	9	6	3	7
7	1	9	6	3	2	4	8	5
3	9	7	2	4	6	5	1	8
5	2	3	1	8	7	9	4	6
1	4	6	9	5	8	2	7	3
9	8	1	7	6	5	3	2	4
4	7	2	5	9	3	8	6	1
6	3	8	4	2	1	7	5	9

Extreme - 183

7	2	8	9	3	1	6	4	5
4	3	5	2	8	7	9	6	1
8	9	4	3	6	5	1	2	7
1	6	2	7	4	3	8	5	9
9	5	1	6	7	2	4	3	8
5	4	7	8	9	6	3	1	2
3	7	6	1	2	9	5	8	4
6	1	9	4	5	8	2	7	3
2	8	3	5	1	4	7	9	6

Extreme - 184

6	7	2	5	1	4	3	8	9
4	6	9	3	8	7	1	2	5
9	1	7	8	2	5	4	6	3
3	5	1	7	6	8	9	4	2
8	2	5	9	4	3	6	7	1
7	9	4	2	5	1	8	3	6
1	3	6	4	9	2	7	5	8
5	8	3	6	7	9	2	1	4
2	4	8	1	3	6	5	9	7

Extreme - 185

4	7	6	3	8	5	9	1	2
5	6	9	2	3	7	1	8	4
1	4	8	7	9	2	6	3	5
9	1	5	8	2	3	4	7	6
2	3	4	1	6	8	7	5	9
7	5	2	6	4	1	3	9	8
8	2	3	9	7	6	5	4	1
3	8	1	4	5	9	2	6	7
6	9	7	5	1	4	8	2	3

Extreme - 186

1	3	5	7	4	2	9	6	8
5	8	6	2	9	3	7	4	1
2	6	8	9	1	7	4	5	3
3	4	1	5	7	8	6	2	9
9	7	2	6	8	5	3	1	4
7	1	3	4	2	6	8	9	5
6	2	9	3	5	4	1	8	7
8	5	4	1	3	9	2	7	6
4	9	7	8	6	1	5	3	2

Extreme - 187

5	4	9	6	1	8	7	2	3
3	6	2	5	9	7	4	8	1
7	1	8	4	3	2	6	5	9
8	7	4	3	6	9	2	1	5
1	2	5	7	4	6	9	3	8
2	9	6	1	8	3	5	7	4
6	3	1	9	7	5	8	4	2
4	5	7	8	2	1	3	9	6
9	8	3	2	5	4	1	6	7

Extreme - 188

9	5	3	2	1	6	7	8	4
7	8	2	3	6	4	1	5	9
3	4	1	9	5	8	2	7	6
8	1	7	6	3	9	4	2	5
2	6	4	5	8	7	3	9	1
6	3	9	7	4	2	5	1	8
1	7	6	8	2	5	9	4	3
4	2	5	1	9	3	8	6	7
5	9	8	4	7	1	6	3	2

Extreme - 189

4	1	5	8	7	3	2	6	9
7	9	4	1	6	2	5	3	8
8	3	2	6	9	4	1	5	7
9	7	1	4	5	6	3	8	2
6	5	3	2	8	7	9	4	1
3	2	8	9	4	5	7	1	6
5	4	6	7	1	9	8	2	3
2	8	7	5	3	1	6	9	4
1	6	9	3	2	8	4	7	5

Extreme - 190

7	2	5	3	8	1	4	6	9
5	1	8	9	2	6	7	3	4
9	7	3	4	6	8	5	1	2
6	5	4	2	9	3	1	7	8
2	4	1	8	3	7	9	5	6
8	6	7	1	4	5	2	9	3
1	8	9	6	7	2	3	4	5
4	3	6	5	1	9	8	2	7
3	9	2	7	5	4	6	8	1

Extreme - 191

7	6	9	3	1	2	4	5	8
3	5	2	8	4	1	7	9	6
6	2	1	5	7	3	9	8	4
2	3	7	9	8	4	5	6	1
9	4	6	2	3	7	8	1	5
1	8	3	7	6	5	2	4	9
5	1	8	4	9	6	3	7	2
4	9	5	1	2	8	6	3	7
8	7	4	6	5	9	1	2	3

Extreme - 192

3	5	9	4	6	8	2	1	7
1	6	5	7	3	9	8	4	2
7	8	1	9	4	6	5	2	3
5	7	4	2	8	3	1	6	9
4	3	6	8	2	7	9	5	1
6	9	2	3	1	5	7	8	4
2	1	8	5	7	4	3	9	6
8	4	7	1	9	2	6	3	5
9	2	3	6	5	1	4	7	8

Extreme - 193

3	4	1	8	7	6	5	9	2
6	9	2	3	1	8	4	7	5
2	5	9	7	6	3	8	1	4
5	6	7	9	4	2	1	8	3
1	8	3	6	2	4	7	5	9
8	3	4	5	9	1	6	2	7
4	1	5	2	8	7	9	3	6
9	7	6	1	3	5	2	4	8
7	2	8	4	5	9	3	6	1

Extreme - 194

1	9	2	7	8	6	4	5	3
6	4	3	5	7	8	9	2	1
5	1	9	4	2	7	8	3	6
3	7	6	2	4	1	5	8	9
2	3	8	9	6	4	1	7	5
8	2	5	1	3	9	7	6	4
9	8	1	3	5	2	6	4	7
7	6	4	8	9	5	3	1	2
4	5	7	6	1	3	2	9	8

Extreme - 195

5	2	1	3	7	8	4	6	9
3	7	5	9	2	1	6	8	4
1	6	4	2	8	3	7	9	5
7	9	8	5	4	6	2	3	1
8	1	6	4	3	9	5	2	7
6	3	7	8	1	5	9	4	2
9	4	3	1	5	2	8	7	6
4	8	2	6	9	7	1	5	3
2	5	9	7	6	4	3	1	8

Extreme - 196

8	9	4	3	7	1	6	5	2
2	1	6	7	5	9	3	4	8
7	5	3	2	9	8	4	6	1
1	3	7	8	6	4	9	2	5
6	8	9	4	2	5	1	3	7
9	2	5	6	4	7	8	1	3
5	4	1	9	8	3	2	7	6
4	7	2	1	3	6	5	8	9
3	6	8	5	1	2	7	9	4

Extreme - 197

9	6	4	2	7	5	1	3	8
8	1	3	5	6	4	9	7	2
3	8	9	7	2	1	6	5	4
5	7	2	8	3	9	4	6	1
7	4	6	1	8	3	2	9	5
2	9	1	4	5	6	3	8	7
1	2	7	6	9	8	5	4	3
4	3	5	9	1	7	8	2	6
6	5	8	3	4	2	7	1	9

Extreme - 198

7	3	9	6	8	2	5	4	1
6	1	5	3	4	8	9	2	7
9	4	1	2	7	6	3	8	5
8	5	2	7	3	1	4	9	6
5	8	6	9	1	4	2	7	3
3	2	7	4	9	5	1	6	8
4	9	8	1	5	7	6	3	2
2	7	3	5	6	9	8	1	4
1	6	4	8	2	3	7	5	9

Extreme - 199

6	3	5	1	4	2	9	7	8
9	8	2	4	7	5	6	1	3
1	2	9	8	3	6	7	5	4
7	5	4	9	6	8	1	3	2
4	1	8	3	9	7	5	2	6
3	9	7	2	5	4	8	6	1
8	7	3	6	2	1	4	9	5
2	4	6	5	1	9	3	8	7
5	6	1	7	8	3	2	4	9

Extreme - 200

3	5	6	9	1	7	4	8	2
7	4	2	8	9	6	3	5	1
8	3	9	5	4	2	1	6	7
9	8	1	6	7	3	2	4	5
4	6	5	3	2	1	7	9	8
1	9	3	7	6	8	5	2	4
6	1	8	2	5	4	9	7	3
5	2	7	4	3	9	8	1	6
2	7	4	1	8	5	6	3	9

Extreme - 201

5	4	3	7	9	6	2	1	8
4	3	1	8	6	2	5	7	9
2	6	8	9	5	7	1	4	3
7	9	2	4	3	1	8	5	6
6	2	5	1	8	9	7	3	4
3	1	7	6	2	4	9	8	5
9	8	4	5	7	3	6	2	1
8	7	9	3	1	5	4	6	2
1	5	6	2	4	8	3	9	7

Extreme - 202

5	1	6	4	9	7	3	2	8
2	3	9	8	7	5	1	4	6
8	6	2	3	4	1	5	9	7
1	9	4	7	3	6	8	5	2
3	4	7	6	1	2	9	8	5
9	8	5	2	6	4	7	1	3
6	5	3	9	2	8	4	7	1
7	2	8	1	5	9	6	3	4
4	7	1	5	8	3	2	6	9

Extreme - 203

5	6	8	9	4	2	1	3	7
4	7	1	3	8	9	2	6	5
9	4	7	2	5	8	3	1	6
2	8	6	4	9	3	5	7	1
1	3	5	8	2	7	6	9	4
3	1	4	5	7	6	9	2	8
7	5	2	6	3	1	4	8	9
8	9	3	1	6	5	7	4	2
6	2	9	7	1	4	8	5	3

Extreme - 204

7	4	6	9	5	2	8	3	1
2	5	7	1	3	8	4	9	6
5	9	8	6	2	1	3	4	7
1	3	4	8	9	6	7	5	2
8	1	5	2	6	3	9	7	4
6	7	3	4	1	9	5	2	8
4	2	9	7	8	5	6	1	3
9	8	2	3	7	4	1	6	5
3	6	1	5	4	7	2	8	9

Extreme - 205

6	4	5	1	2	9	3	7	8
1	5	3	9	4	2	6	8	7
8	6	9	2	3	7	5	4	1
4	1	8	7	9	6	2	5	3
7	3	2	5	8	1	4	6	9
3	8	7	6	5	4	1	9	2
9	2	1	4	6	8	7	3	5
2	9	4	3	7	5	8	1	6
5	7	6	8	1	3	9	2	4

Extreme - 206

3	9	5	7	2	1	4	8	6
6	8	7	9	1	5	2	4	3
4	1	3	6	5	7	9	2	8
1	4	2	8	9	3	7	6	5
8	7	6	3	4	2	5	9	1
2	5	9	1	6	8	3	7	4
7	6	1	4	3	9	8	5	2
5	3	8	2	7	4	6	1	9
9	2	4	5	8	6	1	3	7

Extreme - 207

8	9	4	5	2	6	3	7	1
3	2	8	6	7	1	4	5	9
4	7	6	1	5	3	2	9	8
9	6	5	7	1	2	8	3	4
1	4	2	3	8	7	9	6	5
2	1	7	9	6	4	5	8	3
5	3	1	8	4	9	6	2	7
7	5	9	2	3	8	1	4	6
6	8	3	4	9	5	7	1	2

Extreme - 208

3	2	6	5	4	9	8	1	7
4	1	3	7	6	8	5	2	9
8	5	9	2	7	1	4	6	3
9	3	4	1	5	2	7	8	6
7	8	5	9	1	6	2	3	4
2	6	1	3	8	4	9	7	5
1	7	2	4	3	5	6	9	8
5	9	8	6	2	7	3	4	1
6	4	7	8	9	3	1	5	2

Extreme - 209

9	7	6	5	2	4	1	3	8
8	1	2	6	5	7	3	9	4
2	9	4	7	3	5	6	8	1
4	8	3	2	9	1	7	5	6
7	3	5	1	8	2	4	6	9
1	5	9	8	4	6	2	7	3
3	6	1	9	7	8	5	4	2
5	2	8	4	6	3	9	1	7
6	4	7	3	1	9	8	2	5

Extreme - 210

2	4	9	5	3	1	6	8	7
3	8	6	1	9	2	7	5	4
4	5	3	7	1	9	2	6	8
8	6	2	4	7	5	3	1	9
9	7	5	8	4	3	1	2	6
1	9	8	6	2	7	4	3	5
5	2	4	3	6	8	9	7	1
6	1	7	2	8	4	5	9	3
7	3	1	9	5	6	8	4	2

Extreme - 211

3	4	5	7	6	1	2	8	9
5	1	8	9	2	3	7	4	6
7	8	9	1	5	2	4	6	3
8	6	3	2	1	4	5	9	7
6	9	1	4	3	7	8	5	2
2	5	7	8	9	6	1	3	4
4	3	2	6	7	8	9	1	5
1	2	6	5	4	9	3	7	8
9	7	4	3	8	5	6	2	1

Extreme - 212

7	6	8	2	1	9	5	4	3
4	8	5	3	7	6	9	1	2
6	7	4	1	9	3	2	5	8
5	9	1	4	2	8	3	7	6
2	1	3	5	8	7	4	6	9
3	4	9	6	5	2	7	8	1
9	3	6	7	4	1	8	2	5
8	5	2	9	6	4	1	3	7
1	2	7	8	3	5	6	9	4

Extreme - 213

1	8	2	3	4	6	5	7	9
9	7	3	1	2	8	4	5	6
8	4	9	6	5	3	7	1	2
7	5	1	2	6	9	3	4	8
3	6	7	4	9	5	8	2	1
4	2	8	5	1	7	9	6	3
6	9	5	7	8	2	1	3	4
2	3	4	8	7	1	6	9	5
5	1	6	9	3	4	2	8	7

Extreme - 214

5	3	7	1	2	9	6	8	4
4	5	1	9	6	2	7	3	8
8	1	4	3	7	6	2	5	9
7	6	2	8	9	5	4	1	3
2	9	3	4	5	1	8	7	6
3	4	5	2	1	8	9	6	7
6	7	8	5	4	3	1	9	2
9	8	6	7	3	4	5	2	1
1	2	9	6	8	7	3	4	5

Extreme - 215

8	9	7	2	6	1	4	3	5
9	3	5	4	1	7	2	6	8
4	8	3	5	2	6	7	1	9
5	2	8	1	7	9	6	4	3
1	7	4	9	5	8	3	2	6
6	4	9	3	8	2	5	7	1
3	1	2	6	9	4	8	5	7
7	5	6	8	4	3	1	9	2
2	6	1	7	3	5	9	8	4

Extreme - 216

7	5	8	6	3	9	1	2	4
4	3	9	2	1	8	6	7	5
8	1	4	7	9	6	3	5	2
6	2	5	3	8	7	4	9	1
1	9	2	4	5	3	8	6	7
2	6	1	9	4	5	7	8	3
5	7	3	8	6	4	2	1	9
9	4	6	1	7	2	5	3	8
3	8	7	5	2	1	9	4	6

Extreme - 217

4	6	3	9	2	1	8	7	5
8	5	9	7	1	6	2	4	3
3	7	2	1	5	4	6	8	9
2	4	8	5	6	9	7	3	1
1	9	7	6	3	5	4	2	8
6	1	4	8	7	3	9	5	2
5	2	1	4	8	7	3	9	6
9	3	6	2	4	8	5	1	7
7	8	5	3	9	2	1	6	4

Extreme - 218

6	5	1	7	2	3	8	4	9
4	8	2	6	5	9	1	7	3
7	1	3	5	9	8	4	6	2
3	2	9	8	1	7	6	5	4
1	9	4	3	7	6	2	8	5
8	7	5	9	4	2	3	1	6
9	3	6	4	8	5	7	2	1
5	4	8	2	6	1	9	3	7
2	6	7	1	3	4	5	9	8

Extreme - 219

4	5	6	1	9	8	2	7	3
2	8	4	3	1	5	6	9	7
3	2	1	6	7	9	8	4	5
7	3	9	5	8	1	4	2	6
6	7	8	4	3	2	5	1	9
9	1	5	2	4	6	7	3	8
5	4	2	9	6	7	3	8	1
1	6	7	8	2	3	9	5	4
8	9	3	7	5	4	1	6	2

Extreme - 220

1	3	2	7	8	4	6	5	9
9	4	8	5	6	7	2	3	1
6	9	1	3	2	5	8	7	4
4	8	6	9	5	3	7	1	2
3	7	5	2	4	6	1	9	8
8	1	7	4	9	2	3	6	5
2	5	3	1	7	8	9	4	6
5	6	9	8	3	1	4	2	7
7	2	4	6	1	9	5	8	3

Extreme - 221

7	3	5	8	4	6	9	1	2
3	7	2	1	5	8	4	9	6
4	9	6	2	1	7	3	8	5
6	8	4	3	9	2	1	5	7
1	5	8	6	7	9	2	4	3
9	2	1	4	3	5	7	6	8
5	1	7	9	8	3	6	2	4
2	4	3	5	6	1	8	7	9
8	6	9	7	2	4	5	3	1

Extreme - 222

6	4	2	7	5	1	3	9	8
1	9	5	2	4	3	8	7	6
3	8	1	9	6	5	7	4	2
4	5	9	1	3	2	6	8	7
8	6	7	5	1	9	4	2	3
7	2	3	4	8	6	9	5	1
2	1	8	3	7	4	5	6	9
9	7	4	6	2	8	1	3	5
5	3	6	8	9	7	2	1	4

Extreme - 223

6	7	2	4	8	9	5	3	1
3	1	4	5	9	7	8	2	6
4	8	1	3	6	5	2	9	7
9	6	3	1	5	2	4	7	8
8	5	7	2	3	6	9	1	4
1	3	6	9	2	8	7	4	5
2	9	5	7	1	4	6	8	3
7	2	8	6	4	1	3	5	9
5	4	9	8	7	3	1	6	2

Extreme - 224

3	7	6	1	5	4	8	9	2
8	1	9	2	4	5	7	3	6
5	4	1	8	2	9	3	6	7
4	9	5	7	6	1	2	8	3
2	3	7	4	9	8	6	5	1
6	8	3	5	1	7	9	2	4
1	6	4	3	8	2	5	7	9
7	5	2	9	3	6	1	4	8
9	2	8	6	7	3	4	1	5

Extreme - 225

8	5	7	6	1	2	3	4	9
2	6	4	3	9	5	1	8	7
4	2	9	8	5	3	7	1	6
3	8	1	9	2	6	4	7	5
5	7	6	1	8	9	2	3	4
9	1	2	7	6	4	8	5	3
6	4	3	5	7	8	9	2	1
7	9	8	4	3	1	5	6	2
1	3	5	2	4	7	6	9	8

Extreme - 226

5	6	7	1	8	2	9	4	3
3	4	2	5	6	9	8	7	1
1	8	9	7	3	4	6	5	2
8	5	4	6	2	1	3	9	7
9	2	1	3	7	6	4	8	5
7	3	6	4	1	8	5	2	9
4	7	8	2	9	5	1	3	6
2	1	5	9	4	3	7	6	8
6	9	3	8	5	7	2	1	4

Extreme - 227

2	5	7	1	8	3	6	4	9
4	3	5	6	9	7	8	1	2
1	6	3	4	2	5	9	7	8
8	2	4	9	7	1	3	6	5
7	9	6	8	3	4	2	5	1
6	4	8	3	5	9	1	2	7
5	7	9	2	1	8	4	3	6
3	8	1	7	6	2	5	9	4
9	1	2	5	4	6	7	8	3

Extreme - 228

1	6	3	8	5	7	2	9	4
7	5	9	2	3	6	1	4	8
9	4	6	7	8	5	3	1	2
5	8	4	1	7	2	6	3	9
2	3	1	6	4	9	5	8	7
8	2	7	9	1	3	4	6	5
3	7	8	5	6	4	9	2	1
6	1	2	4	9	8	7	5	3
4	9	5	3	2	1	8	7	6

Extreme - 229

8	1	5	7	6	3	4	9	2
2	4	9	3	7	8	5	6	1
7	8	6	5	2	9	1	4	3
1	9	7	6	5	4	3	2	8
6	2	3	4	8	1	9	5	7
4	3	2	9	1	6	7	8	5
3	5	4	1	9	2	8	7	6
9	7	8	2	3	5	6	1	4
5	6	1	8	4	7	2	3	9

Extreme - 230

3	6	8	7	1	5	4	9	2
7	1	2	3	6	4	9	5	8
5	4	9	1	8	3	2	7	6
6	8	7	4	2	1	5	3	9
9	7	4	2	5	8	3	6	1
1	2	5	9	3	6	7	8	4
4	5	6	8	9	7	1	2	3
8	9	3	5	4	2	6	1	7
2	3	1	6	7	9	8	4	5

Extreme - 231

8	5	3	4	6	2	9	1	7
7	9	6	1	2	3	8	4	5
4	6	7	9	5	8	3	2	1
2	1	4	5	3	9	6	7	8
6	4	5	8	1	7	2	9	3
9	7	1	2	8	6	5	3	4
3	2	8	6	7	4	1	5	9
1	8	9	3	4	5	7	6	2
5	3	2	7	9	1	4	8	6

Extreme - 232

9	5	6	2	4	3	8	1	7
4	2	8	6	5	7	1	3	9
7	3	5	9	1	4	6	2	8
8	1	9	3	7	2	4	5	6
6	4	2	1	9	8	3	7	5
2	9	4	5	8	1	7	6	3
5	7	1	8	3	6	2	9	4
1	8	3	7	6	9	5	4	2
3	6	7	4	2	5	9	8	1

Extreme - 233

6	1	7	4	2	3	8	5	9
5	6	1	7	9	8	2	3	4
8	2	5	3	4	9	6	1	7
9	4	3	2	1	5	7	8	6
2	8	9	6	3	7	5	4	1
4	5	6	8	7	1	3	9	2
3	7	2	9	8	4	1	6	5
1	3	4	5	6	2	9	7	8
7	9	8	1	5	6	4	2	3

Extreme - 234

5	8	1	6	9	3	4	2	7
9	2	4	7	6	8	5	3	1
3	5	9	4	7	1	2	8	6
7	6	8	3	2	4	1	5	9
1	4	2	9	8	6	3	7	5
8	1	7	5	3	9	6	4	2
4	7	5	8	1	2	9	6	3
6	9	3	2	4	5	7	1	8
2	3	6	1	5	7	8	9	4

Extreme - 235

9	8	7	4	5	1	2	6	3
2	1	3	6	9	4	7	8	5
3	6	4	2	8	5	9	7	1
5	2	8	7	1	9	6	3	4
7	9	5	3	6	8	4	1	2
1	3	6	8	4	2	5	9	7
6	5	2	1	7	3	8	4	9
4	7	9	5	3	6	1	2	8
8	4	1	9	2	7	3	5	6

Extreme - 236

4	6	7	1	8	5	3	9	2
3	9	8	7	2	6	1	4	5
2	3	4	9	5	1	8	6	7
5	8	1	4	6	7	9	2	3
1	5	9	2	7	8	6	3	4
7	2	3	6	4	9	5	1	8
9	1	5	8	3	2	4	7	6
6	4	2	5	1	3	7	8	9
8	7	6	3	9	4	2	5	1

Extreme - 237

5	8	6	9	4	2	1	7	3
1	2	7	4	5	9	6	3	8
7	4	3	1	2	6	8	9	5
6	3	9	8	7	5	2	4	1
2	5	8	7	6	3	4	1	9
3	7	4	5	8	1	9	2	6
4	1	2	3	9	8	5	6	7
8	9	1	6	3	4	7	5	2
9	6	5	2	1	7	3	8	4

Extreme - 238

5	2	7	4	1	8	3	6	9
9	6	3	1	2	7	5	4	8
6	3	9	8	7	4	2	1	5
1	4	2	7	8	5	6	9	3
7	8	4	5	6	9	1	3	2
8	5	1	3	4	6	9	2	7
3	7	6	2	9	1	8	5	4
2	1	8	9	5	3	4	7	6
4	9	5	6	3	2	7	8	1

Extreme - 239

7	2	3	4	5	8	6	1	9
8	4	1	9	6	5	2	3	7
1	3	7	5	8	2	9	6	4
6	1	4	8	7	9	5	2	3
5	9	2	3	1	6	4	7	8
9	6	5	7	2	3	8	4	1
2	8	9	1	4	7	3	5	6
3	7	6	2	9	4	1	8	5
4	5	8	6	3	1	7	9	2

Extreme - 240

8	7	6	1	5	9	4	2	3
2	9	3	7	8	5	1	6	4
3	5	4	2	6	1	8	7	9
6	1	5	4	3	2	7	9	8
4	2	8	9	7	6	3	1	5
5	6	9	8	1	3	2	4	7
7	3	1	5	2	4	9	8	6
1	4	7	6	9	8	5	3	2
9	8	2	3	4	7	6	5	1

Extreme - 241

5	3	6	1	9	2	4	7	8
9	4	7	2	6	8	5	3	1
4	8	2	9	7	1	3	5	6
8	2	5	6	3	7	1	4	9
3	5	9	8	1	4	7	6	2
6	1	3	4	5	9	8	2	7
7	9	8	5	2	3	6	1	4
1	6	4	7	8	5	2	9	3
2	7	1	3	4	6	9	8	5

Extreme - 242

7	6	2	5	3	1	4	8	9
9	3	8	2	1	6	7	5	4
3	5	4	8	2	9	1	7	6
4	1	9	7	6	5	8	3	2
2	8	6	9	4	7	5	1	3
1	7	5	3	9	2	6	4	8
8	9	3	1	7	4	2	6	5
6	2	7	4	5	8	3	9	1
5	4	1	6	8	3	9	2	7

Extreme - 243

3	8	6	5	9	7	2	4	1
7	2	9	4	3	1	8	6	5
8	6	4	7	5	2	9	1	3
4	3	1	6	2	9	5	8	7
5	1	8	9	7	3	6	2	4
6	4	5	2	1	8	3	7	9
2	9	7	1	8	5	4	3	6
1	5	2	3	4	6	7	9	8
9	7	3	8	6	4	1	5	2

Extreme - 244

9	1	3	2	4	8	7	5	6
3	4	6	5	7	1	9	8	2
8	6	5	7	2	9	1	4	3
7	2	4	3	8	5	6	1	9
4	3	7	9	5	2	8	6	1
6	8	9	1	3	7	4	2	5
1	5	2	6	9	4	3	7	8
2	7	1	8	6	3	5	9	4
5	9	8	4	1	6	2	3	7

Extreme - 245

5	7	8	6	4	2	9	3	1
4	3	9	5	8	1	2	7	6
2	1	7	9	3	6	8	5	4
6	9	1	4	2	5	7	8	3
7	2	3	1	9	8	4	6	5
8	6	4	7	1	3	5	2	9
9	8	2	3	5	4	6	1	7
3	5	6	2	7	9	1	4	8
1	4	5	8	6	7	3	9	2

Extreme - 246

5	2	7	9	6	4	8	3	1
1	8	4	5	3	2	7	6	9
3	6	1	7	9	8	4	2	5
9	4	8	1	2	3	6	5	7
7	1	6	2	4	9	5	8	3
2	7	5	3	8	6	1	9	4
8	3	9	4	1	5	2	7	6
4	9	2	6	5	7	3	1	8
6	5	3	8	7	1	9	4	2

Extreme - 247

9	4	2	8	6	1	7	3	5
1	6	3	7	9	4	5	2	8
3	8	5	9	1	6	2	4	7
4	2	7	6	5	9	3	8	1
2	5	4	3	8	7	1	6	9
8	7	9	1	3	2	6	5	4
6	3	1	5	7	8	4	9	2
5	1	8	4	2	3	9	7	6
7	9	6	2	4	5	8	1	3

Extreme - 248

3	5	7	6	1	8	2	4	9
4	8	6	2	5	9	7	3	1
6	9	1	5	8	4	3	7	2
1	2	3	4	9	6	5	8	7
9	3	5	7	6	1	8	2	4
5	1	4	8	7	2	6	9	3
7	6	9	3	2	5	4	1	8
2	4	8	1	3	7	9	6	5
8	7	2	9	4	3	1	5	6

Extreme - 249

6	2	5	4	9	1	7	3	8
9	3	1	7	8	2	4	6	5
3	5	4	9	2	6	8	7	1
1	8	7	2	3	5	6	9	4
8	7	6	1	4	9	3	5	2
2	6	9	3	1	8	5	4	7
4	1	3	6	5	7	2	8	9
7	9	8	5	6	4	1	2	3
5	4	2	8	7	3	9	1	6

Extreme - 250

2	8	4	3	9	1	7	6	5
7	1	3	5	6	9	4	2	8
4	5	9	6	1	3	8	7	2
5	6	7	9	2	8	1	4	3
8	9	1	2	3	7	6	5	4
1	2	5	8	7	4	9	3	6
3	7	6	4	8	2	5	1	9
9	4	2	7	5	6	3	8	1
6	3	8	1	4	5	2	9	7

Extreme - 251

8	2	3	5	7	1	4	6	9
7	6	9	4	1	2	8	5	3
5	1	4	6	9	7	3	8	2
4	7	6	8	5	3	9	2	1
1	3	2	9	4	8	6	7	5
3	8	5	1	2	6	7	9	4
6	9	7	2	3	5	1	4	8
2	4	1	7	8	9	5	3	6
9	5	8	3	6	4	2	1	7

Extreme - 252

4	6	3	7	8	9	2	1	5
1	5	6	2	3	4	7	9	8
2	9	7	1	5	8	3	4	6
8	3	2	4	9	1	5	6	7
5	7	8	9	6	3	1	2	4
6	8	4	5	2	7	9	3	1
9	4	1	6	7	2	8	5	3
7	1	9	3	4	5	6	8	2
3	2	5	8	1	6	4	7	9

Extreme - 253

7	3	4	8	5	9	6	2	1
4	9	1	3	6	8	2	5	7
2	7	3	5	4	6	8	1	9
1	8	9	2	3	4	5	7	6
5	6	7	9	8	2	1	3	4
3	1	5	6	2	7	9	4	8
9	4	6	7	1	5	3	8	2
6	2	8	1	7	3	4	9	5
8	5	2	4	9	1	7	6	3

Extreme - 254

9	3	2	1	8	7	5	4	6
4	5	6	3	1	9	7	2	8
7	9	8	6	5	4	3	1	2
5	7	3	4	6	1	2	8	9
6	2	1	8	4	5	9	3	7
2	6	5	9	3	8	1	7	4
1	8	9	5	7	2	4	6	3
3	1	4	7	2	6	8	9	5
8	4	7	2	9	3	6	5	1

Extreme - 255

4	8	2	1	7	9	5	3	6
3	5	9	7	1	6	2	8	4
2	6	4	5	8	3	9	1	7
8	2	1	9	5	7	4	6	3
5	7	6	8	4	1	3	2	9
9	3	7	6	2	5	1	4	8
1	4	3	2	6	8	7	9	5
6	1	5	3	9	4	8	7	2
7	9	8	4	3	2	6	5	1

Extreme - 256

4	8	5	2	6	9	7	3	1
6	7	4	3	1	5	2	9	8
5	3	8	1	4	6	9	7	2
3	2	9	7	8	1	4	5	6
7	5	1	8	2	3	6	4	9
2	6	3	9	7	4	8	1	5
9	1	6	4	3	8	5	2	7
8	4	2	5	9	7	1	6	3
1	9	7	6	5	2	3	8	4

Extreme - 257

2	6	7	3	8	9	1	4	5
9	3	4	2	6	1	8	5	7
8	9	1	5	4	6	3	7	2
5	7	8	1	2	3	4	9	6
3	4	6	7	5	2	9	1	8
6	2	9	4	3	7	5	8	1
1	5	2	6	9	8	7	3	4
7	8	5	9	1	4	6	2	3
4	1	3	8	7	5	2	6	9

Extreme - 258

6	3	1	7	9	2	4	5	8
1	8	4	6	5	9	7	2	3
2	4	5	1	7	3	9	8	6
3	6	2	8	4	5	1	9	7
7	9	6	3	8	4	2	1	5
4	7	9	5	2	8	3	6	1
9	5	7	4	1	6	8	3	2
8	1	3	2	6	7	5	4	9
5	2	8	9	3	1	6	7	4

Extreme - 259

7	2	1	6	9	8	3	5	4
4	6	5	1	7	9	2	3	8
9	8	3	5	4	1	7	2	6
5	9	8	4	2	3	6	1	7
2	7	6	3	1	4	8	9	5
1	4	7	2	5	6	9	8	3
3	1	4	9	8	7	5	6	2
6	5	9	8	3	2	4	7	1
8	3	2	7	6	5	1	4	9

Extreme - 260

5	2	6	8	9	1	3	4	7
4	9	1	6	7	2	5	8	3
9	1	2	4	8	5	7	3	6
3	8	7	9	2	4	6	1	5
7	3	5	2	6	8	1	9	4
1	7	4	3	5	6	8	2	9
6	4	9	7	1	3	2	5	8
8	5	3	1	4	7	9	6	2
2	6	8	5	3	9	4	7	1

Extreme - 261

4	7	6	9	1	2	3	5	8
1	5	8	4	7	6	2	3	9
8	3	1	7	5	4	6	9	2
5	2	9	1	3	8	4	7	6
7	8	3	2	4	1	9	6	5
6	9	4	3	8	7	5	2	1
2	6	5	8	9	3	7	1	4
3	1	2	5	6	9	8	4	7
9	4	7	6	2	5	1	8	3

Extreme - 262

5	6	4	2	8	9	1	3	7
4	3	6	7	1	2	8	9	5
7	2	9	4	5	3	6	1	8
8	1	5	9	3	4	7	6	2
3	8	2	6	7	1	4	5	9
6	7	8	1	9	5	2	4	3
1	5	3	8	6	7	9	2	4
2	9	7	3	4	6	5	8	1
9	4	1	5	2	8	3	7	6

Extreme - 263

4	8	5	1	6	9	2	3	7
3	7	6	2	1	8	4	5	9
2	5	1	8	3	7	9	6	4
9	1	3	4	7	5	8	2	6
6	4	8	5	9	2	7	1	3
7	9	2	6	4	3	1	8	5
8	2	4	9	5	6	3	7	1
1	6	7	3	2	4	5	9	8
5	3	9	7	8	1	6	4	2

Extreme - 264

3	6	8	1	2	9	4	7	5
8	5	7	3	1	2	6	9	4
9	4	1	6	7	5	3	8	2
4	2	5	7	9	8	1	6	3
7	9	2	4	3	6	5	1	8
6	1	3	5	8	7	2	4	9
1	7	4	9	5	3	8	2	6
2	3	6	8	4	1	9	5	7
5	8	9	2	6	4	7	3	1

Extreme - 265

9	5	6	1	2	4	3	7	8
3	7	4	9	8	5	6	1	2
1	8	2	5	7	9	4	6	3
7	9	1	2	4	6	8	3	5
6	3	8	4	5	2	1	9	7
8	6	7	3	9	1	5	2	4
4	2	5	6	3	7	9	8	1
2	4	9	8	1	3	7	5	6
5	1	3	7	6	8	2	4	9

Extreme - 266

6	4	5	3	1	2	8	9	7
2	8	1	7	3	9	5	4	6
9	7	4	6	8	5	2	1	3
3	6	8	5	7	1	4	2	9
7	1	9	4	2	8	6	3	5
5	2	3	9	6	4	1	7	8
1	5	7	2	9	6	3	8	4
4	3	2	8	5	7	9	6	1
8	9	6	1	4	3	7	5	2

Extreme - 267

1	8	9	2	6	4	7	5	3
4	3	2	5	8	7	9	6	1
7	6	5	1	3	9	4	2	8
6	5	4	8	1	3	2	9	7
8	1	3	7	9	2	6	4	5
2	9	7	4	5	1	3	8	6
3	2	6	9	7	8	5	1	4
9	7	1	6	4	5	8	3	2
5	4	8	3	2	6	1	7	9

Extreme - 268

2	7	8	1	5	3	6	4	9
3	9	5	8	7	2	1	6	4
5	1	3	9	6	4	2	7	8
8	6	4	7	9	1	5	2	3
6	3	2	4	1	5	9	8	7
9	4	7	5	8	6	3	1	2
1	5	9	2	4	7	8	3	6
4	2	1	6	3	8	7	9	5
7	8	6	3	2	9	4	5	1

Extreme - 269

1	3	8	6	5	2	7	9	4
9	4	2	5	3	7	1	8	6
7	6	1	9	8	4	2	3	5
8	2	3	7	9	6	5	4	1
5	9	4	2	1	8	3	6	7
3	1	5	4	2	9	6	7	8
6	8	9	1	7	5	4	2	3
4	5	7	8	6	3	9	1	2
2	7	6	3	4	1	8	5	9

Extreme - 270

2	8	7	6	4	3	5	1	9
5	6	9	3	1	4	7	8	2
8	9	2	4	5	6	3	7	1
9	2	3	1	7	8	4	6	5
6	4	5	7	3	1	2	9	8
4	3	1	8	6	5	9	2	7
7	1	8	5	2	9	6	4	3
1	5	4	2	9	7	8	3	6
3	7	6	9	8	2	1	5	4

Extreme - 271

2	4	9	3	5	6	8	1	7
1	5	6	8	7	3	9	4	2
8	2	5	4	1	9	7	3	6
3	9	7	2	6	4	1	5	8
7	1	3	5	2	8	6	9	4
9	3	2	6	8	1	4	7	5
6	7	8	9	4	5	3	2	1
4	6	1	7	9	2	5	8	3
5	8	4	1	3	7	2	6	9

Extreme - 272

7	1	6	3	4	2	8	5	9
9	8	5	2	6	4	1	3	7
3	7	9	1	5	8	2	4	6
2	5	3	8	9	6	7	1	4
4	2	1	7	3	5	9	6	8
8	9	4	6	7	1	3	2	5
1	6	2	5	8	7	4	9	3
6	4	7	9	2	3	5	8	1
5	3	8	4	1	9	6	7	2

Extreme - 273

7	4	5	8	1	9	3	2	6
9	6	3	2	7	5	4	1	8
5	2	8	9	4	1	6	7	3
4	9	7	1	3	6	5	8	2
1	3	6	5	2	4	8	9	7
3	5	1	7	6	8	2	4	9
2	8	4	3	5	7	9	6	1
6	1	9	4	8	2	7	3	5
8	7	2	6	9	3	1	5	4

Extreme - 274

8	5	2	7	4	9	6	1	3
9	8	3	6	1	4	2	7	5
1	7	4	2	6	5	8	3	9
2	9	8	1	3	7	4	5	6
6	4	5	3	2	1	9	8	7
7	2	1	9	5	6	3	4	8
5	6	7	8	9	3	1	2	4
3	1	9	4	7	8	5	6	2
4	3	6	5	8	2	7	9	1

Extreme - 275

6	9	2	1	8	7	5	3	4
3	7	5	6	4	2	1	8	9
7	1	3	8	6	5	4	9	2
8	2	4	5	1	9	7	6	3
1	8	9	4	2	3	6	5	7
5	3	6	7	9	4	8	2	1
2	6	7	9	5	1	3	4	8
4	5	1	2	3	8	9	7	6
9	4	8	3	7	6	2	1	5

Extreme - 276

2	5	1	4	7	3	8	6	9
7	8	3	1	9	6	5	2	4
6	7	4	9	1	2	3	5	8
9	4	6	8	3	5	2	7	1
4	2	8	5	6	9	7	1	3
3	1	7	2	5	8	9	4	6
1	9	2	7	8	4	6	3	5
8	6	5	3	4	7	1	9	2
5	3	9	6	2	1	4	8	7

Extreme - 277

9	3	6	8	7	2	4	5	1
7	5	4	1	9	3	6	8	2
2	4	1	9	8	6	7	3	5
3	7	5	4	2	1	9	6	8
8	6	2	3	5	7	1	9	4
1	9	8	5	6	4	2	7	3
5	2	9	7	4	8	3	1	6
4	1	7	6	3	5	8	2	9
6	8	3	2	1	9	5	4	7

Extreme - 278

9	6	4	1	2	7	8	5	3
4	3	2	6	5	8	1	9	7
8	9	5	4	7	3	2	6	1
1	7	8	2	9	4	5	3	6
6	2	9	3	1	5	4	7	8
3	5	1	7	8	6	9	2	4
7	1	6	5	4	9	3	8	2
5	4	7	8	3	2	6	1	9
2	8	3	9	6	1	7	4	5

Extreme - 279

3	7	9	4	8	6	2	5	1
6	2	5	1	7	9	8	3	4
4	6	2	5	3	8	7	1	9
2	5	3	7	1	4	9	8	6
1	9	8	3	4	7	6	2	5
9	8	6	2	5	1	3	4	7
7	1	4	8	9	3	5	6	2
8	4	7	6	2	5	1	9	3
5	3	1	9	6	2	4	7	8

Extreme - 280

8	6	2	1	4	9	5	3	7
3	8	4	2	6	1	7	9	5
5	9	6	7	8	2	3	4	1
4	1	3	6	7	5	2	8	9
7	5	9	3	2	8	1	6	4
2	3	7	8	5	4	9	1	6
9	7	5	4	1	6	8	2	3
6	2	1	9	3	7	4	5	8
1	4	8	5	9	3	6	7	2

Extreme - 281

4	1	3	8	2	5	9	6	7
2	6	7	9	8	1	4	3	5
1	3	2	7	5	4	6	8	9
5	8	4	6	9	7	3	1	2
9	7	6	3	1	2	8	5	4
6	4	8	5	3	9	2	7	1
3	2	5	1	4	8	7	9	6
7	9	1	4	6	3	5	2	8
8	5	9	2	7	6	1	4	3

Extreme - 282

8	1	3	6	5	9	4	2	7
3	6	8	1	7	5	2	9	4
1	2	4	9	6	7	8	5	3
2	7	9	3	4	6	5	1	8
9	3	1	5	2	4	7	8	6
7	4	5	8	1	2	6	3	9
4	5	6	2	8	3	9	7	1
5	8	7	4	9	1	3	6	2
6	9	2	7	3	8	1	4	5

Extreme - 283

3	6	2	5	8	4	9	1	7
9	1	5	3	4	7	6	2	8
6	4	8	1	9	2	7	3	5
1	8	9	7	2	5	3	4	6
7	2	4	6	1	9	8	5	3
2	5	7	9	3	8	1	6	4
5	3	6	4	7	1	2	8	9
4	7	1	8	6	3	5	9	2
8	9	3	2	5	6	4	7	1

Extreme - 284

5	2	7	6	4	8	9	3	1
4	1	8	3	5	9	7	2	6
2	6	1	7	9	5	8	4	3
6	3	4	2	8	1	5	7	9
3	9	5	8	7	2	1	6	4
1	4	2	5	6	7	3	9	8
8	7	6	9	3	4	2	1	5
9	8	3	1	2	6	4	5	7
7	5	9	4	1	3	6	8	2

Extreme - 285

3	6	4	8	2	1	7	5	9
7	2	1	9	6	5	8	3	4
9	4	8	2	3	7	6	1	5
4	9	7	3	5	2	1	8	6
2	5	6	1	9	8	4	7	3
8	1	5	7	4	6	3	9	2
1	3	2	6	8	9	5	4	7
6	8	3	5	7	4	9	2	1
5	7	9	4	1	3	2	6	8

Extreme - 286

8	1	9	5	2	3	7	4	6
4	6	7	3	9	8	1	2	5
7	9	8	4	6	5	2	1	3
5	3	2	6	1	4	8	9	7
1	5	6	7	4	2	3	8	9
2	7	1	8	3	6	9	5	4
6	2	5	9	7	1	4	3	8
3	8	4	2	5	9	6	7	1
9	4	3	1	8	7	5	6	2

Extreme - 287

7	2	8	6	1	4	9	3	5
1	7	5	3	8	2	6	4	9
8	1	4	9	3	6	5	7	2
3	5	6	2	4	1	7	9	8
5	9	1	8	6	3	4	2	7
4	3	2	7	9	5	8	1	6
2	6	9	4	5	7	1	8	3
6	8	7	1	2	9	3	5	4
9	4	3	5	7	8	2	6	1

Extreme - 288

2	8	7	5	6	9	4	1	3
6	1	4	3	8	2	9	7	5
1	5	3	4	2	8	6	9	7
9	7	5	6	1	4	8	3	2
3	4	8	2	7	6	1	5	9
4	6	9	1	5	3	7	2	8
5	3	1	8	9	7	2	6	4
7	2	6	9	4	5	3	8	1
8	9	2	7	3	1	5	4	6

Extreme - 289

7	1	8	4	2	6	9	5	3
5	2	3	6	9	7	4	8	1
3	4	5	7	1	8	2	6	9
9	6	7	1	8	3	5	2	4
2	3	9	5	6	4	1	7	8
8	7	1	2	4	9	6	3	5
4	5	2	3	7	1	8	9	6
1	9	6	8	3	5	7	4	2
6	8	4	9	5	2	3	1	7

Extreme - 290

8	4	1	9	2	6	3	7	5
5	3	7	2	6	8	4	1	9
3	7	5	4	8	9	6	2	1
6	5	3	7	9	1	2	8	4
9	2	8	1	7	4	5	6	3
4	8	2	5	1	3	7	9	6
2	1	6	8	3	5	9	4	7
7	9	4	6	5	2	1	3	8
1	6	9	3	4	7	8	5	2

Extreme - 291

8	7	2	1	6	5	4	9	3
9	4	5	3	7	6	2	8	1
2	5	8	7	3	1	9	6	4
6	2	3	8	5	4	1	7	9
1	6	7	2	4	9	5	3	8
5	1	4	6	9	3	8	2	7
7	9	6	5	1	8	3	4	2
4	3	1	9	8	2	7	5	6
3	8	9	4	2	7	6	1	5

Extreme - 292

4	8	1	9	2	6	3	7	5
3	4	5	7	9	1	2	8	6
5	6	7	1	8	3	4	9	2
6	7	2	5	1	9	8	3	4
2	5	8	4	3	7	1	6	9
8	9	6	3	5	4	7	2	1
9	2	3	6	4	8	5	1	7
7	1	4	8	6	2	9	5	3
1	3	9	2	7	5	6	4	8

Extreme - 293

8	9	5	1	7	3	4	6	2
4	2	7	8	3	6	1	5	9
9	4	3	2	1	5	6	8	7
3	6	9	5	4	2	7	1	8
7	5	8	4	6	1	9	2	3
1	8	6	9	5	7	2	3	4
6	1	2	7	9	8	3	4	5
2	7	1	3	8	4	5	9	6
5	3	4	6	2	9	8	7	1

Extreme - 294

3	4	7	9	6	8	2	5	1
1	2	8	5	9	6	4	3	7
8	1	5	2	4	7	3	9	6
7	6	9	1	8	3	5	2	4
2	5	3	6	7	1	8	4	9
9	8	2	7	3	4	1	6	5
6	3	1	4	2	5	9	7	8
5	7	4	3	1	9	6	8	2
4	9	6	8	5	2	7	1	3

Extreme - 295

1	3	4	9	7	8	2	6	5
8	5	2	6	1	7	3	9	4
6	7	8	4	5	3	9	1	2
9	2	7	5	3	4	1	8	6
5	4	1	3	2	6	8	7	9
7	9	6	1	8	5	4	2	3
3	8	9	2	6	1	5	4	7
2	6	3	8	4	9	7	5	1
4	1	5	7	9	2	6	3	8

Extreme - 296

5	2	7	9	3	1	4	8	6
3	6	2	1	8	4	5	9	7
8	9	1	4	7	5	6	2	3
4	7	3	8	6	2	9	1	5
6	8	4	2	1	7	3	5	9
1	5	9	3	2	8	7	6	4
9	1	5	7	4	6	2	3	8
2	4	6	5	9	3	8	7	1
7	3	8	6	5	9	1	4	2

Extreme - 297

3	7	1	6	4	8	2	5	9
4	1	2	5	7	3	9	8	6
2	6	8	1	5	9	3	7	4
8	9	4	3	6	5	7	1	2
1	8	9	7	2	4	6	3	5
9	5	6	4	8	7	1	2	3
5	3	7	2	1	6	4	9	8
7	4	5	9	3	2	8	6	1
6	2	3	8	9	1	5	4	7

Extreme - 298

7	8	4	9	5	6	2	3	1
2	5	8	7	1	3	4	6	9
4	9	2	3	6	5	8	1	7
1	3	9	4	7	8	6	2	5
5	6	7	2	4	1	3	9	8
6	2	1	8	3	7	9	5	4
3	4	6	1	8	9	5	7	2
9	7	5	6	2	4	1	8	3
8	1	3	5	9	2	7	4	6

Extreme - 299

5	2	3	7	9	6	8	1	4
1	8	6	9	4	7	2	5	3
8	4	7	1	5	3	6	2	9
2	5	1	8	7	9	3	4	6
6	3	8	4	1	2	9	7	5
3	9	4	2	6	5	7	8	1
9	7	5	3	8	1	4	6	2
4	6	2	5	3	8	1	9	7
7	1	9	6	2	4	5	3	8

Extreme - 300

5	2	6	4	1	9	7	3	8
1	7	9	3	8	5	6	2	4
8	5	1	9	6	7	2	4	3
3	8	4	7	2	6	1	9	5
4	3	7	2	5	8	9	6	1
2	1	5	6	4	3	8	7	9
6	9	8	1	3	2	4	5	7
7	6	3	8	9	4	5	1	2
9	4	2	5	7	1	3	8	6

www.ingramcontent.com/pod-product-compliance
Lightning Source LLC
Chambersburg PA
CBHW081508220526
45467CB00010B/2828

* 9 7 9 8 7 2 3 1 3 0 9 8 2 *